KUAISU
YANGZHU CHULANFA

快速养猪出栏法

（第二版）

魏刚才　杨艳玲　主编

化学工业出版社
·北京·

图书在版编目（CIP）数据

快速养猪出栏法/魏刚才，杨艳玲主编．—2版．
北京：化学工业出版社，2016.1（2017.2重印）
ISBN 978-7-122-25782-6

Ⅰ.①快…　Ⅱ.①魏…②杨…　Ⅲ.①养猪学　Ⅳ.①S828

中国版本图书馆CIP数据核字（2015）第288920号

责任编辑：邵桂林　　文字编辑：李　瑾
责任校对：边　涛　　装帧设计：孙远博

出版发行：化学工业出版社（北京市东城区青年湖南街13号　邮政编码100011）
印　　刷：北京云浩印刷有限责任公司
装　　订：三河市瞰发装订厂
850mm×1168mm　1/32　印张10¾　字数305千字
2017年2月北京第2版第2次印刷

购书咨询：010-64518888（传真：010-64519686）
售后服务：010-64518899
网　　址：http://www.cip.com.cn
凡购买本书，如有缺损质量问题，本社销售中心负责调换。

定　　价：35.00元

本书编写人员名单

主　　编　魏刚才　杨艳玲

副 主 编　张晓建　孙法军　张　代

编写人员　(按姓名笔画排列)

代　红（平舆县动物卫生监督所）

刘　鑫（商丘职业技术学院）

孙法军（驻马店市动物疫病预防控制中心）

杨艳玲（商丘职业技术学院）

张　代（商丘职业技术学院）

张晓建（河南科技学院）

崔鹤芳（平舆县动物疫病预防控制中心）

魏刚才（河南科技学院）

前　言

我国是养猪大国，养殖数量稳定发展，生产水平不断提高，这不仅极大地丰富了市场供给，满足了人们的生活需要，而且对于促进农村经济发展、调整农业产业结构和增加农民收入发挥着巨大的作用。

近几年来，养猪业的规模化、商品化程度越来越高，规模化猪场越来越多，养猪技术也在不断地更新，不仅需要提高技术管理水平，也需要提高经营管理水平。为适应规模化养猪业的需要，我们需要对《快速养猪出栏法》进行修订。这次修订，本着实用、全面、先进的宗旨，力求突出技术的科学性、先进性、实用性和可操作性。

本书包含八部分内容：快速养猪猪的品种及选择、快速养猪猪的日粮配合、快速养猪猪场的建设和环境控制、快速养猪种猪的饲养管理技术、快速养猪仔猪的饲养管理技术、快速养猪育肥猪的饲养管理技术、快速养猪猪病的防治技术、快速养猪的经营管理，并附录了生长育肥猪的饲养标准、中国饲料成分及营养价值表、猪饲养允许使用的药物及使用规定、禁用药物等内容。本书理论密切联系实际，内容实用，易于操作，通俗易懂，适合肉猪养殖企业的饲养技术人员、经营管理人员、兽医技术人员以及专业养殖户等阅读。

在编写过程中，由于作者水平有限，书中疏漏之处在所难免，敬请广大同行不吝赐教，在此表示衷心感谢。

编者

2016 年 1 月

第一版前言

养猪业是我国的传统养殖项目，历史悠久，在我国畜牧业中占有十分重要的地位。目前，我国养猪业正在向集约化和规模化方向发展，这不仅极大地丰富了市场，满足了人们的生活需要，而且对于农村经济发展、农业产业结构调整和农民经济收入的增加也发挥着巨大的作用。近年来，我国养猪业得到较大发展，成为生猪生产大国和猪肉消费大国。但从养猪生产水平来看仍然比较落后，存在生猪出栏率低、生产周期长、产肉量少、饲料报酬差和生产成本高等问题，直接影响到养猪的效益和稳定发展。推广应用实用的、配套的肉猪快速饲养出栏技术，对于推动我国养猪业稳定持续发展，进一步提高养猪业水平和经济效益具有极为重要的意义。本书立足我国肉猪养殖的实际，结合生产中的一些成功经验和猪养殖的先进技术，对快速养猪出栏技术进行了系统论述。

本书主要内容包括：猪的优良品种选择和杂交利用、快速养猪的日粮配制技术、猪场的建设和设施、种猪的饲养管理技术、仔猪的饲养管理技术、肥育猪的饲养管理技术、猪的疾病防治技术等。

由于作者水平有限，错误和不足之处在所难免，敬请读者不吝赐教，谨此表示衷心的感谢。

编者

2008 年 9 月

目　　录

第一章 快速养猪猪的品种及选择

品种是快速养猪的基础，选择优良品质的种猪，通过科学杂交可以获得量多、质优的商品猪。

第一节 猪的经济杂交

经济杂交最大限度地挖掘了猪种的遗传基因，有效地提高了养猪的经济效益。杂种猪集中了双亲的优点，表现出生活力强、繁殖力高、体质健壮、生长快、饲料利用率高、抗病力强等特点。用杂种猪育肥，可以增加产肉量，节约饲料，降低成本，提高养猪的经济效益。目前，大部分的商品育肥猪也是杂种猪。

一、猪的经济杂交原理

经济杂交的基本原理是利用杂种优势，即猪的不同品种、品系或其他种用类群杂交后所产的后代在生产力、生活力等方面优于其纯种亲本，这种现象称为杂种优势。

杂种优势的产生，主要是由于优良显性基因的互补和群体中杂合频率的增加，从而抑制或减弱了更多的不良基因的作用，提高了整个群体的平均显性效应和上位效应。杂交的遗传效应是使后代群体基因型杂合化。群体基因型杂合化有两方面含义：一方面在群体内的个体间在基因型杂合的基础上趋于一致，即个体间的遗传结构相同。由于个体的性能表现是由基因型和环境共同作用的结果，即表现型＝基因型＋环境条件，所以，将这样的杂种群饲养在相同的环境条件下，可以有相同的表现型，其生产性能表现一致。另一方面，由杂交生产的杂种后代在生活力抗逆性、生长势等方面优于纯种亲本，在主要经济性状上，能超过父、母双亲同一性状的平均值，从而表现出比纯种更优的生产性能。

但是，并非所有的“杂种”都有“优势”。如果亲本间缺乏优良基因，或亲本间的纯度很差，或两亲本群体在主要经济性状上基因频率没有太大的差异，或在主要性状上两亲本群体所具有的基因的显性与上位效应都很小，或杂种缺乏充分发挥杂种优势的环境条件，这样都不能表现出理想的杂种优势。

二、猪的经济杂交方式

（一）亲本选择

猪的经济杂交目的是通过杂交提高母猪的繁殖成绩和商品肉猪的生长速度及饲料利用率等经济性状，这就要求亲本种群在这几项性能上具有良好的表现。但是，作为杂交的父本、母本由于各自担任的角色不同，因而在性状选择方面的要求亦有差异。

1. 父本品种的选择

父本品种群直接影响杂种后代的生产性能，因而要求父本种群具有生长速度快、饲料利用率高、胴体品质好、性成熟早、精液品质好、性欲强，能适应当地环境条件，符合市场对商品肉猪的要求。在我国推广的“二元杂交”中，根据各地进行配合力测定结果，引入的长白猪、大约克夏猪、杜洛克猪、皮特兰猪等品种，均可供作父本选择的对象。在“三元杂交”中，除母本种群外，还涉及两个父本种群，由于在第二次杂交中所用的母本为F_1代种母猪，为使F_1代种母猪具有较好的繁殖性能，因此在选择第一父本时，应选用与纯种母本在生长育肥和胴体品质上能够互补的，而且繁殖性能较好的引入品种。第二父本亦应着重从生长速度、饲料利用率和胴体品质等性能上选择。研究表明，在三元杂交中以引入的大约克夏猪、长白猪等品种作第一父本较好，而第二父本宜选用杜洛克猪、汉普夏、皮特兰等。

2. 母本品种的选择

由于母本需要的数量多，应选择在当地分布广、适应性强的本地猪种、培育猪种或现有的杂种猪作母本，猪源易解决，便于在本地区推广。同时注意所选母本应具有繁殖力强、母性好、泌乳力高等优点，体格不要太大。我国绝大多数地方猪种和培育猪种都具备作为母本品种的条件。

（二）杂交方式

生产中，杂交的方式多种多样。比较简便实用的主要有二元杂交、三元杂交和双杂交。

1. 二元杂交

即利用两个不同品种（品系）的公母猪进行固定不变的杂交，利用一代杂种的杂种优势生产商品育肥猪。如用长白猪公猪与太湖猪母猪交配，生产的长太二元杂种猪作为商品育肥猪；用杜洛克猪公猪与湖北白猪母猪交配，生产的杜湖杂种猪作为商品育肥猪。其杂交模式如下：

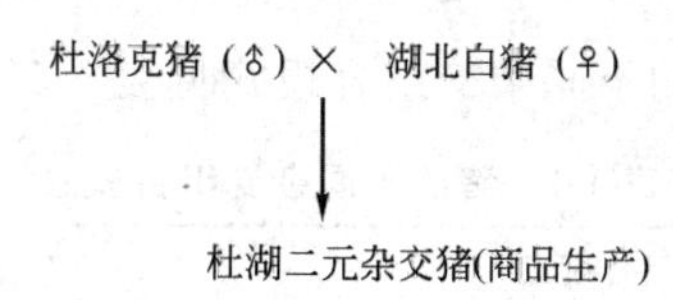

【提示】 这是生产中最简单、应用最广泛的一种杂交方式，杂交后能获得最高的后代杂种优势率。

2. 三元杂交

是从两品种杂交的杂种一代母猪中选留优良的个体，再与第三品种交配，所生后代全部作为商品育肥猪。其杂交模式如下：

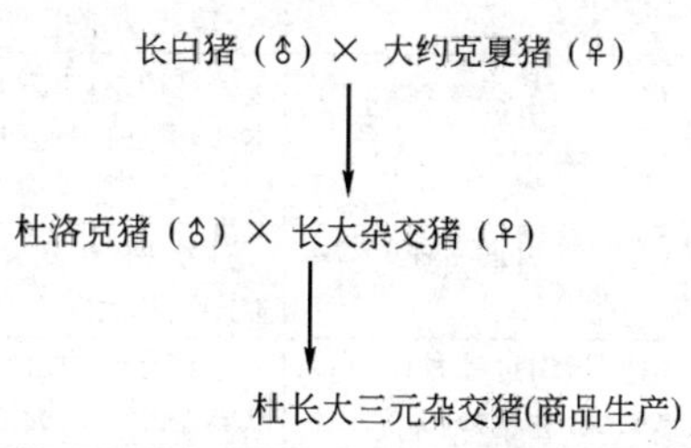

【提示】 由于进行两次杂交，可望得到更高的杂种优势，所以三品种杂交的总杂种优势要超过两品种杂交。目前生产中本法使用较为广泛。

3. 双杂交

以两个二元杂交为基础，由其中一个二元杂交后代中的公猪作父本，另一个二元杂交后代中的母猪作母本，再进行一次简单杂交，所得的四元杂交猪作为商品猪育肥。杂交模式如下：

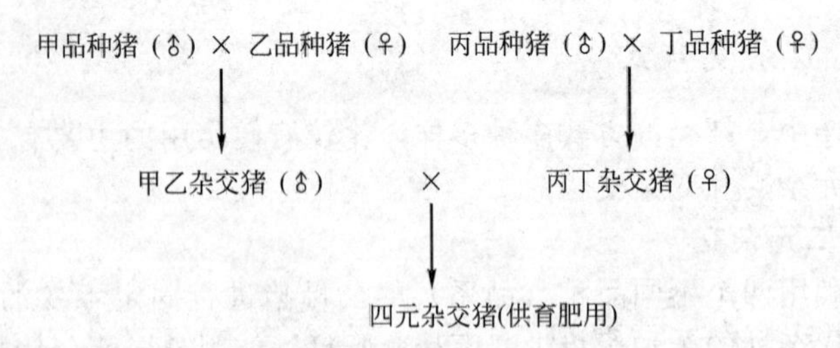

【提示】 这种方式杂种优势更明显，但程序复杂，需要较高的物质和技术条件。

（三）猪的不同杂交组合模式

生产中常见猪的不同杂交组合模式见表1-1。

表1-1　猪的不同杂交组合模式

杂交方式	组合模式	举例
二元杂交	引进品种(♂)×地方品种(♀)	用丹麦长白猪公猪与太湖猪或金华猪或荣昌猪等杂交
	引进品种(♂)×培育品种(♀)	杜洛克猪作父本与浙中白猪杂交
	引进品种(♂)×引进品种(♀)	长白公猪与大约克夏母猪杂交
三元杂交	引进品种(♂)×[引进品种(♂)×地方品种(♀)](♀)	荣昌猪、内江猪、太湖猪等为母本，以国外良种瘦肉猪大约克夏、长白为第一、第二父本生产长大本三元杂交猪
	引进品种(♂)×[引进品种(♂)×培育品种(♀)](♀)	三江白猪、上海白猪、北京黑猪等为母本，以国外良种瘦肉猪大约克夏、长白为第一、第二父本生产长大本三元杂交猪
	引进品种(♂)×[引进品种(♂)×引进品种(♀)](♀)	杜洛克、长白、大约克夏三品种杂交生产杜长大三元杂交猪
四元杂交	[引进品种(♂)×引进品种(♀)]×[引进品种(♂)×引进品种(♀)]	用杜洛克、长白、大约克夏、皮特兰四品系杂交生产四元杂交猪
	[引进品种(♂)×引进品种(♀)]×[引进品种(♂)×地方品种(♀)]	长白与大约克夏生产父本猪，杜洛克和太湖猪生产母本猪，然后再进行杂交

三、良种繁育体系

（一）作用

商品猪的良种繁育体系是将纯种选育、良种扩繁和商品肉猪生产有机结合形成一套体系。在体系中，将育种工作和杂交扩繁任务划分给相对独立而又密切配合的育种场和各级猪场来完成，使各个环节专门化，是现代化养猪业的系统工程。原种猪群、种猪群、商品猪繁殖群和肥猪群分别由原种场、纯种繁殖场、商品猪繁殖场和育肥场饲养，父母代不应自繁，商品代不应留种，这样才能保证整个生产系统的稳产、高产和高效益。

（二）组成

1. 原种猪场（群）

指经过高度选育的种猪群，包括基础母猪的原种群和杂交父本选育群。原种猪场的任务主要是强化原种猪品种，不断提高原种猪生产性能，为下一级种猪群提供高质量的更新猪。

猪群必须健康无病，每头猪的各项生产指标均应有详细记录，技术档案齐全。饲养条件要相对稳定，定期进行疫病检疫和监测，定期进行环境卫生消毒等。原种猪场一般配有种猪性能测定站和种公猪站，测定规模应依原种猪头数而定。种猪性能测定站可以和种猪生产相结合，如果性能测定站是多个原种场共用的，则这种公共测定站不能与原种场建在一起，以防疫病传播。为了充分利用这些优良种公猪，可以通过建立种公猪站，以人工授精的形式提高利用效率，减少种公猪的饲养数量。

2. 种猪场

其主要任务是扩大繁殖种母猪，同时研究适宜的饲养管理方法和良好的繁殖技术，提高母猪的活仔率和健仔率。

3. 杂种母猪繁育场

在三元及多元杂交体系中，以基础母猪与第一父本猪杂交生产杂种母猪，是杂种母猪繁育场的根本任务。杂种母猪应进行严格选育，选择重点应放在繁育性能上，注意猪群年龄结构，合理组成猪群，注意猪群的更新，以提高猪群的生产力。

4. 商品猪场

其任务是进行育肥猪生产，重点放在提高猪群的生长速度和改进育肥技术上。提高饲养管理水平，降低育肥成本，达到提高生产量之目的。

在一个完整的繁育体系中，上述各个猪场的比例应适宜，层次分明，结构合理。各场分工明确，重点任务突出，将猪的育种、制种和商品生产于一体，真正从整体上提高养猪的生产效益。

良种繁育体系结构见图 1-1。

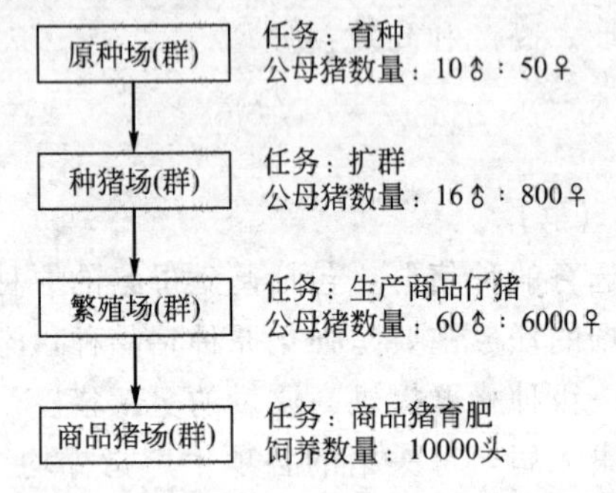

图 1-1　年生产 10 万头商品猪杂交繁育体系

第二节　猪种选择和引进

一、品种选择

猪的品种多种多样，各具特点，为选择优良品种和进行经济杂交提供了充足的素材。应了解各品种特征和市场需求，选择最适宜的品种。

（一）引进的国外品种

近几十年来，为了改良我国的品种杂交和新品种的培育，先后从国外引入了大批的瘦肉型猪品种，如长白猪、大约克夏猪（大白猪）、杜洛克猪、汉普夏猪、皮特兰猪等。这些品种的共同特点是生长速度快，胴体瘦肉率高。一般体重 90 千克的猪，屠宰后胴体瘦肉率在 60%以上。

1. 长白猪

长白猪原名兰德瑞斯猪，产于丹麦，是丹麦本地猪与英国大约克夏猪杂交后经长期选育而成的。现在，长白猪已分布于我国南北各地。按引入先后，长白猪可分为英瑞系（即老三系）和丹麦系（新三系）。英瑞系长白猪适应性较强，体质较粗壮，产仔数较多，但胴体瘦肉率较低；丹麦系长白猪适应性较差，体质较弱，产仔数不如英瑞系，但胴体瘦肉率较高。其主要特点是产仔数较多，生长发育较快，省饲料，胴体瘦肉率高，但抗逆性差，对饲料营养要求较高。

头小、清秀，颜面平直。耳向前倾、平伸、略下耷。大腿和整个后躯肌肉丰满，体躯前窄后宽呈流线型。体躯长，有16对肋骨，乳头6～7对，全身被毛白色。成年公猪体重400～500千克，母猪300千克左右。

性成熟较晚，公猪一般在生后6月龄时性成熟，8月龄时开始配种。母猪发情周期为21～23天，发情持续期2～3天，妊娠期为112～116天。初产母猪产仔数8～10头，经产母猪产仔数9～13头。

在良好的饲养条件下，长白猪生长发育迅速，6月龄体重可达90千克以上，日增重500～800克。体重90千克时屠宰，屠宰率为69%～75%，胴体瘦肉率为53%～65%。

长白猪作父本进行两品种或三品种杂交，一代杂种猪可得到较高的生长速度和饲料利用率以及较多的瘦肉。例如：长白猪与嘉兴黑猪或东北民猪杂交，一代杂种猪育肥期日增重可达600克以上，胴体瘦肉率可达47%～50%；长白猪与北京黑猪杂交，一代杂种猪日增重600克以上，胴体瘦肉率50%～55%；长白猪与金华猪杂交，一代杂种猪日增重530～550克，胴体瘦肉率50%～52%。长白猪与内×北（内江猪公猪配北京黑猪母猪）杂种猪母猪杂交的三品种杂种猪在中等营养水平下饲养，体重20～90千克阶段，日增重520克左右，胴体瘦肉率51%。

2. 大约克夏猪（大白猪）

大约克夏猪于18世纪在英国育成，是世界上著名的瘦肉型猪品种。引入我国后，经过多年培育驯化，已经有了较好的适应性。其主要优点是生长快，饲料利用率高，产仔较多，胴体瘦肉率高。目前，我国已经引入了英系（英国）、法系（法国）、加系（加拿大）和美系（美国）等大约克夏猪。

大约克夏猪毛色全白，头颈较长，面宽微凹，耳中等大，直立，体躯长，胸深广，背平直稍呈弓形，四肢和后躯较高，成年公猪体重250～300千克，成年母猪体重230～250千克。

性成熟较晚，生后5月龄的母猪出现第一次发情，发情周期18～22天，发情持续期3～4天。母猪妊娠期平均115天。初产母猪产仔数9～10头，经产母猪产仔数10～12头，产活仔数10头左右。

增重速度快，省饲料。生后6月龄体重可达100千克左右。在我国，每千克配合饲料含消化能13.4兆焦、粗蛋白16%，自由采食的条件下，从断奶至90千克阶段，日增重为700克左右，每千克增重消耗配合饲料3千克左右。体重90千克时屠宰，屠宰率71%～73%。眼肌面积30～37厘米^2，胴体瘦肉率60%～65%。

用大约克夏猪作父本与太湖猪母猪进行商品种杂交，一代杂种猪胴体瘦肉率为45%；与长×北（长白猪公猪配北京黑猪母猪）杂种猪母猪进行三品种杂交，一代杂种猪胴体瘦肉率为58%；与长×约×金［长白猪×(大约克夏猪×金个猪)］杂种猪母猪进行四品种杂交，其一代杂种猪胴体瘦肉率在57%以上。

3. 杜洛克猪

杜洛克猪原产于美国东北部的新泽西州等地，俗称红毛猪。前些年从美国、匈牙利和日本等国引入我国，现已遍布全国。其特点为：体质健壮，抗逆性强，饲养条件比其他瘦肉型猪要求低；生长速度快，饲料利用率高，胴体瘦肉率高，肉质较好。在杂交利用中一般作为父本。

杜洛克猪被毛一般为棕红色，但深浅不一，有的呈金黄色，有的呈深褐色，都是纯种，耳中等大小前倾，面微凹，体躯深广，背平直或略呈弓形，后躯发育好，腿部肌肉丰满，四肢长。

性成熟较晚，母猪一般在6～7月龄、体重90～110千克开始第一次发情，发情周期21天左右，发情持续期2～3天，妊娠期115天左右。初产母猪产仔数9头左右，经产母猪产仔数10头左右。

在良好的饲养条件下，180日龄体重可达90千克。在体重25～100千克阶段，平均日增重650克。在体重100千克屠宰，屠宰率75%，胴体瘦肉率63%～64%。背膘厚2.65厘米，眼肌面积37厘米^2，肌肉内脂肪含量3.1%，肉色良好。

用杜洛克猪作父本与地方诸品种进行两品种杂交，一代杂种猪日增重可达500～600克，胴体瘦肉率50%左右。用杜洛克猪作父本与培育猪品种进行两品种或三品种杂交，其杂种猪日增重可达600克以上，胴体瘦肉率56%～62%。例如：杜洛克猪与荣昌猪杂交，一代杂种猪胴体瘦肉率在50%左右。杜洛克猪与上海白猪杂交，一代杂种猪胴体瘦肉率在60%左右。

4. 汉普夏猪

汉普夏猪产于美国肯塔基州的布奥尼地区，是用薄皮猪和白肩猪杂交选育而成的，它和杜洛克猪是目前在美国分布最广的肉用型品种。20世纪70年代引入我国，其数量和利用不如长白猪、大白猪和杜洛克猪。主要特点为：生长发育较快，抗逆性较强，饲料利用率较高，胴体瘦肉率较高，肉质较好，但产仔数量较少。

汉普夏猪被毛黑色，在肩颈结合有一条白带，肩和前肢也是白色的，但其他部位不能再有白色。嘴较长而直，耳直立中等大小，体躯较长，肌肉发达，肉质好，成年公猪320～410千克，母猪250～340千克。

性成熟较晚，母猪一般在6～7月龄、体重90～110千克时开始发情，发情周期19～22天，发情持续期2～3天，妊娠期112～116天。初产母猪产仔数7～8头，经产母猪产仔数8～9头。

在良好的饲养条件下，180日龄体重可达90千克，日增重600～700克。体重90千克屠宰，其屠宰率71%～75%。眼肌面积30厘米^{2}以上，胴体瘦肉率60%以上。

因汉普夏猪具有生长快、瘦肉率高和肉质好等优点，在杂交利用中一般作为父本。汉普夏猪公猪与长×太（长白猪公猪配太湖猪母猪）杂种猪母猪杂交生产的三品种杂交猪体重20～90千克阶段，饲养期需110～116天，日增重600克以上，每千克增重消耗配合饲料3.5～3.7千克，胴体瘦肉率50%以上。

5. 皮特兰猪

皮特兰猪原产于比利时，这个品种比其他瘦肉猪品种形成较晚，是由法国的贝叶杂交猪与英国的巴克夏猪进行回交，然后再与英国大白猪杂交育成的。主要特点是瘦肉率高，后躯和双肩肌肉丰满。

毛色呈灰白色并带有不规则的深黑色斑点，偶尔出现少量棕色毛。头部清秀，颜面平直，嘴大且直，双耳略微向前。体躯呈圆柱形，腹部平行于背部，肩部肌肉丰满，背直而宽大。体长 1.5～1.6 米。

公猪一旦达到性成熟就有较强的性欲，采精调教一般一次就会成功，射精量 250～300 毫升，精子数每毫升达 3 亿个。母猪母性不亚于我国地方猪品种，仔猪育成率在 92%～98%。母猪的初情期一般在 190 日龄，发情周期 18～21 天。产仔数 10 头左右，产活仔数 9 头左右。

生长速度快，6 月龄体重可达 90～100 千克，日增重 750 克左右，每千克增重消耗配合饲料 25～2.6 千克，屠宰率 76%，瘦肉率可高达 70%。

由于皮特兰猪产肉性能高，多用作父本进行二元或三元杂交。用皮特兰猪公猪配上海白猪（农系）母猪，其二元杂种猪育肥期的日增重可达 650 克。体重 90 千克屠宰，其胴体瘦肉率达 65%。皮特兰猪公猪配梅山猪母猪，其二元杂种猪育肥期日增重为 685 克，饲料利用率为 2.88∶1。体重 90 千克屠宰，胴体瘦肉率可达 54%左右。用皮特兰猪公猪配长×上（长白猪配上海白猪）杂交猪母猪，其三元杂种猪育肥期日增重为 730 克左右，饲料利用率为 2.99∶1，胴体瘦肉率 65%左右。

皮特兰猪的缺点是，瘦肉的肌纤维比较粗。另外皮特兰猪的应激症比较严重。有应激症的猪，对外界环境非常敏感，在运动、运输、角斗时，有时会突然死亡。这种猪的肉质很差，多为灰白水样肉，即瘦肉呈灰白颜色，肉质松软，渗水。研究表明瘦肉率越高的品种，应激症发生越严重。因此在瘦肉型猪的品种选育中，不能片面追求瘦肉率越高越好。

6. 波中猪

1950 年左右在美国俄亥俄州的西南部育成。被毛黑色，“六点白”即四肢下端、嘴和尾尖有白毛，体躯宽深而长，四肢结实，肌肉特别发达，瘦肉比重高，是国外大型猪种之一。成年公猪重

390～450 千克，母猪重 300～400 千克，原先的波中猪是美国著名的脂肪型品种，近十年来经过几次类型上的大杂交已育成瘦肉型品种。

7. 拉康伯猪

这种猪是在加拿大拉康伯地区的一个试验场，于 1942 年开始用巴克夏与柴斯特白杂交后，再与长白猪杂交选育而成的肉用型新品种。毛色全白，体躯长，头、耳、嘴与长白猪相似。主要优点是长得快，肉猪育肥期短。目前拉康伯猪已成为加拿大养猪业的主要品种之一，其良种登记头数仅次于约克夏、汉普夏和长白猪，居第四位。

8. 迪卡种猪

迪卡配套系种猪简称迪卡（DEKALB），是美国迪卡公司在 20 世纪 70 年代开始培育的品种。迪卡配套种猪包括曾祖代（GGP）、祖代（GP）、父母代（PS）和商品杂优代（MK）。1991 年 5 月，我国从美国引进迪卡配套系曾祖代种猪，由五个系组成，这五个系分别称为 A、B、C、E、F。这五个系均为纯种猪，可用于进行商品肉猪生产，充分发挥专门化品系的遗传潜力，获得最大杂种优势。迪卡猪具有产仔数多、生长速度快、饲料转化率高、胴体瘦肉率高等突出特性，除此之外，还具有体质结实、群体整齐、采食能力强、肉质好、抗应激等一系列优点。产仔数初产母猪 11.7 头，经产母猪 12.5 头。150 日龄体重达 90 千克，料肉比 2.8∶1，胴体瘦肉率 60%，屠宰率 74%。该猪种易于饲养管理，具有良好的推广前景。

（二）国内的地方品种

我国大多数地方猪品种属于脂肪型。这种类型的猪胴体脂肪含量高，瘦肉率低，平均为 35%～44%。外形特点是：皮下脂肪厚，背膘厚为 4～5 厘米，最厚处可达 6～7 厘米；体短而宽，胸深腰粗，四肢短小，大腿和臀部肌肉不丰满，体长和胸围大致相等。成熟较早，繁殖力高，母性好，适应性强。

1. 太湖猪

太湖猪产于江苏、浙江的太湖地区，由二花脸、梅山、枫泾、米猪等地方类型猪组成。主要分布在长江下游的江苏、浙江和上海交界的太湖流域，故统称“太湖猪”。太湖猪是我国乃至全世界猪品种中产仔数最多的品种。品种内类群结构丰富，有广泛的遗传基础。肌肉脂肪较多，肉质较好。

太湖猪头大额宽，额部皱褶多、深，耳特大、软而下垂，耳尖同嘴角齐或超过嘴角，形如大蒲扇。全身被毛黑色或青灰色，毛稀。腹部皮肤呈紫红色，也有鼻吻或尾尖呈白色的。梅山猪的四肢末端为白色，米猪骨骼较细致。成年公猪体重150～200千克，成年母猪体重150～180千克。

太湖猪性成熟早，公猪4～5月龄时，精液品质已基本达到成年公猪的水平。母猪在一个发情周期内排卵较多，是世界已知品种中产仔数最高的品种。太湖猪初产母猪平均产仔数12头以上，产活仔数11头以上；2胎以上母猪平均产仔数14头以上，产活仔数13头以上；3胎及3胎以上母猪平均产仔数16头，产活仔数14头以上。

太糊猪生长速度较慢，如梅山猪在体重25～90千克阶段，日增重439克；枫泾猪在体重15～75千克阶段，日增重332克。太湖猪屠宰率65％～70％，胴体瘦肉率较低；宰前体重75千克的枫泾猪，胴体瘦肉率39.2％。

用苏白猪、长白猪和约克夏猪作父本与太湖猪母猪杂交，一代杂种猪日增重分别为506克、481克和477克。用长白猪作父本，与梅×二（梅山公猪配二花脸母猪）杂种猪母猪进行三品种杂交，杂种猪日增重可达500克；用杜洛克猪作父本，与长×二（长白公猪配二花脸母猪）杂种猪母猪进行三品种杂交，其杂种猪的瘦肉率较高，在体重87千克时屠宰，胴体瘦肉率53.5％。

2. 民猪

原产于东北和华北部分地区。民猪具有抗寒能力强，体质健壮，产仔数多，脂肪沉积能力强，肉质好以及适于放牧粗放管理等特点。

民猪头中等大，面直长，耳大、下垂。体躯扁平，背腰狭窄，臀部倾斜，四肢粗壮。全身被毛黑色、密而长，鬃毛较多，冬季密生绒毛。

民猪性成熟早，母猪4月龄左右出现初情，体重60千克时卵泡已成熟并能排卵。母猪发情征候明显，配种受胎率高。公猪一般于9月龄、体重90千克左右时配种；母猪8月龄、体重80千克左右时初配。初产母猪产仔数11头左右，3胎及3胎以上母猪产仔数13头左右。

民猪在体重18～90千克育肥期，日增重458克左右，体重60千克和90千克时屠宰，屠宰率分别为69%和72%左右，胴体瘦肉率分别为52%和45%左右。民猪胴体瘦肉率在我国地方猪品种中是较高的，只是到体重90千克以后，脂肪沉积增加，瘦肉率下降。

用民猪作父本，分别与东北花猪、哈白猪和长白猪母猪杂交，所得反交一代杂种，育肥期日增重分别为615克、642克和555克。以民猪作母本产生的两品种一代杂种猪母猪，再与第三品种公猪杂交所得三品种杂交后代，其育肥期日增重比二品种杂交猪又有提高。

3. 内江猪

产于四川省的内江地区，主要分布于内江、资中、简阳等市、县。内江猪对外界刺激反应迟钝，对逆境有良好的适应性。在我国炎热的南方和寒冷的北方都能正常繁殖生长。

内江猪体型较大，头大嘴短，颜面横纹深陷成沟，额皮中部隆起成块。耳中等大、下垂。体躯宽深，背腰微凹，腹大，四肢较粗壮。皮厚，全身被毛黑色，鬃毛粗长。根据头型可分为“狮子头”、“二方头”和“毫杆嘴”3种类型。成年公猪体重约169千克，母猪体重约155千克。

公猪一般5～8月龄初次配种，母猪一般6～8月龄初次配种。初产母猪平均产仔数9.5头，3胎及3胎以上母猪平均产仔数10.5头。

在农村较低营养饲养条件下，体重10～80千克阶段，饲养期309天，日增重226克，屠宰率68%，瘦肉率47%。在中等营养水平下限量饲养，体重13～91千克阶段，饲养期193天，日增重404克。体重90千克时屠宰，屠宰率67%，胴体瘦肉率37%。

内江猪与地方品种或培育品种猪杂交，一代杂种猪日增重和每千克增重消耗饲料均表现出杂种优势。用内江猪与北京黑猪杂交，杂种猪体重22～75千克阶段，日增重550～600克，每千克增重消耗配合饲料2.99～3.45千克，杂种猪日增重杂种优势率为63%～74%。用长白猪作父本与内江猪母猪杂交，一代杂种猪日增重杂种优势率为36.2%，每千克增重消耗配合饲料比双亲平均值低67%～71%。胴体瘦肉率45%～50%。

4. 荣昌猪

荣昌猪产于四川省荣昌和隆昌两县，主要分布在荣昌县和隆昌县。荣昌猪具有适应性强，瘦肉率较高，配合力较好和鬃质优良等特点。

荣昌猪体型较大。头大小适中，面微凹，耳中等大、下垂，额面皱纹横行、有旋毛。背腰微凹，腹大而深，臀稍倾斜。四肢细小、结实。除两眼四周或头部有大小不等的黑斑外，被毛均为白色。成年公猪平均体重158千克，成年母猪平均体重144千克。

荣昌公猪4月龄性成熟，5～6月龄可用于配种。母猪初情期为71～113天，初配以7～8月龄、体重50～60千克较为适宜。在农村初产母猪产仔数7头左右，3胎及3胎以上母猪平均产仔数10.2头；在选育群中，初产母猪平均产仔数8.5头，经产母猪平均产仔数11.7头。

在日粮含消化能30.98兆焦、可消化粗蛋白291克的营养条件下饲养，体重14.7～90千克阶段，日增重633克。体重87千克时屠宰，屠宰率69%，瘦肉率39%～46%。

用约克夏猪、巴克夏猪和长白猪作父本与荣昌猪母猪杂交，一代杂种猪均有一定的杂种优势。长白猪与荣昌猪的配合力较好，日增重杂种优势率为14%～18%，饲料利用率的杂种优势率为8%～14%。用汉普夏猪、杜洛克猪公猪与荣昌母猪杂交，一代杂种猪胴体瘦肉率可达49%～54%。

5. 大花白猪

大花白猪产于广东省珠江三角洲一带，主要分布在广东省的乐昌、仁化、顺德和连平等42个县、市。大花白猪具有耐热耐潮湿、繁殖力较高、早熟易肥和脂肪沉积能力强等特点。

大花白猪体型中等大小。耳稍大、下垂，额部多有横皱纹。背部较宽、微凹，腹较大。被毛稀疏，毛色为黑白花，头、臀部有大块黑斑，腹部、四肢为白色，背腰部及体侧有大小不等的黑斑，在黑白色的交界处有黑皮白毛形成的“晕”。成年公猪体重130～140千克，体长135厘米左右；成年母猪体重105～120千克，体长125厘米左右。

大花白猪公猪6～7月龄开始配种；母猪90日龄出现第一次发情。初产母猪平均产仔数12头；3胎以上经产母猪平均产仔数13.5头。

在较好的饲养条件下，大花白猪体重20～90千克阶段，需饲养135天，日增重519克。体重70千克屠宰，屠宰率70%，胴体瘦肉率43%。

用长白猪、杜洛克猪和汉普夏猪作父本，与大花白猪母猪杂交，一代杂种猪体重20～90千克阶段，日增重分别为597克、583克和584克；体重90千克屠宰，屠宰率分别为69%、70%和71%。

6. 金华猪

金华猪产于浙江省金华地区，主要分布在东阳市、浦江县、义乌市、永康县和金华县。金华猪具有性成熟早，繁殖力高，皮薄骨细，肉质好，适于制作优质火腿等特点。

金华猪体型中等偏小。耳中等大、下垂。背微凹，腹大微下垂，臀较倾斜。四肢细短，蹄坚实呈玉色。毛色以中间白、两头黑为特征，即头颈和臀尾部为黑皮黑毛，体躯中间为白皮白毛，故又称“两头乌”或“金华两头乌猪”。金华猪头型可分为寿字头、老鼠头2种。成年公猪平均体重112千克，体长127厘米；成年母猪平均体重97千克，体长122厘米。

金华猪具有性情温驯，母性好，性成熟早和产仔多等优良特性。公猪100日龄时已能采得精液，其质量已近似成年公猪。母猪110日龄、体重28千克时开始排卵。初产母猪平均产仔数10.5头，平均产活仔数10.2头；3胎以上母猪平均产仔数13.8头，平均产活仔数13.4头。

金华猪在体重17～76千克阶段，平均饲养期127天，日增重464克；体重67千克屠宰，屠宰率72%，胴体瘦肉率43%。

用丹麦长白公猪与金华猪母猪杂交，一代杂种猪体重13～76

千克阶段，日增重 362 克，胴体瘦肉率 51%。用丹麦长白猪作第一父本，与约×金（约克夏猪公猪配金华猪母猪）杂种猪母猪杂交，其三品种杂种猪在中等营养水平下饲养，体重 18～75 千克阶段，日增重 381 克，胴体瘦肉率 58%。

（三）国内培育的品种

为了满足人们对瘦猪肉的需求量，近几十年来，我国畜牧科技工作者培育出几十个猪的品种。普遍饲养的培育猪品种有下面几个。

1. 三江白猪

三江白猪产于东北三江平原，是由长白猪和东北民猪杂交培育而成的我国第一个瘦肉型猪种。具有生长快，省料，抗寒，胴体瘦肉多，肉质良好等特点。

轻嘴直，耳下垂。背腰宽平，腿臀丰满，四肢粗壮，蹄质坚实。被毛全白，毛丛稍密。具有瘦肉型猪的体躯结构。成年公猪体重 250～300 千克，母猪体重 200～250 千克。

三江白猪继承了东北民猪繁殖性能高的优点。性成熟较早，初情期约在 4 月龄，发情征候明显，配种受胎率高，极少发生繁殖疾患。初产母猪产仔数 9～10 头，经产母猪产仔数 11～13 头。仔猪 60 日龄断奶窝重为 16 千克。

按照三江白猪饲养标准饲养，6 月龄育肥猪体重可达 90 千克，每千克增重消耗配合饲料 3.5 千克。在农场条件下饲养，190 日龄体重可达 85 千克。体重 90 千克屠宰，胴体瘦肉率 58%。眼肌面积为 28～30 厘米^2，腿臀比例 29%～30%。

三江白猪与哈白猪、苏白猪和大约克夏猪的正反杂交，在日增重方面均呈现杂种优势。用杜洛克猪作父本与三江白猪母猪杂交，其一代杂种猪日增重为 650 克。体重 90 千克屠宰，胴体瘦肉率 62%左右。

2. 湖北白猪

湖北白猪产于湖北省武汉市及华中地区，是由大白猪、长白猪与本地通城猪、监利猪和荣昌猪杂交培育而成的瘦肉型猪品种。主要特点为：胴体瘦肉率高，肉质好，生长发育较快，繁殖性能优良，能耐受长江中游地区夏季高温、冬季湿冷等气候条件。

全身被毛白色。头稍轻直长，两耳前倾稍下垂。背腰平直，中躯较长，腹小，腿臀丰满，肢、跨结实。成年公猪体重250～300千克，母猪体重200～250千克。

小公猪3月龄、体重40千克时出现性行为。小母猪初情期在3～3.5月龄，性成熟期在4～4.5月龄，适宜初配年龄7.5～8月龄。母猪发情周期20天左右，发情持续期3～5天。初产母猪产仔数9.5～10.5头，3胎以上经产母猪产仔数12头以上。

在良好的饲养条件下，6月龄体重可达90千克。在每千克日粮含消化能12.56～12.98兆焦、粗蛋白14%～16%的营养水平下，体重20～90千克阶段，日增重600～650克，每千克增重消耗配合饲料3.5千克以下。体重90千克屠宰，屠宰率75%。眼肌面积30～34厘米^2，腿臀比例30%～33%，胴体瘦肉率58%～62%。

用杜洛克猪、汉普夏猪、大约克夏猪和长白猪作父本，分别与湖北白猪母猪进行杂交，其一代杂种猪体重20～90千克阶段，日增重分别为611克、605克、596克和546克；胴体瘦肉率分别为64%、63%、62%和60%。杂交效果以杜×湖一代杂种猪最好。

3. 上海白猪

上海白猪培育于上海地区，主要是由约克夏猪、苏白猪和太湖猪杂交培育而成。现有生产母猪两万头左右，主要分布在上海市郊的上海县和宝山县。主要特点是生长较快，产仔较多，适应性强和胴体瘦肉率较高。

上海白猪体型中等偏大，体质结实。头面平直或微凹，耳中等大小略向前倾。背宽，腹稍大，腿臀较丰满。全身被毛为白色。成年公猪体重250千克左右，体长167厘米左右；母猪体重177千克左右，体长150厘米左右。

公猪多在8～9月龄、体重100千克以上开始配种。母猪初情期为6～7月龄，发情周期19～23天，发情持续期2～3天。母猪多在8～9月龄配种。初产母猪产仔数9头左右，3胎及3胎以上母猪产仔数11～13头。

上海白猪体重在20～90千克阶段，日增重615克左右；体重90千克屠宰，平均屠宰率70%。眼肌面积26厘米^2，腿臀比例

27%，胴体瘦肉率平均52.5%。

用杜洛克猪或大约克夏猪作父本与上海白猪母猪杂交，一代杂种猪体重20～90千克阶段，日增重为700～750克；杂种猪体重90千克屠宰，胴体瘦肉率60%以上。

4. 北京黑猪

北京黑猪主要由北京市双桥农场、北郊农场用巴克夏猪、约克夏猪、苏白猪及河北定县黑猪杂交培育而成。主要特点是体型较大，生长速度较快，母猪母性好。与长白猪、大约克夏猪和杜洛克猪杂交效果较好。

头大小适中，两耳向前上方直立或平伸，面微凹，额较宽。颈肩结合良好，背腰平直且宽。四肢健壮，腿臀较丰满，体质结实，结构匀称。全身被毛呈黑色。成年公猪体重260千克左右，体长150厘米左右；成年母猪体重220千克左右，体长145厘米左右。

母猪初情期为6～7月龄，发情周期为21天，发情持续期2～3天。小公猪6～7月龄、体重70～75千克时可用于配种。初产母猪每胎产仔数9～10头，经产母猪平均每胎产仔数11.5头，平均产活仔数10头。

北京黑猪在体重20～90千克阶段，日增重达600克以上；体重90千克屠宰，屠宰率72%～73%，胴体瘦肉率49%～54%。

用长白猪作父本与北京黑猪母猪杂交，一代杂种猪体重20～90千克阶段，日增重650～700克，体重90千克屠宰，胴体瘦肉率54%～56%；用杜洛克猪或大约克夏猪作父本，长×北（长白猪公猪配北京黑猪母猪）杂种猪作母本，杂种猪体重20～90千克阶段，日增重600～700克，体重90千克屠宰，胴体瘦肉率在58%以上。

5. 新淮猪

新淮猪育成于江苏省淮阴地区，主要用约克夏猪和淮阴猪杂交培育而成，主要分布在江苏省淮阴和淮河下游地区。具有适应性强，产仔数较多，生长发育较快，杂交效果较好和在以青绿饲料为主搭配少量配合饲料的饲养条件下饲料利用率较高等特点。

头稍长，嘴平直微凹，耳中等大小，向前下方倾垂。背腰平直，腹稍大但不下垂。臀略斜，四肢健壮。除体躯末端有少量白斑外，其他被毛呈黑色。成年公猪体重230～250千克，体长150～160厘米；成年母猪体重180～190千克，体长140～145厘米。

公猪于103日龄、体重24千克时即开始有性行为；母猪于93日龄、体重21千克时初次发情。初产母猪产仔数10头以上，产活仔数9头；3胎及3胎以上经产母猪产仔数13头以上，产活仔数11头以上。

新淮猪从2月龄到8月龄，育肥期日增重490克。育肥猪最适屠宰体重为80～90千克。体重87千克时屠宰，屠宰率71%，膘厚3.5厘米，眼肌面积25厘米^2，腿臀重占胴体重25%。胴体瘦肉率45%左右。

用内江猪与新淮猪进行两品种杂交，其杂种猪180日龄体重达90千克，60～180日龄日增重560克。用杜×二花脸（杜洛克猪公猪配二花脸猪母猪）杂种猪公猪配新淮母猪，其三品种杂种猪日增重590～700克，屠宰率72%以上，腿臀占胴体重27%。胴体瘦肉率50%以上。

6. 湘白1系猪

湘白1系猪是由大约克夏猪、长白猪、苏白猪和大围子猪杂交培育而成。湘白1系猪遗传性能稳定，适应性强，繁殖力高，生长发育快。以湘白1系猪的母猪与杜洛克猪的公猪杂交生产商品猪，其杂种猪生长快，省饲料，好饲养。

湘白1系猪头中等大小，鼻嘴平圆，耳中等大、直立、稍向前倾。背腰结合良好且平直，臀部较丰满，腹线不下垂。全身被毛呈白色。成年公猪平均体重170千克，成年母猪平均体重155千克。

公母猪适宜配种月龄为7～8月龄、体重70～85千克。初配母猪发情周期19.8天，发情持续期3～5天；经产母猪发情持续期3～4天。初产母猪产仔数10头左右，产活仔数9头左右；经产母猪产仔数12头以上。

湘白1系猪出生后176～184日龄体重达90千克，育肥期平均日增重604～671克；体重90千克屠宰，屠宰率72%，胴体瘦肉率59%。

用杜洛克猪作父本与湘白1系猪母猪杂交，其杂种猪出生后

146～165日龄体重达90千克，日增重691～798克，胴体瘦肉率62%～63.7%；用汉普夏猪作父本与湘白1系猪母猪杂交，其杂种猪出生后153～163日龄体重达90千克，日增重685～749克，胴体瘦肉率62.1%～62.8%；用长白猪作父本与湘白1系猪母猪杂交，其杂种猪出生后163～187日龄体重达90千克，日增重585～694克，胴体瘦肉率60.7%～61.8%；用大约克夏猪作父本与湘白1系猪母猪杂交，其杂种猪出生后172～192日龄体重达90千克，日增重563～703克，胴体瘦肉率59.9%～60.9%。

7. 汉中白猪

汉中白猪培育于陕西省汉中地区，主要用苏白猪、约克夏猪和汉江黑猪杂交培育而成。现有种猪1万头左右，主要分布于汉中市、南郑县和城固县等地。汉中白猪具有适应性强，生长较快，耐粗饲和胴体品质好等特点。

头中等大，面微凹，耳中等大小、向上向外伸展。背腰平直，腿臀较丰满，四肢健壮。体质结实，结构匀称，被毛全白。成年公猪体重210～220千克，体长145～165厘米；成年母猪体重145～190千克，体长140～150厘米。

小公猪体重40千克左右时出现性行为，小母猪体重35～40千克时初次发情。公猪体重100千克、10月龄，母猪体重90千克、8月龄时开始配种。母猪发情周期一般为21天，发情持续期初产母猪4～5天，经产母猪2～3天。初产母猪平均产仔数9.8头，经产母猪平均产仔数11.4头。

汉中白猪在体重20～90千克阶段，日增重520克。体重90千克屠宰，屠宰率71%～73%，胴体瘦肉率47%。

汉中白猪与荣昌猪进行正反杂交，其杂种猪日增重610～690克。体重90千克屠宰，屠宰率70%以上。用杜洛克猪作父本与汉中白猪母猪杂交，其杂种猪日增重642克，胴体瘦肉率55%左右。

8. 山西黑猪

山西黑猪主要用约克夏猪、内江猪、山西本地猪杂交培育而成。主要分布在大同、忻县、原平、五台和太谷等市、县。山西黑猪具有繁殖力较高，抗逆性强，生长速度较快等优点。与长白猪和大约克夏猪杂交效果较好。

头大小适中，额宽有皱纹，嘴中等长而粗，面微凹，耳中等大、稍向前倾、下垂。臀宽、稍倾斜。四肢健壮，体型结构匀称。全身被毛呈黑色。成年公猪平均体重197千克、体长157厘米；成年母猪平均体重188千克、体长155厘米。

公猪一般在8月龄、体重80千克时开始配种。母猪初情期平均为156日龄，发情周期19～21天，发情持续期3～5天。初产母猪产仔数10头左右，产活仔数9头左右；3胎及以上经产母猪平均产仔数11.5头，平均产活仔数10.3头。

在体重20～90千克阶段，日增重611克；体重90千克屠宰，屠宰率72%，胴体瘦肉率42%～45%。

用长白猪作父本与山西黑猪母猪杂交，一代杂种猪日增重560克。体重90千克屠宰，屠宰率70%左右，胴体瘦肉率50%。用长白猪作父本与大约×黑（大约克夏猪公猪配山西黑猪母猪）杂种猪母猪杂交，杂种猪日增重547克，胴体瘦肉率55%。

9. 浙江中白猪

浙江中白猪培育于浙江省，主要是由长白猪、约克夏猪和金华猪杂交培育而成的瘦肉型品种。具有体质健壮、繁殖力较高、杂交利用效果显著和对高温、高湿气候条件有较好适应能力等良好特性，是生产商品瘦肉猪的良好母本。

体型中等，头颈较轻，面部平直或微凹，耳中等大呈前倾或稍下垂。背腰较长，腹线较平直，腿臀肌肉丰满。全身被毛白色。

青年母猪初情期5.5～6月龄，8月龄可配种。初产母猪平均产仔9头，经产母猪平均产仔12头。

生长育肥期平均日增重520～600克，190日龄左右体重达90千克。90千克体重时屠宰，屠宰率73%，胴体瘦肉率57%。

用杜洛克猪作父本，浙江中白猪作母本，进行二品种杂交，其一代杂种猪175日龄体重达90千克，体重20～90千克阶段，平均日增重700克。体重90千克时屠宰，胴体瘦肉率61.5%。

10. 甘肃白猪

甘肃白猪是用长白猪和苏联大白猪为父本，用八眉猪与河西猪为母本，通过育成杂交的方法培育而成。甘肃白猪具有遗传性稳定，生长发育快，适应性强，肉质品质优良等特点。作为母系与引入瘦肉型猪种公猪杂交，其杂种猪生长快、省饲料。

头中等大小，脸面平直，耳中等大、略向前倾。背平直，体躯较长，体质结实。后躯较丰满，四肢坚实。全身被毛呈白色。成年公猪体重242千克，体长155厘米；成年母猪体重176千克，体长146厘米。

公母猪适宜配种时间为7～8月龄，体重85千克左右，发情周期17～25天，发情持续期2～5天。平均产仔数9.59头，产活仔数8.84头。

体重20～90千克期间，平均日增重648克。体重90千克屠宰，屠宰率74%，胴体瘦肉率52.5%。

用甘肃白猪为母本与杜洛克猪和汉普夏猪为父本进行杂交，日增重分别为718克和761克，胴体瘦肉率分别为57.3%和57.4%。

11. 广西白猪

广西白猪是用长白猪、大约克夏猪的公猪与当地陆川猪、东山猪的母猪杂交培育而成。广西白猪的体型比当地猪高、长，肌肉丰满，繁殖力好，生长发育快，饲料利用率好。作为母系与杜洛克公猪杂交，其杂种猪生长发育快，省饲料，杂种优势率明显。

头中等长，面侧微凹，耳向前伸。肩宽胸深，背腰平直稍弓，身躯中等长。胸部及腹部肌肉较少。全身被毛呈白色。成年公猪平均体重270千克，体长174厘米；成年母猪平均体重223千克，体长155厘米。

据经产母猪215窝的统计，平均产仔数11头左右，初生窝重13.3千克，20日龄窝重44.1千克，60日龄窝重103.2千克。

出生后173～184日龄体重达90千克。体重25～90千克育肥期，日增重675克以上。体重95千克屠宰，屠宰率75%以上，胴体瘦肉率55%以上。

用广西白猪母猪先与长白猪公猪杂交，再用杜洛克猪为终端父本杂交，其三品种杂种猪日增重平均为646克。体重90千克屠宰，屠宰率76%，胴体瘦肉率56%以上。

二、种猪选择和引进

种猪质量不仅影响肉猪的生长速度和饲料转化率，而且还影响肉猪的品质。只有选择具有高产潜力，体型良好，健康无病的优质种猪，并进行良好的饲养管理，才能获得优质的商品仔猪，才能为快速育肥奠定一个坚实的基础。

(一) 种猪选择

1. 品种特征

根据生产目的和要求确定杂交模式，选择需要的优良品种。如生产中，为提高肉猪的生长速度和胴体瘦肉率，人们常用引进品种进行杂交生产三元杂交商品猪。因为引进品种具有生长速度快、饲料利用率高、胴体瘦肉率高、屠宰率较高等优势，并且经过多年的改良，它们的平均窝产仔数也有所提高，而且肉猪市场价格高。如我国近年引进数量较多、分布较广的有长白猪、大约克夏猪、杜洛克猪、皮特兰猪等。见表 1-2。

表 1-2 几种主要引进瘦肉型品种猪的比较

品种名称	原产地	外貌特征	突出特点	缺 陷
长白猪	丹麦	毛色纯白,耳长大前倾,头狭长清秀,体长	母性较好,产仔多,瘦肉率高,生长快,是优良的杂交母本	饲养条件要求高,易患肢蹄病
大约克夏猪（大白猪）	美国	毛色纯白,耳直立,体大头长,颜面微凹	繁殖性能好,产仔多,作母本较好	眼肌面积小,后腿比重小
杜洛克猪	美国	被毛棕红色,耳中等大小,略向前倾,颜面微凹,四肢粗壮	瘦肉率高,生长快,饲料利用率高,是理想的杂交终端父本	胴体短,眼肌面积小
皮特兰猪	比利时	毛色灰白夹有黑色斑点,有的部分杂有红色,耳中等大小	后腿和腰特别丰满,瘦肉率极高	生长速度较慢,易产生劣质肉

2. 体型外貌选择

好的种猪要体形匀称、膘情适中、胸宽体健、腿臀肌肉发达、肢蹄发育良好、个体性征明显、具有种用价值且无任何遗传疾患。

另外，种公猪还要求睾丸发育良好、轮廓明显、左右大小均一；不允许有单睾、隐睾或阴囊疝，包皮积尿不明显。种母猪还要求外生殖器发育正常，乳房形质良好、排列整齐均匀，无瞎乳头、翻乳头或无效乳头，大小适中且不少于12个。

3. 种猪场的选择

要尽可能从规模较大、历史较长、信誉度较高的大型良种猪场购进良种猪；种猪场应能满足客户的要求，设专用销售观察室供客户挑选，确保种猪质量和维护顾客利益；要求供种场提供该场免疫程序及所购买的种猪免疫接种情况，并注明各种疫苗的注射日期。种公猪最好能经测定后出售，并附测定资料和种猪三代系谱；购猪时要注意查看或索取种猪卡片及种猪系谱档案，确保其为优良品种的后裔并具有较高的生产水平。

4. 健康种猪的选择

种猪要求健康、无任何临床病征和遗传疾患（如脐疝、瞎乳头等），营养状况良好，发育正常，四肢要求结构合理、强健有力，体形外貌符合品种特征和本场自身要求，耳号清晰，纯种猪应打上耳牌，以便标识。种公猪要求活泼好动，睾丸发育匀称，包皮没有较多积液，成年公猪最好选择见到母猪能主动爬跨、猪嘴含有大量白沫、性欲旺盛的公猪。种母猪生殖器官要求发育正常，阴户不能过小和上翘，应选择阴户较大且松弛下垂的个体，有效乳头应不低于6对，分布均匀对称，四肢要求有力且结构良好。种猪必须经本场兽医临床检查无猪瘟（HC）、萎缩性鼻炎（AR）、布氏杆菌病等病症，并有由兽医检疫部门出具的检疫合格证。

（二）种猪的引进

为提高猪群总体质量和保持较高的生产水平，达到优质、高产、高效的目的，猪场和养殖户都经常要向质量较好的种猪场引进种猪，引种工作直接影响到种猪的质量。

1. 做好引种准备工作

（1）制订引种计划　猪场和养殖户应结合自身的实际情况，根据种群更新计划确定所需品种和数量，有选择性地购进能提高本场种猪某种性能满足自身要求，并只购买与自己的猪群健康状况相同的优良个体；如果是加入核心群进行育种的，则应购买经过生产性能测定的种公猪或种母猪。新建场应从所建场的生产规模、产品市场和猪场未来发展方向等方面进行计划，确定所引进种猪的数量、品种和级别，是外来品种（如大约克夏、杜洛克或长白）还是地方品种，是原种、祖代还是父母代。根据引种计划，选择质量高、信誉好的大型种猪场引种。

（2）应了解的具体问题

① 疫病情况　调查各地疫病流行情况和各种种猪质量情况，必须从没有严重危害的疫病流行地区，并经过详细了解的健康种猪场引进，同时了解该种猪场的免疫程序及其具体措施。

② 种猪场种猪选育标准　公猪须了解其生长速度（日增重）、饲料转化率（料比）、背膘厚（瘦肉率）等指标，母猪要了解其繁殖性能（如产子数、受胎率、初配月龄等）。种猪场引种最好能结合种猪综合选择指数进行选种，特别是从国外引种时更应重视该项工作。

（3）隔离舍的准备工作　猪场应设隔离舍，要求距离生产区最好有 300 米以上距离，在种猪到场前的 30 天（至少 7 天），应对隔离栏及其用具进行严格消毒，可选择质量好的消毒剂，如中山“腾俊”有机氯消毒剂，进行多次严格消毒。

2. 种猪的运输

（1）车辆消毒　最好不使用运输商品猪的外来车辆装运种猪。在运载种猪前 24 小时，应使用高效的消毒剂对车辆和用具进行两次以上的严格消毒，最好能空置一天后装猪，在装猪前再用刺激性较小的消毒剂（如中山“腾俊”双链季铵盐络合碘）彻底消毒一次，并开具消毒证。

（2）避免应激和损伤　长途运输的车辆，车厢最好能铺上垫料，冬天可铺上稻草、稻壳、木屑，夏天铺上细沙，以降低种猪肢蹄损伤的可能性；供种场提前 2～3 小时对准备运输的种猪停止投喂饲料。赶猪上车时不能赶得太急，注意保护种猪的肢蹄，装猪结束后应固定好车门。

所装载的猪只的数量不要过多，装得太密会引起挤压而导致种猪死亡。运载种猪的车厢面积应为猪只纵向表面积的 1.5 倍；最好将车厢隔成若干个隔栏，安排4～6头猪为一个隔栏，隔栏最好用光滑的水管制成，避免刮伤种猪，达到性成熟的公猪应单独隔开，并喷洒带有较浓气味的消毒药（如复合酚），以免公猪间相互打架。

长途运输的种猪，应对每头种猪按1毫升/10千克注射长效抗生素（如辉瑞“得米先”或腾俊“爱富达”），以防止猪群途中感染细菌性疾病；对临床表现特别兴奋的种猪，可注射适量氯丙嗪等镇静剂。

(3) 保持适宜的环境　冬季要注意保暖，夏天要重视降温防暑，尽量避免在酷暑期装运种猪，夏天运种猪应避免在炎热的中午装猪，可在早晨和傍晚装运；途中应注意经常供给充足的饮水（长途运输时可先配置一些电解质溶液，用时加上奶粉，在路上供种猪饮用），有条件时可准备西瓜供种猪采食，防止种猪中暑，并寻找可靠的水源为种猪淋水降温，一般日淋水3～6次。

运猪车辆应备有汽车帆布，若遇到烈日或暴雨时，应将帆布遮于车顶上面，防止烈日直射和暴风雨袭击种猪，车厢两边的帆布应挂起，以便通风散热；冬季帆布应挂在车厢前上方以便挡风取暖。

(4) 运输平稳快速　长途运输的运猪车应尽量行驶于高速公路，避免堵车，每辆车应配备两名驾驶员交替开车，行驶过程中应尽量避免急刹车；途中应注意选择没有停放其他运载动物车辆的地点就餐，决不能与其他装运猪只的车辆一起停放；随车应准备一些必要的工具和药品，如绳子、铁丝、钳子、抗生素、镇痛退热以及镇静剂等。

(5) 注意检查观察　运输途中要适时检查观察猪群，如出现呼吸急促、体温升高等异常情况，应及时采取有效的措施，可注射抗生素和镇痛退热针剂，并用温度较低的清水冲洗猪身降温，必要时可采用耳尖放血疗法。大量运输时最好能准备一辆备用车，以免运输途中出现故障，停留时间太长而造成不必要的损失。

3. 种猪到场后的管理

(1) 消毒和分群　种猪到场后，立即对卸猪台、车辆、猪体及卸车周围地面进行消毒，然后将种猪卸下，按大小、公母进行分群饲养，有损伤、脱肛等情况的种猪应立即隔开单栏饲养，并及时治疗处理。

（2）饮水和饲喂　先给种猪提供饮水，休息6～12小时后方可供给少量饮料，第二天开始可逐渐增加饲喂量，5天后才能恢复正常饲喂量。种猪到场后的前两周，由于疲劳加上环境的变化，机体对疫病的抵抗力会降低，饲养管理上应注意尽量减少应激，可在饲料中添加抗生素（可用泰妙菌素50毫克/千克，金霉素150毫克/千克）和多种维生素，使种猪尽快恢复正常状态。

（3）隔离与观察　种猪到场后必须在隔离舍隔离饲养30～45天，严格检疫，特别是对布氏杆菌病、伪狂犬病等疫病要特别重视，须采血经有关兽医检疫部门检测，确认没有细菌感染阳性和病毒野毒感染，并检测猪瘟、口蹄疫等抗体情况。

（4）疾病预防　种猪到场一周开始，应按本场的免疫程序接种猪瘟等各类疫苗，7月龄的后备猪在此期间可做一些引起繁殖障碍疾病的防疫注射，如细小病毒疫苗、乙型脑炎疫苗等；种猪在隔离期内，接种各种疫苗后，应进行一次全面驱虫，可使用多拉菌素（如辉瑞的通灭）或长效伊维菌素（如腾俊的肯维达）等广谱驱虫剂按1毫克/33千克体重皮下注射进行驱虫，使其能充分发挥生长潜能。隔离期结束后，对该批种猪进行体表消毒，再转入生产区投入生产。

第二章 快速养猪猪的日粮配合

饲料营养是保证猪快速生长的物质基础，只有选择优质饲料，提供全面、平衡和充足的营养，才能保证猪快速生长潜力的发挥。

第一节 猪的营养需要

一、猪需要的营养物质

猪需要的营养物质，概括起来主要有蛋白质、碳水化合物、脂肪、无机盐、维生素和水。这些营养物质对于维持猪的生命活动、生长发育、繁殖具有不同的重要作用。只有保证这些营养物质在数量、质量及比例上均能满足猪的需要时，才能保持猪体健康，充分发挥其生产潜力。

（一）蛋白质

蛋白质是构成猪体的基本物质，是猪体内的一切组织和器官如肌肉、神经、皮肤、血液、内脏甚至骨骼等的主要成分，而且在猪的生命活动中，各组织需要不断地利用蛋白质来增长、修补和更新。新陈代谢过程中所需的酶、激素、色素和抗体等也都由蛋白质来构成。所以蛋白质是猪体最重要的营养物质。饲料中蛋白质进入猪的消化道，经过消化和各种酶的作用，将其分解成氨基酸后被吸收，成为构成猪体蛋白质的基础物质。因此，动物对蛋白质的需要实质上是对氨基酸的需要。日粮中如果缺少蛋白质，会影响猪的生长、生产和健康，甚至引起死亡。相反，日粮中蛋白质过多也是不利的，不仅造成浪费，而且会引起猪体代谢紊乱，出现中毒等，所以饲粮中蛋白质含量必须适宜。

目前已知，蛋白质是由 20 多种氨基酸组成，氨基酸分为必需氨基酸与非必需氨基酸。所谓必需氨基酸，即在猪体内不能合成或合成的速度及数量不能满足正常生长需要，必须由饲料供给的氨基酸。所谓非必需氨基酸，即在猪体内合成较多，或需要量较少，无需由饲料供给也能保持猪正常生长的氨基酸。研究证明，生长猪需要10种必需氨基酸（赖氨酸、蛋氨酸、色氨酸、组氨酸、异亮氨酸、亮氨酸、苯丙氨酸、缬氨酸、苏氨酸和精氨酸）。生长猪能合成机体所需精氨酸的60%～70%，成年猪则可合成足够需要的精氨酸。蛋氨酸需要量的50%可用胱氨酸代替，苯丙氨酸需要量的30%可由谷氨酸替代。所以，称胱氨酸和苯丙氨酸等为半必需氨基酸。由此可见，饲料中提供足够的必需氨基酸和非蛋白氮合成非必需氨基酸的能力决定了饲料的蛋白质营养水平。

饲料蛋白质中某一种或某些氨基酸不足，就会限制其他氨基酸的利用，称该氨基酸为限制性氨基酸。猪饲料中的限制性氨基酸为赖氨酸、蛋氨酸、色氨酸、苏氨酸和异亮氨酸，其中赖氨酸为第一限制性氨基酸，饲料中容易缺乏，所以适当添加赖氨酸能有效地提高饲料中蛋白质的利用率。

配合日粮时，要采用多种蛋白质饲料搭配，使它们间的氨基酸互相弥补。如动物性蛋白质的氨基酸组成较完善，尤其是赖氨酸、蛋氨酸含量高。植物性蛋白质所含必需氨基酸种类少，赖氨酸、蛋氨酸含量较低，将动物性饲料与植物性饲料配合使用，可以提高氨基酸的平衡性。另外，也可通过添加合成氨基酸以满足猪的必需氨基酸的需要。不同饲料原料氨基酸的利用率差异较大，要根据不同阶段猪的生理特点，合理地选择饲料原料。

猪食入的蛋白质进入消化道后，在胃蛋白酶、十二指肠胰蛋白酶和糜蛋白酶的作用下，蛋白质降解为多肽。小肠中多肽在羧基肽酶和氨基肽酶作用下变为游离氨基酸和寡肽，寡肽能被吸收入肠激膜经二肽酶水解为氨基酸。由小肠吸收的游离氨基酸通过血流进入肝脏。猪小肠可将短肽直接吸收入血液，而且这些短肽的吸收率比游离的氨基酸还高，其顺序为三肽＞二肽＞游离氨基酸。肽在黏膜细胞内也被分解为氨基酸。新生仔猪可以吸收母乳中少量完整蛋白质，如能直接吸收免疫球蛋白，所以给新生仔猪吃上初乳并获得抗体是非常重要的。

（二）能量

能量对猪具有重要的营养作用，猪在一生中的全部生理过程（呼吸、血液循环、消化吸收、排泄、神经活动、体温调节、生殖和运动）都离不开能量。能量不足就会影响猪的生长和繁殖，没有能量猪就无法生存。猪在进行物质代谢的同时，也伴随着能量的代谢和转换。动物体所需的能量主要来源于采食的饲料。在饲料有机物中都蕴藏着化学能，在猪体内代谢过程中逐步释放能量提供其各种需要。

饲料中各种营养物质的热能总值称为饲料总能。饲料中各种营养物质在猪的消化道内不能被全部消化吸收，不能消化的物质随粪便排出，粪中也含有能量，食入饲料的总能量减去粪中的能量，才是被猪消化吸收的能量，这种能量称为消化能。故猪饲料中的能量都以消化能来表示，其表示方法是兆焦/千克或千焦/千克。

猪对能量的需要包括本身的代谢维持需要和生产需要。影响能量需要的因素很多，如环境温度、猪的类型和品种、不同生长阶段及生理状况和生产水平等。日粮的能量值在一定范围内，猪每天的采食量多少可由日粮的能量值而定，所以饲料中不仅要有一个适宜的能量值，而且与其他营养物质的比例要合理，使猪摄入的能量与各营养素之间保持平衡，提高饲料的利用率和饲养效果。

猪的能量来源于饲料中的碳水化合物、脂肪和蛋白质分解。碳水化合物是来源最广泛，且在饲粮中占比例最大的营养物质，是猪主要的能量来源。其主要成分包括单糖、双糖、多糖以及粗纤维。在谷实类饲料中含可溶性单糖和双糖很少，主要是淀粉，所以它是猪的主要能量来源。淀粉在消化道内由淀粉酶消化成葡萄糖后吸收进入血液成血糖，在体内生物氧化供能。家畜对可溶性糖和淀粉的消化率为95％～100％。2～3周龄前的仔猪，由于消化道中胰腺分泌胰淀粉酶不足，故饲喂大量淀粉饲料的仔猪生长较差。在7日龄之前，饲喂葡萄糖和乳糖仔猪能有效利用；饲料粗纤维中一般含有纤维素、半纤维素和木质素，其组成比例不稳定，纤维素和半纤维素为多聚糖，木质素是苯（基）丙烷基衍生物的不完形多聚体，是难以消化的物质。猪小肠中无消化粗纤维的酶，故不能消化纤维素和半纤维素，但粗纤维到大肠中经微生物的发酵作用，其消化的主要产物为挥发性脂肪酸，由它供给的能量约为维持能量需要的5%～28%。粗纤维的消化率高低受纤维来源、木质化程度、口粮中含量和加工程度影响，因而变异较大。粗纤维的利用受饲粮的物理与化学成分、日粮营养水平、动物年龄等影响，猪对粗纤维的消化率变化很大。生长育肥猪口粮中粗纤维水平没有恒定的数字，一般认为20千克体重左右的生长猪，饲粮粗纤维水平为6%，也有人认为猪饲粮中低木质素的中性洗涤纤维水平应小于或等于5%。日粮中粗纤维水平过高，则降低饲料有机物质消化率和能量消化率。口粮中提高粗纤维，则大概降低总能消化率3.5%。在育肥后期日粮中，可利用较高水平的粗纤维，限制采食量，可减少体脂肪的沉积，提高胴体品质，日粮中增加1%粗纤维含量，背膘厚度约减少0.5毫米。

饲料中一般均含有脂肪约5%，脂肪含热能高，其热能是碳水化合物或蛋白质的2.25倍。猪体内沉积大量脂肪，主要在体组织合成脂肪酸。合成脂肪酸的主要原料是乙酸辅酶A，它主要来自葡萄糖，脂肪和某些氨基酸也可以产生乙酰辅酶A，由乙酰辅酶A生成甘油三酯。但猪不能合成某些脂肪酸，必须由日粮供给或通过体内特定先体物合成，对机体正常机能和健康具有重要保护作用的脂肪酸称为必需脂肪酸。必需脂肪酸有亚油酸和花生四烯酸，亚油酸必须通过日粮供给，花生四烯酸这个必需脂肪酸可由日粮直接供给，也可以通过供给足量的亚油酸由体内进行分子转化而合成。必需脂肪酸缺乏症表现为皮肤损害，出现角质鳞片，毛细血管变得脆弱，免疫力下降，生长受阻，幼龄、生长迅速的动物反应更敏感。猪能从饲料中获得所需的必需脂肪酸，在常用饲料中必需脂肪酸含量比较丰富，一般不会缺乏。一般来说猪亚油酸需要量占饲料饲粮的0.1%。用常规饲料配合猪的饲料，一般不会发生脂肪缺乏症，除哺乳期和早期断乳仔猪配合饲粮中添加脂肪外，其他类别饲粮一般无需添加。

蛋白质是猪体能量的来源之一，当猪日粮中的碳水化合物、脂肪含量不能满足机体需要的热能时，体内的蛋白质可以分解氧化产生热能。但蛋白质供能不仅不经济，而且容易加重机体的代谢负担。

(三) 矿物质

矿物质元素是动物营养中的一大类无机营养素，它虽不含能量，但却是组成猪体的重要成分之一。矿物质元素在体内有着确切的生理功能和代谢作用，它们具有调节血液和其他液体的浓度、酸碱度及渗透压，保持平衡，促进消化神经活动、肌肉活动和内分泌活动的作用。猪需要的矿物质元素有钙、磷、钠、钾、氯、镁、硫、铁、铜、钴、碘、锰、锌、硒等，其中前7种是常量元素（占体重0.01%以上），后几种是微量元素。饲料中矿物质元素含量过多或缺乏都可能产生不良的后果。见表2-1。

表2-1 矿物质元素的种类及功能

名称	功能	缺乏或过量危害	备注
钙、磷	钙、磷是猪体内含量最多的元素，主要构成骨骼和牙齿生长需要的元素，此外还对维持神经、肌肉等正常生理活动起重要作用	缺乏会导致猪食欲减退，体质消瘦，异食癖；幼猪出现佝偻病；妊娠母猪死胎、畸形和弱仔多；泌乳母猪泌乳减少，跛行和奶瘫。公猪缺钙、磷时，精子发育不正常，影响配种工作。过量的钙能与磷结合成不易溶解的三磷酸钙，猪不能吸收，反之同理	日粮中谷物和麸皮比例大，这些饲料中磷多于钙，猪日粮钙比磷容易缺乏，给猪补充钙更迫切；日粮中的钙与磷应当保持适当的比例。一般猪日粮中钙、磷比例为(1.1～1.5)∶1。一般来说，青绿多汁饲料中含钙、磷较多，且比例合适。谷物与糠麸中所含的磷，有半数或半数以上是猪不能利用的植酸磷，以精饲料为主的日粮，补加含有钙和磷的骨粉或磷酸氢钙，补加量一般可按混合精料的1%来搭配

续表

名称	功能	缺乏或过量危害	备注
氯、钠、钾	对维持机体渗透压、酸碱平衡与水的代谢有重要作用。食盐既是营养物质又是调味剂，它能增进猪的食欲，促进消化，提高饲料利用率，是猪不可缺少的矿物质饲料	缺钠会使猪对养分的利用率下降，且影响母猪的繁殖；缺氯则导致猪生长受阻。钾缺乏时，肌肉弹性和收缩力降低，肠道膨胀。在热应激条件下，易发生低钾血症	一般食盐以占日粮精料中的0.3%～0.5%来供应即足够。如果用含盐多的饲料，如泔水、酱油渣与咸鱼粉来喂猪，则日粮中的食盐量必须减少，甚至不喂，以免引起食盐中毒。食盐过量会出现中毒，一次喂入125～250克食盐，就会发生中毒死亡
镁	镁是构成骨质所必需的元素，是酶的激活剂，有抑制神经兴奋性等功能。它与钙、磷和碳水化合物的代谢有密切关系	镁缺乏时，猪肌肉痉挛，神经过敏，不愿站立，平衡失调，抽搐，突然死亡。中毒剂量尚不清楚	猪对镁的需要量较低，占日粮0.03%～0.04%即可。奶中含有镁可满足哺乳仔猪的需要；生长猪对镁的需要不高于幼猪。谷实和饼粕中镁的利用率为50%～60%
铁	铁为形成血红蛋白、肌红蛋白等所必需的元素。猪体内65%的铁存在于血液中，它与血液中氧的运输、细胞内的生物氧化过程关系密切	缺铁可发生营养性贫血症，其表现是生长减慢，精神不振，背毛粗糙，皮肤多皱及黏膜苍白。典型症状是由于横膈肌活动微弱或痉挛性抽搐而引起膈痉挛。尸体剖检可发现肝脏肿大，脂肪肝，血液稀薄，腹水，明显的心脏扩张，脾肿而硬等	青饲料中含铁较多，经常饲喂青饲料的猪不缺铁。猪乳中含铁很少，因此，以吃奶为主的哺乳仔猪，又是在水泥地面的圈内，既不喂青饲料，又不接触土壤，最容易患贫血症，影响生长发育，甚至死亡。在猪饲料中，补充硫酸亚铁有防止缺铁功效

续表

名称	功能	缺乏或过量危害	备注
铜	铜虽不是血红素的组成成分，但它在血红素红细胞的形成过程中起催化作用。铜还与骨骼发育、中枢神经系统的正常代谢有关，也是肌体内各种酶的组成成分与活化剂	缺铜发生贫血，骨端畸形，腿弯曲，跛行，心血管异常，神经障碍，生长受阻，甚至发生妊趁反常和流产。 含铜过多，可出现生长缓慢，血红素含量低，黄疸与死亡	猪对铜的需要量不大，一般饲料均可满足。在猪日粮中补加高铜(120～200毫克/千克)，具有促进生长作用，可提高日增重与饲料利用率。猪越小，高铜促生长的作用越显著。采用高铜喂猪，必须相应提高口粮中铁与锌的含量，以降低铜的毒性，同时还要防止钙的含量过多
锌	锌是猪体多种代谢所必需的营养物质，参与维持上皮细胞和被毛的正常形态、生长和健康以及维持激素正常作用	缺锌使皮肤抵抗力下降，发生表皮粗糙、皮屑多，结痂，脱毛，食欲减退，日增重下降，饲料利用率降低。母猪则产仔数减少，仔猪出生重下降，泌乳量减少等	生长猪的需要量为50毫克/千克左右，妊娠母猪为55毫克/千克左右。如果口粮中钙过多，会影响锌的吸收，就会提高锌的需要量。养猪生产中，常用硫酸锌来补锌，效果明显
锰	锰是几种重要生物催化剂(酶系)的组成部分，与激素关系十分密切。对发情、排卵，胚胎、乳房及骨骼发育，泌乳及生长都有影响	缺锰可导致骨骼变形，四肢弯曲和缩短，关节肿胀式跛行，生长缓慢等；摄入量过多，会影响钙、磷的利用率，引起贫血	需要量一般为20毫克/千克。如果钙、磷含量多，锰的需要量就要增加。常用硫酸锰来补充锰
碘	碘是合成甲状腺素的主要成分，对营养物质代谢起调节作用	妊娠母猪如果日粮中缺碘，则所产仔猪颈大(甲状腺肿大)，无毛与少毛，皮肤粗厚并有黏液性水肿。大多数仔猪出生时还存活着，甚至体重大于健康猪，可是身体虚弱，经常是在出生后几天内陆续死亡，成活率较低	正常需要量，一般为0.14～0.35毫克/千克。向日粮中补加0.2毫克/千克就能满足需要。碘的缺乏有地区性，缺碘地区可向食盐内补加碘化钾。如用含碘化钾0.07%的食盐，则在口粮中加入0.5%食盐，即可满足需要

续表

名称	功能	缺乏或过量危害	备注
硒	硒是猪生命活动所必需的元素之一。硒的作用与维生素E的作用相似。补硒可降低猪对维生素E的需要量,并减轻因维生素E的缺乏给猪带来的损害	用缺硒的饲料喂猪,容易发生缺硒症。可观察到肝坏死,肌肉营养不良及白肌病;母猪缺硒时,发情不规律或不发情,受精率低,胚胎易被吸收或中途死亡或产弱仔等。为此给母猪补硒,对提高母猪繁殖力与仔猪成活率皆有好处;种公猪缺硒睾丸退化,性欲下降,影响配种	硒与维生素的代谢关系密切,当维生素E和硒同时缺乏时,缺硒症会很快表现出来;硒不足,但维生素E充足,缺硒症则不容易表现出来。白肌病的预治:仔猪生后1周内肌内注射0.1%亚硒酸钠溶液;治疗量加倍。也可在产前1个月给妊娠母猪肌内注射5毫升。如果在日粮中添加硒进行预防,一般为0.3毫克/千克。试验证明,给生长猪喂亚硒酸钠,口粮中含硒量高达5毫克/千克,也不会中毒

(四) 维生素

维生素是一组化学结构不同，营养作用、生理功能各异的低分子有机化合物，猪对其需要量虽然很少，但生物作用很大，其主要以辅酶和催化剂的形式广泛参与体内代谢的多种化学反应，从而保证机体组织器官的细胞结构功能正常，调控物质代谢，以维持猪体健康和各种生产活动。缺乏时，可影响正常的代谢，出现代谢紊乱，危害猪体健康和正常生产。在集约化、高密度饲养条件下，猪的生产性能较高，同时猪的正常生理特性和行为表现被限制，环境条件被恶化，对维生素的需要量大幅增加，加之缺乏青饲料的供应和阳光的照射，容易发生维生素缺乏症，必须注意添加各种维生素来满足生存、生长、生产和抗病需要。维生素的种类很多，但归纳起来可分为两大类，一类是脂溶性维生素，包括维生素A、维生素D、维生素E及维生素K等；另一类是水溶性维生素，主要包括B族维生素和维生素C。见表2-2。

表 2-2 常见的维生素及其功能

名称	主要功能	缺乏症状	主要来源
维生素 A	可以维持呼吸道、消化道、生殖道上皮细胞或黏膜的结构完整与健全，增强机体对环境的适应力和对疾病的抵抗力	缺乏可引起食欲减退，发生夜盲症。仔猪生长停滞，眼睑肿胀，皮毛干枯，易患肺炎；母猪不发情或发情微弱，容易流产，生死胎与无眼球仔猪，公猪性欲不强，精液品质不良等	青绿多汁饲料含有大量胡萝卜素（维生素 A 原），在猪的肝脏、小肠及乳腺中转化为维生素 A，供机体利用。必要时，可补充维生素添加剂或鱼肝油
维生素 D	降低肠道 pH 值，从而促进钙、磷的吸收，保证骨骼正常发育	缺乏维生素 D 影响钙、磷的吸收，其缺乏症如同钙、磷缺乏症。饲料内钙、磷含量充足，比例也合适，如果维生素 D 不足，会影响钙、磷的吸收与利用。维生素 D 充分，钙、磷比例达 6.5∶1 都不会影响钙、磷的吸收	如鱼肝油等动物性饲料内含量较多；青干草内含麦角固醇，在紫外线照射下转变为维生素 D_2。皮肤中的 7-脱氢胆固醇，在紫外线照射下转变为维生素 D_3。经常喂绿色干草粉或让猪多晒太阳，就不会发生维生素 D 的缺乏症。舍内饲养需补充维生素添加剂或鱼肝油
维生素 E	是一种抗氧化剂和代谢调节剂，与硒和胱氨酸有协同作用，对消化道和体组织中的维生素 A 有保护作用，能促进猪的生长发育和繁殖率提高	可导致公猪射精量少，精子活力大大下降，严重时睾丸萎缩退化，不产生精子；母猪受胎率下降，受胎后胚胎发育易被吸收或中途流产或死胎；幼猪发生白肌病，严重时突然死亡	青绿饲料、麦芽、种子的胚芽与棉籽油内，含有较丰富的维生素 E。猪处于逆境时需要量增加

续表

名称	主要功能	缺乏症状	主要来源
维生素 K	催化合成凝血酶原(具有活性的是维生素 K_1、维生素 K_2 和维生素 K_3)	凝血时间过长,血尿与呼吸异常,仔猪会发生全身性皮下出血	绿色植物如苜蓿、菠菜等含维生素较多,动物的肝脏内含量也不少
维生素 B_1(硫胺素)	参与碳水化合物的代谢,维持神经组织和心肌正常,可提高胃肠消化机能	食欲减退,胃肠机能紊乱,心肌萎缩或坏死,神经发生炎症、疼痛、痉挛等	糠麸、青饲料、胚芽、草粉、豆类、发酵饲料、酵母粉、硫胺素制剂
维生素 B_2(核黄素)	对体内氧化还原、调节细胞呼吸、维持胚胎正常发育及仔猪的生活力起重要作用	食欲不振,生长停止,皮毛粗糙,有时有皮屑、溃疡及脂肪溢出的现象,眼角分泌物增多;母猪怀孕期缩短,胚胎早期死亡,泌乳力下降;公猪睾丸萎缩。有时会出现所产仔猪全部死亡,或产后数小时死亡的现象	存在于青饲料、干草粉、酵母、鱼粉、糠麸、小麦等饲料中,有核黄素制剂;当猪舍寒冷时,猪对核黄素需要量就会增加
维生素 B_3(泛酸)	是辅酶 A 的组成成分,与碳水化合物、脂肪和蛋白质的代谢有关	运动失调,四肢僵硬,鹅步,脱毛等。怀孕母猪发生胚胎流产或吸收,严重时母猪几乎不能繁殖	存在于酵母、糠麸、小麦中;长期喂熟料,易患泛酸缺乏症,应采用生饲料喂猪,并在日粮中搭配豆科青草、糠麸、花生饼等含泛酸多的饲料
维生素 B_5(烟酸或尼克酸)	某些酶类的重要成分,与碳水化合物、脂肪和蛋白质的代谢有关	皮肤脱落性皮炎,食欲下降或消失,下痢,后肢、肌肉麻痹,唇舌有溃疡病变,贫血,大肠有溃疡病变,心肝及体重减轻,呕吐等	酵母、豆类、糠麸、青饲料、鱼粉、烟酸制剂
维生素 B_6(吡哆醇)	是蛋白质代谢的一种辅酶,参与碳水化合物和脂肪代谢,在色氨酸转变为烟酸和脂肪酸过程中起重要作用	食欲减退,生长慢;严重缺乏时,眼周围出现褐色渗出液、抽搐、共济失调、昏迷和死亡	禾谷类籽实及加工副产品

续表

名称	主要功能	缺乏症状	主要来源
维生素H（生物素）	以辅酶形式广泛参与各种有机物的代谢	过度脱毛、皮肤溃烂和皮炎、眼周渗出液、嘴黏膜炎症、蹄横裂、脚垫裂缝并出血	存在于鱼肝油、酵母、青饲料、鱼粉、糠麸；饲养在漏缝地板圈内的猪可适当补充生物素
胆碱	胆碱是构成卵磷脂的成分，参与脂肪和蛋白质代谢；是蛋氨酸等合成时所需的甲基来源	幼猪表现为增重减慢、发育不良、被毛粗糙、贫血、虚弱、共济失调、步态不平衡和蹒跚、关节松弛和脂肪肝；母猪繁殖机能和泌乳下降，仔猪成活率低，断乳体重小	小麦胚芽、鱼粉、豆饼、甘蓝、氯化胆碱
维生素B_{11}（叶酸）	以辅酶形式参与嘌呤、嘧啶、胆碱的合成和某些氨基酸的代谢	贫血和白细胞减少，繁殖和泌乳紊乱。一般情况下不易缺乏	青饲料、酵母、大豆饼、麸皮、小麦胚芽
维生素B_{12}（钴胺素）	以钴酰胺辅酶形式参与各种代谢活动；有助于提高造血机能和日粮蛋白质的利用率	贫血，骨质增生，肝脏和甲状腺增大，母猪易引起流产、胚胎异常和产仔数减少	动物肝脏、鱼粉、肉粉、猪舍内的垫草
维生素C（抗坏血酸）	具有可逆的氧化和还原性，广泛参与机体的多种生化反应；能刺激肾上腺皮质合成；促进肠道内铁的吸收，使叶酸还原成四氢叶酸	易患坏血病，生长停滞，体重减轻，关节变软，身体各部出血、贫血，适应性和抗病力降低	青饲料、维生素C添加剂；提高抗热应激和逆境的能力

（五）水

水不仅是猪体的主要组成部分，也是重要的营养素，是猪体生命活动过程中不可缺少的。在猪体内，各种营养物质的消化、吸收以及代谢废物的排出、血液循环、体温调节等都离不开水。猪失去所有的脂肪和一半蛋白质仍能活着，但失去体内 1/10 的水分则多数会死亡。所以，在日常饲养管理中必须把水分作为重要的营养物质对待，经常供给清洁而充足的饮水。

二、猪的营养需要

猪的生活和生产过程实质是对各种营养物质的消耗过程，只有了解猪对各种营养物质的确切需要量，才能有的放矢地给以提供，既能最大限度满足猪的需要，又不会造成营养浪费。

饲养标准是以猪的营养需要（猪在生长发育、繁殖、生产等生理活动中每天对能量、蛋白质、维生素和矿物质的需要量）为基础的，经过多次试验和反复验证后对某一类猪在特定环境和生理状态下的营养需要得出的一个在生产中应用的估计值。在饲养标准中，详细地规定了猪在不同生长时期和生产阶段，每千克饲粮中应含有的能量、粗蛋白、各种必需氨基酸、矿物质及维生素含量或每天需要的各种营养物质的数量。有了饲养标准，就可以按照饲养标准来设计日粮配方，进行日粮配制，避免实际饲养中的盲目性。但是，猪的营养需要受到猪的品种、生产性能、饲料条件、环境条件等多种因素影响，选择标准应该因猪制宜、因地制宜。各类猪的饲养标准见附表1-1～附表1-4。

第二节　猪的常用饲料

猪的饲料种类很多，按其性质一般分为能量饲料、蛋白质饲料、青绿多汁饲料、粗饲料、糟渣类饲料、矿物质饲料和饲料添加剂。

一、能量饲料

能量饲料是指干物质中粗纤维含量在18%以下，粗蛋白在20%以下的饲料。这类饲料主要包括禾本科的谷实饲料和它们加工后的副产品，动植物油脂和糖蜜等，是猪饲料的主要成分，用量占日粮的60%～70%左右。

1. 玉米

玉米含能量高（代谢能达14.27兆焦/千克），纤维少，适口性好，价格适中，是主要的能量饲料，一般在饲料中占50%～70%。但玉米蛋白质含量较低，一般占饲料的8.6%，蛋白质中的几种必需氨基酸含量少，特别是赖氨酸和色氨酸。玉米含钙少，磷也偏低，饲喂时必须注意补钙。玉米易发生霉变，用带霉菌的玉米喂猪，适口性差，增重少，公猪性欲低，母猪不孕和流产。现在培育的高蛋白质玉米、高赖氨酸玉米等饲料用玉米，营养价值更高，饲喂效果更好。一般情况下，玉米用量可占到猪口粮的20%～80%。

2. 高粱

高粱所含能量和玉米相近，蛋白质含量高于玉米，但单宁（鞣酸）含量较多，使味道发涩，适口性差。在配合猪口粮时，夏季比例控制在10%～15%，冬季以15%～20%为宜。

3. 小麦

小麦含能量与玉米相近，含粗蛋白10%～12%，且氨基酸比其他谷实类完全，B族维生素丰富。缺点是缺乏维生素A、维生素D，小麦内含有较多的非淀粉多糖，黏性大，粉料中用量过大会黏嘴，降低适口性。目前在我国，小麦主要作为人类食品，用其喂猪，不一定经济。如在猪的配合饲料中使用小麦，一般用量为10%～30%。如果饲料中添加β-葡聚糖酶和木聚糖酶等酶制剂，小麦用量可占30%～40%。

4. 大麦

大麦有带壳的“皮大麦”（草大麦）和不带壳的“裸大麦”（青稞）两种，通常饲用的是皮大麦。大麦粗蛋白含量高于玉米，蛋白质品质比玉米好，其赖氨酸是谷实中含量较高者（0.42%～0.44%）。大麦粗脂肪含量低。在饲料中用量不宜超过25%。

5. 稻谷、糙米和碎米

稻谷主要用于加工成大米后作为人类的粮食，产稻区已有将稻谷作为饲料的倾向，尤其是早熟稻。稻谷因含有坚实的外壳，故粗纤维含量高（8.5%左右），是玉米的4倍多；可利用消化能值低（11.29～11.70兆焦/千克）；粗蛋白含量较玉米低，粗蛋白中赖氨酸、蛋氨酸和色氨酸与玉米近似；稻谷钙少，磷多，含锰、硒较玉米高，含锌较玉米低。总之，稻谷适口性差，饲用价值不高，仅为玉米的80%～85%，限制了其在配合饲料中的使用量。稻谷去壳后称为糙米，其代谢能值高（13.94 兆焦/千克），蛋白质含量为8.8%，氨基酸组成与玉米相近。糙米的粗纤维含量低（0.7%），且维生素比碎米更丰富。因此，以磨碎糙米的形式作为饲料，是一种较为科学、经济地利用稻谷的好方法。糙米用于猪饲料可完全取代玉米，不会影响猪的增重，饲料利用效率还很高，肉猪食后体脂肪比喂玉米的硬。

6. 麦麸

包括小麦麸和大麦麸。麦麸所含能量低，但蛋白质含量较高，各种成分比较均匀，且适口性好，是猪的常用饲料，麦麸的容积大，质地疏松，有轻泻作用，可用于调节营养浓度；麦麸适口性好，含有较多的 B 族维生素，对母猪具有调养消化道的功效，是种猪的优良饲料；对育肥猪可提高肉质，使胴体脂肪色白而硬，但是喂量过多会影响增重，用量不宜超过 5%；妊娠母猪和哺乳母猪饲粮中麦麸的使用量不宜超过 30%。

7. 米糠

米糠又有全脂米糠、脱脂米糠之分，通常所说的米糠是指全脂米糠。米糠的粗蛋白含量比麸皮低、比玉米高，品质也比玉米好，赖氨酸含量高达 0.55%。米糠的脂肪含量很高，可达 15%，因而能值也位于糠麸类饲料之首。其脂肪酸的组成多属不饱和脂肪酸，油酸和亚油酸占 79.2%，脂肪中还含有 2%～5%的天然维生素 E，B 族维生素含量也很高，但缺乏维生素 A、维生素 D、维生素 C，米糠粗灰分含量高，钙磷比例极不平衡，磷含量高，但所含磷约有 86%属于植酸磷，利用率低且影响其他元素的吸收利用。米糠在贮存中极易氧化、发热、霉变和酸败，最好用鲜米糠或脱脂米糠饼（粕）喂猪。新鲜米糠的适口性好，但喂量过多，会产生软脂肪，降低胴体品质。喂肉猪不得超过 20%。仔猪应避免使用，因易引起下痢，但经加热破坏其胰蛋白酶抑制因子后可增加用量。

8. 高粱糠

主要是高粱籽实的外皮。脂肪含量较高，粗纤维含量较低，代谢能略高于其他糠麸，蛋白质含量在 10%左右。有些高粱糠含单宁较高，适口性差，易致便秘。

9. 次粉（四号粉）

次粉是面粉工业加工副产品。营养价值高，适口性好。但和小麦相同，多喂时也会产生黏嘴现象，制作成颗粒料后则无此问题。一般以占日粮的10%为宜。

10. 油脂饲料

这类饲料油脂含量高，其发热量为碳水化合物或蛋白质的2.25倍。油脂饲料包括各种油脂，如动物油脂、豆油、玉米油、菜籽油、棕榈油等以及脂肪含量高的原料，如膨化大豆、大豆磷脂等。在饲料中加入少量的脂肪饲料，除了作为脂溶性维生素的载体外，还能提高日粮中的能量浓度。妊娠后期和哺乳前期饲粮中添加油脂，仔猪成活率可提高2.6%；断奶仔猪数每窝增加0.3头；母猪断奶后6天发情率由28%提高到92%，30天内发情率由60%提高到96%。仔猪开食料中加入糖和油脂，可提高适口性，对于开食及提前断奶有利。生长育肥猪饲粮加入3%～5%油脂，可提高增重5%和降低耗料10%。一般各类猪添加油脂水平为：妊娠-哺乳母猪10%～15%，仔猪开食料5%～10%，生长育肥猪3%～5%。肉猪体重达到60千克以后不宜使用。

11. 根茎瓜类

用作饲料的根茎瓜类饲料主要有马铃薯、甘薯、南瓜、胡萝卜、甜菜等。含有较多的碳水化合物和水分，粗纤维和蛋白质含量低，适口性好，具有通便和调养作用，是猪的优良饲料。可以提高肉猪增重，对哺乳母猪有催乳作用。

二、蛋白质饲料

是指饲料干物质中粗蛋白含量在20%以上（含20%），粗纤维含量在18%以下（不含18%）的饲料。可分为植物性蛋白质饲料和动物性蛋白质饲料。一般在日粮中占10%～30%。

1. 大豆粕（饼）

大豆粕（饼）是养猪业中应用最广泛的蛋白质补充料。因榨油方法不同，其副产物可分为豆饼和豆粕两种类型，含粗蛋白40%～50%，各种必需氨基酸组成合理，赖氨酸含量较其他饼（粕）高，但蛋氨酸缺乏。消化能为每千克13.18～14.10兆焦；钙、磷、胡萝卜素、维生素 D、维生素 B_2 含量少，胆碱、烟酸的含量高。适口性好，豆饼（粕）在猪饲粮中的用量：生长猪 5%～20%，仔猪 10%～25%，育肥猪 5%～16%，妊娠母猪 0～25%。在生长迅速的生长猪的玉米-豆饼型饲粮中，宜补充动物蛋白饲料或添加合成氨基酸。

2. 花生饼

花生饼的粗蛋白含量略高于豆饼，为 42%～48%，精氨酸和组氨酸含量高，赖氨酸含量低，适口性好于豆饼，与豆饼配合使用效果较好。一般在配合饲料中用量在 15%以下。花生饼脂肪含量高，不耐贮藏，易染上黄曲霉而产生黄曲霉毒素，这种毒素对猪危害严重。因此，生长黄曲霉的花生饼不能喂猪。

3. 棉籽饼

带壳榨油的称为棉籽饼，脱壳榨油的称为棉仁饼，前者含粗蛋白 17%～28%，后者含粗蛋白 39%～40%。在棉籽内，含有棉酚和环丙烯脂肪酸，对家畜健康有害。喂前应脱毒，可采用长时间蒸煮或 0.05% $FeSO_4$ 溶液浸泡等方法，以减少棉酚对猪的毒害作用。其用量生长育肥猪不超过 10%，母猪不用或很少量。

4. 菜籽饼

菜籽饼含粗蛋白 35%～40%，赖氨酸含量比豆粕低 50%，含硫氨基酸高于豆粕 14%，粗纤维含量为 12%，有机质消化率为 70%。可代替部分豆饼喂猪。由于菜籽饼中含有毒物质（芥子酶），喂前宜采取脱毒措施。不能喂幼猪，其他猪也要严格控制喂量。

5. 芝麻饼

芝麻饼是芝麻榨油后的副产物，含粗蛋白 40%左右，蛋氨酸含量高，适当与豆饼搭配喂猪，能提高蛋白质的利用率，一般在配合饲料中用量可占 5%～10%。芝麻饼因含脂肪多而不宜久贮，最好现粉碎现喂。

6. 葵花饼

葵花饼有带壳和脱壳的两种。优质的脱壳葵花饼含粗蛋白 40%以上、粗脂肪 5%以下、粗纤维 10%以下，B 族维生素含量比豆饼高，可代替部分豆饼喂猪，一般在配合饲料中用量可占 10%。

7. 亚麻籽饼（胡麻籽饼）

亚麻籽饼蛋白质含量在29.1%～38.2%之间，高的可达40%以上，但赖氨酸仅为豆饼的1/3。含有丰富的维生素，尤以胆碱含量为多，而维生素D和维生素E含量很少。其营养价值高于芝麻饼和花生饼。母猪和生长育肥猪的平衡饲粮中用量为5%～8%，在浓缩料中可用到20%，与大麦、小麦配合优于与玉米配合使用。适口性不佳，具有轻泻作用，用量过多，会降低猪脂肪硬度。

8. 鱼粉

鱼粉是最理想的动物性蛋白质饲料，其蛋白质含量高达45%～60%，而且在氨基酸组成方面，赖氨酸、蛋氨酸、胱氨酸和色氨酸含量高。鱼粉中含有丰富的维生素A和B族维生素，特别是维生素B_{12}。另外，鱼粉中还含有钙、磷、铁等。用它来补充植物性饲料中限制性氨基酸不足，效果很好。一般在配合饲料中用量可占2%～5%。由于鱼粉的价格较高，掺假现象较多，使用时应仔细辨别和化验。使用鱼粉要注意盐含量，盐分超过猪的饲养标准规定量，极易造成食盐中毒。

9. 血粉

血粉是屠宰场的另一种下脚料。蛋白质的含量很高，达80%～82%，但血粉加工所需的高温易使蛋白质的消化率降低，赖氨酸受到破坏。且血粉有特殊的臭味，适口性差，在生长育肥猪日粮中用量为3%～6%，添加异亮氨酸更好。

10. 肉骨粉

是由肉联厂的下脚料及病畜的废弃肉经高温处理制成，是一种良好的蛋白质饲料。肉骨粉粗蛋白含量达40%以上，蛋白质消化率高达80%，赖氨酸含量丰富，蛋氨酸和色氨酸较少钙、磷含量高且比例适宜，因此是猪很好的蛋白质和矿物质补充饲料，用量可占日粮的3%～10%，最好与其他蛋白质补充料配合使用。肉骨粉易变质，不易保存。如果处理不好或者存放时间过长，发黑、发臭，则不宜作饲料。

11. 蚕蛹粉

蚕蛹粉含粗蛋白约68%，且蛋白质品质好，限制性氨基酸含量高，可代替鱼粉补充饲粮蛋白质，并能提供良好的B族维生素。

但脂肪含量高，不耐贮藏，在配合饲料中用量：体重 20～35 千克生长育肥猪 5%～10%，体重 36～60 千克猪 2%～8%，体重 60～90 千克猪 1%～5%。

12. 羽毛粉

水解羽毛粉含粗蛋白近 80%，但蛋氨酸、赖氨酸、色氨酸和组氨酸含量低，使用时要注意氨基酸平衡问题，应该与其他动物性饲料配合使用。一般在配合饲料中用量为 3%～5%，过多会影响猪的生长和生产。

13. 酵母饲料

是在一些饲料中接种专门的菌株发酵而成，既含有较多的能量和蛋白质，又含有丰富的 B 族维生素和其他活性物质，蛋白质消化率高，能提高饲料的适口性及营养价值，一般含蛋白质 20%～40%。但如果用蛋白质丰富的原料生产酵母混合饲料，再掺入皮革粉、羽毛粉或血粉之类的高蛋白饲料，也可使产品的蛋白质含量提高到 60%以上。酵母饲料中含有未知生长因子，有明显的促生长作用。但其味苦，适口性差，一般仔猪饲料中使用 3%～5%。肉猪饲料中使用 3%。

三、青绿多汁饲料

青绿饲料是供给猪饲用的幼嫩青绿植株、茎叶或叶片等，富含叶绿素。主要包括天然牧草、栽培的牧草、青饲作物、叶菜类、树叶及水生饲料。这类饲料天然水分含量高于 60%。如果来源充足、便利和价格低廉，建议饲粮中用量（干物质）为：生长育肥猪 3%～5%，妊娠母猪 25%～50%，泌乳母猪 15%～35%。在青饲料不充足的情况下，应优先保证种猪。

四、粗饲料

粗饲料是指粗纤维含量在 18%以上的饲料，主要包括干草类、糠壳类、树叶类等。粗饲料来源广泛，成本低廉，但粗纤维含量高，不容易消化，营养价值低。粗饲料容积大，适口性差。经加工处理，养猪还可利用一部分。尤其是其中的优质干草在粉碎以后，如豆科干草粉，仍是较好的饲料，是猪冬季粗蛋白、维生素以及钙的重要来源。由于粗纤维不易消化，因此其含量要适当控制，适宜比例是5%～15%。使用粗饲料，对于增加饲粮容积、限制饲粮能量浓度、提高瘦肉率、预防妊娠母猪过肥有一定意义。

五、糟渣类饲料

糟渣类饲料是禾谷类、豆科籽实和甘薯等原料在酿酒、制酱、制醋、制糖及提取淀粉过程中残留的糟渣产品，包括酒糟、酱糟、醋糟、豆腐渣、粉渣等。它们的共同特点是：水分含量较高(65%～90%)；干物质中淀粉较少；粗蛋白等其他营养物质都较原料含量约增加2倍；B族维生素含量增多，粗纤维也增多。干燥的糟渣有的可作蛋白质补充料或能量饲料，但有的只能作粗料。糟渣类饲料大部分以新鲜状态喂猪，随着配合饲料工业的发展，我国干酒精已开始在猪的配合饲料中应用。未经干燥处理的糟渣类饲料含水量较多，不易保存，非常容易腐败变质，而干制品吸湿性较强，容易霉烂，不易贮藏，利用时应引起注意。

六、矿物质饲料

猪的生长发育、机体的新陈代谢需要钙、磷、钠、钾、硫等多种矿物元素，上述青绿饲料、能量饲料、蛋白质饲料中虽均含有矿物质，但含量远不能满足猪的需要，因此在猪日粮中常常需要专门加入矿物质饲料。

1. 食盐

食盐主要用于补充猪体内的钠和氯，保证猪体正常新陈代谢，还可以增进猪的食欲，用量可占日粮的0.3%～0.5%。

2. 钙磷补充饲料

(1) 骨粉或磷酸氢钙　含有大量的钙和磷，而且比例合适。添加骨粉或磷酸氢钙，主要用于饲料中含磷量不足。

(2) 贝壳粉、石粉、蛋壳粉　三者均属于钙质饲料。贝壳粉是最好的钙质矿物质饲料，含钙量高，又容易吸收；石粉价格便宜，含钙量高，但猪吸收能力差；蛋壳粉可以自制，将各种蛋壳经水洗、煮沸和晒干后粉碎即成。蛋壳粉的吸收率也较好，但要严防传播疾病。

七、饲料添加剂

饲料添加剂是指在那些常用饲料之外，为补充满足动物生长、繁殖、生产各方面营养需要或为某种特殊目的而加入配合饲料中的少量或微量的物质。其目的是强化日粮的营养价值或满足猪的特殊需要，如保健、促生长、增食欲、防霉、改善饲料品质和畜产品质量。

（一）营养性添加剂

营养性添加剂是指用于补充饲料营养成分的少量或微量物质，主要有维生素、微量元素和氨基酸。

1. 维生素添加剂

在粗放条件下，猪能采食大量的青饲料，一般能够满足猪对维生素的需要。在集约化饲养下，猪采食高能高蛋白的配合饲料，猪的生产性能高，对维生素的需要量大大增加，因此，必须在饲料中添加多种维生素。添加时按产品说明书要求的用量，饲料中原有的含量只作为安全裕量，不予考虑。猪处于逆境时对这类添加剂需要量加大。

2. 微量元素添加剂

微量元素添加剂主要是含有需要元素的化合物，这些化合物一般有无机盐类、有机盐类和微量元素-氨基酸螯合物。添加微量元素时不考虑饲料中的含量，把饲料中的含量作为“安全裕量”。

3. 氨基酸添加剂

目前人工合成而作为饲料添加剂进行大批量生产的是赖氨酸、蛋氨酸、苏氨酸和色氨酸，前两者最为普及。以大豆饼为主要蛋白质来源的日粮，添加蛋氨酸可以节省动物性饲料用量，豆饼不足的日粮添加蛋氨酸和赖氨酸，可以大大强化饲料的蛋白质营养价值，在杂粕含量较高的日粮中添加赖氨酸和氨基酸可以提高日粮的消化利用率。赖氨酸是猪饲料的第一限制性氨基酸，故必须添加，仔猪全价饲料中添加量为0.1%～0.15%；育肥猪添加0.02%～0.05%。育肥猪饲料中添加赖氨酸，还能改善肉的品质，增加瘦肉率。

（二）非营养性饲料添加剂

非营养性添加剂有着特殊明显的维护健康、促进生长和提高饲料转化率等作用，属于这类添加剂的品种繁多。

1. 抗生素添加剂

预防猪的某些细菌性疾病，或猪处于逆境，或环境卫生条件差时，加入一定量的抗生素添加剂有良好效果。常用的抗生素有青霉素、链霉素、金霉素、土霉素等。

2. 中草药饲料添加剂

抗生素的残留问题越来越受到关注，许多抗生素被禁用或限用。中草药饲料添加剂毒副作用小，不易在产品中残留，且具有多种营养成分和生物活性物质，具有营养和防病的双重作用。其天然、多能、营养的特点，可起到增强免疫作用、激素样作用、维生素样作用、抗应激作用、抗微生物作用等。

3. 酶制剂

酶是动物、植物机体合成、具有特殊功能的蛋白质。酶是促进蛋白质、脂肪、碳水化合物消化的催化剂，并参与体内各种代谢过程的生化反应。在猪饲料中添加酶制剂，可以提高营养物质的消化率。目前，在生产中应用的酶制剂可分为两类：其一是单一酶制剂，如淀粉酶、脂肪酶、蛋白酶、纤维素酶和植酸酶等。豆粕、棉粕、菜粕和玉米、麸皮等作物籽实里的磷却有70%为植酸磷而不能被猪利用，白白地随粪便排出体外。这不仅造成资源的浪费，污染环境，并且植酸在动物消化道内以抗营养因子存在而影响钙、镁、钾、铁等阳离子和蛋白质、淀粉、脂肪、维生素的吸收。植酸酶则能将植酸（六磷酸肌醇）水解，释放出可被吸收的有效磷，这不但消除了抗营养因子，增加了有效磷，而且还提高了被拮抗的其他营养素的吸收利用率。其二是复合酶制剂，复合酶制剂是由一种或几种单一酶制剂为主体，加上其他单一酶制剂混合而成，或者由一种或几种微生物发酵获得。复合酶制剂可以同时降解饲料中多种需要降解的底物（多种抗营养因子和多种养分），可最大限度地提高饲料的营养价值。国内外饲料酶制剂产品主要是复合酶制剂，如以蛋白酶、淀粉酶为主的饲用复合酶，此类酶制剂主要用于补充动物内源酶的不足；以葡聚糖酶为主的饲用复合酶，此类酶制剂主要用于以大麦、燕麦为主原料的饲料；以纤维素酶、果胶酶为主的饲用复合酶，主要作用是破坏植物细胞壁，使细胞中的营养物质释放出来，易于被消化酶作用，促进消化吸收，并能消除饲料中的抗营养因子，降低胃肠道内容物的黏稠度，促进动物的消化吸收；以纤维素酶、蛋白酶、淀粉酶、糖化酶、葡聚糖酶、果胶酶为主的饲用复合酶，此类酶综合以上各酶的共同作用，具有更强的助消化作用。

4. 微生态制剂

微生态制剂也称为有益菌制剂或益生素，是将动物体内的有益微生物经过人工筛选培育，再经过现代生物工程工厂化生产，专门用于动物营养保健的活菌制剂。其内含有十几种甚至几十种畜禽胃肠道有益菌，如加藤菌、EM、益生素等，也有单一菌制剂，如乳酸菌制剂。不过，在养殖业中除一些特殊的需要外，都用多种菌的复合制剂。它除了以饲料添加剂和饮水剂饲用外，还可以用来发酵秸秆、畜禽粪便制成生物发酵饲料，既提高了粗饲料的消化吸收率，又变废为宝，减少污染。微生态制剂进入消化道后，首先建立并恢复其内的优势菌群和微生态平衡，并产生一些消化菌、类抗生素物质和生物活性物质，从而提高饲料的消化吸收率，降低饲料成本；抑制大肠杆菌等有害菌感染，增强机体的抗病力和免疫力，可少用或不用抗菌类药物；明显改善饲养环境，使猪舍内的氨、硫化氢等臭味减少70%以上。

5. 酸制（化）剂

用以增加胃酸，激活消化酶，促进营养物质吸收，降低肠道pH，抑制有害菌感染。目前，国内外应用的酸化剂包括有机酸化剂、无机酸化剂和复合酸化剂三大类。

(1) 有机酸化剂　在以往的生产实践中，人们往往偏好有机酸，这主要源于有机酸具有良好的风味，并可直接进入体内三羧酸循环。有机酸化剂主要有柠檬酸、延胡索酸、乳酸、丙酸、苹果酸、戊酮酸、山梨酸、甲酸（蚁酸）、乙酸（醋酸）。不同的有机酸各有其特点，但使用最广泛且效果较好的是柠檬酸、延胡索酸。

(2) 无机酸化剂　无机酸包括强酸，如盐酸、硫酸，也包括弱酸，如磷酸。其中磷酸具有双重作用，既可作日粮酸化剂又可作为磷源。无机酸和有机酸相比，具有较强的酸性及较低成本。

（3）复合酸化剂　复合酸化剂是利用几种特定的有机酸和无机酸复合而成，能迅速降低 pH，保持良好的生物性能及最佳添加成本。最优化的复合体系将是饲料酸化剂发展的一种趋势。

6. 低聚糖

又名寡聚糖，是由 2～10 个单糖通过糖苷键连接成直链或支链的小聚合物的总称，种类很多，如异麦芽糖低聚糖、异麦芽酮糖、大豆低聚糖、低聚半乳糖、低聚果糖等。它们不仅具有低热、稳定、安全、无毒等良好的理化特性，而且由于其分子结构的特殊性，饲喂后不能被人和单胃动物消化道的酶消化利用，也不会被病原菌利用，而直接进入肠道被乳酸菌、双歧杆菌等有益菌分解成单糖，再按糖酵解的途径被利用，促进有益菌增殖和消化道的微生态平衡，对大肠杆菌、沙门菌等病原菌产生抑制作用。因此，亦被称为化学微生态制剂。但它与微生态制剂的不同点在于，它主要是促进并维持动物体内已建立的正常微生态平衡；而微生态制剂则是外源性的有益菌群，在消化道可重建、恢复有益菌群并维持其微生态平衡。

7. 糖萜素

糖萜素是从油茶饼粕和菜籽饼粕中提取的，由 30％的糖类、30％的萜皂素和有机酸组成的天然生物活性物质。它可促进畜禽生长，提高日增重和饲料转化率，增强猪体的抗病力和免疫力，并有抗氧化、抗应激作用，降低畜产品中锡、铅、汞、砷等有害元素的含量，改善并提高畜产品色泽和品质。

8. 大蒜素

大蒜是餐桌上常备之物，有悠久的调味、刺激食欲和抗菌历史。用于饲料添加剂的有大蒜粉和大蒜素，有诱食、杀菌、促生长、提高饲料利用率和畜产品品质的作用。

9. 驱虫保健剂

主要指一些抗球虫、绦虫和蛔虫等药物。

10. 防霉剂

配合饲料保存时期较长时，需要添加防霉剂。防霉（腐）剂种类很多，如甲酸、乙酸、丙酸、丁酸、乳酸、苯甲酸、柠檬酸、山梨酸及相应酸的有关盐。饲料防霉剂主要有有机酸类（如丙酸、山梨酸、苯甲酸、乙酸、脱氢乙酸和富马酸等）、有机酸盐或酯（如丙酸钙、山梨酸钠、苯甲酸钠、富马酸二甲酯等）和复合防霉剂。生产中常用的防霉剂有丙酸钙、丙酸钠、克饲霉、霉敌等。

11. 抗氧化剂

饲料存放过程中易氧化变质，不仅影响饲料的适口性，而且降低饲用价值，甚至还会产生毒素，造成猪的死亡。所以，长期贮存饲料，必须加入抗氧化剂。抗氧化剂种类很多，目前常用的抗氧化剂多由人工化学合成，如丁基化羟基甲苯（简称 BHT）、乙氧基喹啉（简称山道喹）、丁基化羟甲基苯（简称 BHA）等，抗氧化剂在配合饲料中的添加量为 0.01%～0.05%。

12. 其他添加剂

除以上介绍的添加剂外，还有调味剂（如乳酸乙酯、葱油、茴香油、花椒油等）、激素类等。

猪的常用饲料营养成分见附表 2-1。

第三节　猪的日粮配合技术

一、猪日粮配合的原则

1. 营养原则

饲养标准是猪配合日粮的依据。但猪的营养需要是个极其复杂的问题，饲料的品种、产地、保存好坏会影响饲料的营养含量，猪的品种、类型、饲养管理条件等也会影响营养的实际需要量，温度、湿度、有害气体、应激因素、饲料加工调制方法等也会影响营养需要和消化吸收。因此，在生产中原则上按饲养标准配合日粮，但也要根据实际情况做适当的调整。

2. 生理原则

配合日粮时，必须根据各类猪的不同生理特点，选择适宜的饲料进行搭配和合理加工调制。如哺乳仔猪，粗纤维含量应控制在5%以下，豆类饲料应炒熟粉碎，增加香味和适口性。成年猪对粗纤维的消化能力增强，可以提高粗饲料用量，扩大粗饲料选择范围。还要注意饲料的适口性和日粮的体积，不要因饲料体积小而吃不饱，也不能因饲料体积大而吃不完。要注意配料时饲料品种多样化，既能提高适口性，又能使各种饲料的营养物质互相补充，以提高其营养价值。

3. 经济原则

养猪生产中的饲料费用占养猪成本的70%～80%。因此，配合日粮时，应充分利用饲料的替代性，就地取材，选用营养丰富、价格低廉的饲料原料来配合日粮，以降低生产成本，提高经济效益。同时，配合饲料必须注意混合均匀，才能保证配合饲料的质量。

4. 安全性原则

饲料安全关系到猪群健康，更关系到食品安全和人民健康。所以，配制的饲料要符合国家饲料卫生质量标准，饲料中含有的物质、品种和数量必须控制在安全允许的范围内，有毒物质、药物添加剂、细菌总数、霉菌总数、重金属等不能超标。

二、猪的日粮配合

（一）猪饲料配方设计的要点

1. 根据不同的生理阶段设计配方

① 乳猪（3～5周龄以前）、仔猪（6～8周龄以前）和生长猪（20～50千克体重）配合饲料配方设计的重点是考虑消化能、粗蛋白、赖氨酸和蛋氨酸的数量和质量。3～5周龄以前的小猪更应坚持高消化能、高蛋白质质量的配方设计原则。低于50千克的猪，生产性能的80%～90%靠这些营养物质发挥作用。此外，尽可能考虑使用生长促进剂和与仔猪健康有关的保健剂，最大限度地提高乳、仔猪和生长猪的生长速度和饲料利用效率。

② 育肥猪的饲料配方设计，首先考虑满足猪生长所需要的消化能，其次是满足粗蛋白的需要。微量营养物质和非营养性添加剂可酌情考虑。育肥最后阶段的饲料配方应考虑饲料对胴体质量的影响，保证适宜胴体质量具有重要商品价值，但需要选用符合安全肉

猪生产有关规定的添加剂。

③ 妊娠母猪饲料配方可以参考育肥猪饲粮配方设计。微量营养素的考虑原则与泌乳母猪明显不同。应根据妊娠母猪的限制饲养程度，保证在有限的采食量中能供给充分满足需要的微量营养物质，特别要注意有效供给与繁殖有关的维生素 A、维生素 D、维生素 E、生物素、叶酸、尼克酸、维生素 H、胆碱及微量元素锌、碘、锰等。

④ 泌乳母猪饲料配方设计考虑的营养重点是消化能、蛋白质和氨基酸的平衡。泌乳高峰期更要保证这些营养物质的质量，否则会造成母猪动用体内储存的营养物质维持泌乳，导致体况明显下降，严重影响下一周期的繁殖性能。泌乳母猪泌乳量大，采食量也大，微量营养素特别是微量元素的供给不应超过需要量。

2. 合理利用各种饲料原料和添加剂

(1) 常规饲料原料的利用　常规饲料原料的利用，除了保证质量外，还要考虑原料的适宜用量。同样的饲料原料能配制出营养价值不同的配合饲料。任何一种饲料原料，不是随便可以配制的。饲料原料在一定范围内具有线性相加效应。选用适宜的饲料原料、适宜的用量组合，配制的配合饲料饲养效果最好，否则都不能达到最好的饲养效果。表 2-3 列出了常用饲料在不同饲料配合中的适宜参考用量。

表 2-3　常用饲料在不同饲料配合中的适宜参考用量

饲料/%	妊娠料	哺乳料	开口料	生长育肥料	浓缩料
动物脂(稳定化)	0	0	0～4	0	0
大麦	0～80	0～80	0～25	0～85	0
血粉	0～3	0～3	0～4	0～3	0～10
玉米	0～80	0～80	0～40	0～85	0
棉籽饼	0～5	0～5	0	0～5	0～20
菜籽饼	0～5	0～5	0～5	0～5	0～5
鱼粉	0～5	0～5	0～5	0～12	0～40
亚麻饼	0～5	0～5	0～5	0～5	0～20
骨肉粉	0～10	0～5	0～5	0～5	0～30

续表

饲料/%	妊娠料	哺乳料	开口料	生长育肥料	浓缩料
高粱	0～80	0～80	0～30	0～85	0
糖蜜	0～5	0～5	0～5	0～5	0～5
燕麦	0～40	0～15	0～15	0～20	0
燕麦（脱壳）	0	0	0～20	0	0
脱脂奶	0	0	0～20	0	0
大豆饼	0～20	0～20	0～25	0～20	0～85
小麦	0～80	0～80	0～30	0～85	0
麦麸	0～30	0～10	0～10	0～20	0～20
酵母	0～3	0～3	0～3	0～3	0～5
稻谷	0～50	0～50	0～20	0～50	0

饲料的种类繁多，而不同阶段、不同类型的猪其生理特点又有较大差异，所以，选择饲料时必须考虑猪的生理特点，最大限度地满足其需要。

① 乳猪配合饲料选料　对饲料的选择很严格，应尽量按近似乳蛋白质和乳碳水化合物的质量选用饲料原料。首选奶产品，如脱脂奶粉、乳清粉等，糖类如葡萄糖、蔗糖等；其次选其他动物性饲料如鱼粉、肉粉、蚕蛹、喷雾血粉、水解蛋白等；再次选用常规植物性饲料，如玉米、豆粕、小麦、燕麦等。非常规饲料如菜粕、棉籽粕、统糠等一般不选用。选用非首选的原料，以经过适当的加工处理后再用为好。植物性蛋白质饲料经过热、压处理，如膨化挤压大豆，自然淀粉经过膨化处理或糊化处理如膨化玉米，或一些经过酶解、发酵处理的产品如水解蛋白等均可以视为是对小猪具有较高质量的饲料。也可以考虑使用外源性酶制剂如蛋白酶、糖化酶、纤维素酶等。维生素、微量元素、生长促进剂、保健剂必须选用。在首选饲料有限的情况下，适当选用具有乳香味的物质如乳猪香等，有利于促进小猪多采食。合理选用酸化剂如柠檬酸、醋酸、富马酸等，有利于提高小猪对饲料的消化利用率。

② 仔猪配合饲料选料　对常规饲料选用不受限制，动、植物

性饲料均可选用。对非常规饲料，特别是粗纤维含量高或含有抗营养因子的饲料如棉籽粕、葵花籽粕、统糠等只能适当选用，消化率在80%以下（表2-4）的饲料原料在配合饲料中的总量不宜超过10%。微量饲料成分选用参考乳猪饲料配方设计的选料原则。

表2-4　常见饲料的消化率

消化率/%	饲料成分
大于95	脱脂奶粉、乳清粉、蔗糖
90～94	玉米、鱼粉、糖蜜、全脂奶粉、木薯粉、豌豆、糖甜菜、甘薯
85～89	豆粕、黑麦、小麦、高粱、稻谷、花生粕
80～84	鱼粉、小麦次粉、玉米(带芯)、大麦、蚕豆、玉米蛋白粉
75～79	肉粉、蚕蛹、亚麻籽饼、马铃薯粉渣、甘薯粉渣
74以下	燕麦、菜籽饼、米糠、麦麸、棉籽饼、玉米胚芽粕、玉米蛋白饲料、苜蓿粉、三叶草粉、干甘薯颈叶粉、玉米青贮、啤酒糟、酒糟、统糠

③ 生长猪配合饲料选料　选料的原则是，以植物性饲料为主，动物性饲料酌情选用。有条件的情况下，适当选用少量动物性饲料，有利于提高配方设计质量。低质饲料和非常规饲料，特别是消化率在70%以下的饲料原料，选用的比例不宜超过所用饲料量的20%～30%。微量饲料成分中，调味剂可选也可不选。

④ 育肥猪配合饲料选料　可以全部选用植物性饲料。在不明显影响饲料能量浓度的情况下，非常规饲料如饼粕类和糠麸类等的使用比例可达50%左右。消化率在50%以下的饲料也可占到配方10%以上。调味剂、微量元素添加剂可选可不选。抗生素在育肥后期最后2～3周停止选用。

⑤ 泌乳母猪配合饲料选料　原料应充分考虑泌乳高峰期泌乳能力大于母猪采食的特点，参照生长猪配合饲料选用原料比较适宜，这样有利于减少饲料容积，促进母猪有效摄入营养物质。

⑥ 妊娠母猪配合饲料选料　可以采取常规饲料原料和非常规饲料原料并重的方法，充分合理选用粗饲料，有利于自动限饲，防止母猪过量摄入营养物质，影响繁殖性能。对繁殖性能有直接影响的如菜籽粕、棉籽粕等应尽量少用或不用。对繁殖性能有好

处，含促生长因子丰富的饲料如苜蓿、发酵副产物等应尽可能多选用。

（2）矿物质饲料的利用　常量矿物元素中，钙、磷、钠、氯的合理利用十分重要。磷是一个很难用好的元素。生产实践中进行饲料配合，按无机磷的适宜比例和用量考虑磷源的利用比较简单易行。只要无机磷源如磷酸氢钙等提供的磷不低于营养标准需要量的63%，即可认为其配合的饲料磷含量满足了需要。若在饲料有效磷含量比较齐全的情况下，按有效磷的数据进行配制更为可靠。钠和氯常用食盐补充配合饲料中的不足部分。但是，食盐很难使配合饲料中的钠和氯按营养需要标准平衡，在使用了氯化胆碱和盐酸赖氨酸的情况下，钠和氯更难平衡。因此，在配合饲料的计算过程中，以食盐满足氯的需要、用0.1%～0.5%的碳酸氢钠平衡配合饲料中的钠是一个平衡钠和氯的有效方法，而且也在一定程度上保证了钠、氯、钾之间的平衡。

（3）微量元素和维生素等的利用　可以不考虑有机饲料中的含量（作为保险系数看待），按营养需要标准额外补充比较方便实用。在使用高铜作生长剂时，铁和锌的用量以不低于每千克配合饲料150毫克为宜，否则可能因铁、锌不平衡而引起铁、锌缺乏。育肥猪对高铜的促生长作用反应不明显，因此在育肥猪的饲料配合中以不使用高剂量铜为好。

维生素易受饲料加工、贮藏及微量元素的影响。复合多维按猪的正常需要量0.02%补充到天然饲料中，较难保证其有效供给，特别是热、压、湿加工工艺如蒸汽制粒，正常损失也在40%以上。因此，为这种工艺进行饲料配合，维生素用量至少应增加50%。用于膨化制粒工艺，饲料配合的维生素用量应增加1倍上。在经济成本允许的条件下，维生素按营养标准需要量3倍以上使用，可提高猪抵抗应激的能力。

（4）添加剂饲料的选用　添加剂的基本要求：一是所使用的添加剂及其预混料应遵照国家规定的品种、剂量和使用方法，长期使用不应对动物产生急、慢性毒害和不良影响；二是必须有确实的经济效益和生产效果；三是不能影响饲料的适口性；四是在畜产品中的残留量和排入环境的量不能超过食品卫生和环境保护规定的标准，不能影响畜产品的质量和人体健康；五是对种用动物不得导致生殖生理的改变；六是所用化工原料中含有毒重金属的量（如铅、砷、汞等）不得超出允许量；七是维生素等不得失效或超过有效期限。总之，饲料添加剂的生产、销售和选用要符合安全性、经济和使用方便的要求。

（二）猪日粮配方设计方法

配合日粮首先要设计日粮配方，有了配方，然后“照方抓药”。猪日粮配方的设计方法很多，如四角形法、线性规划法、试差法、计算机法等。目前多采用试差法和计算机法。

1. 试差法

试差法是畜牧生产中常用的一种口粮配合方法。此法是根据饲养标准及饲料供应情况，选用数种饲料，先初步规定用量进行试配，然后将其所含养分与饲养标准对照比较，差值可通过调整饲料用量使之符合饲养标准的规定。应用试差法一般要经过反复的调整计算和对照比较。

【例 2-1】 肉脂型生长育肥猪体重 35～60 千克，现用玉米、大麦、豆粕、棉粕、小麦麸、大米糠、国产鱼粉、贝壳粉、骨粉、食盐和 1%的预混剂等饲料设计一个饲料配方。

第一步：根据饲养标准，查出 35～60 千克育肥猪的营养需要，见表 2-5。

表 2-5　35～60 千克育肥猪每千克饲粮的营养含量

消化能/(兆焦/千克)	粗蛋白/%	钙/%	磷/%	赖氨酸/%	蛋氨酸+胱氨酸/%	食盐/%
12.97	14	0.50	0.41	0.52	0.28	0.30

第二步：根据饲料原料成分表查出所用各种饲料的养分含量，见表 2-6。

第三步：初拟配方。根据饲养经验，初步拟定一个配合比例，然后计算能量和蛋白质的营养物质含量。初拟的配方和计算结果见表 2-7。

表 2-6 各种饲料的养分含量

饲料	消化能/(兆焦/千克)	粗蛋白/%	钙/%	磷/%	赖氨酸/%	蛋氨酸+胱氨酸/%
玉米	14.27	8.7	0.02	0.27	0.24	0.38
大麦	12.64	11	0.09	0.33	0.42	0.36
豆粕	13.50	40.9	0.30	0.49	2.38	1.20
棉粕	9.92	40.05	0.21	0.83	1.56	2.07
小麦麸	9.37	15.7	0.11	0.92	0.59	0.39
大米糠	12.64	12.8	0.07	1.43	0.74	0.44
国产鱼粉	13.05	52.5	5.74	3.12	3.41	1.00
贝壳粉			32.5			
骨粉			30.12	13.46		

表 2-7 初拟配方及配方中能量和蛋白质的含量

饲料及比例/%	消化能/(兆焦/千克)	粗蛋白/%
玉米 58	8.277	5.046
大麦 10	1.264	1.10
豆粕 6	0.810	2.454
棉粕 4	0.397	1.602
小麦麸 10	0.937	1.57
大米糠 6	0.758	0.768
国产鱼粉 4	0.522	2.10
合计 98	12.965	14.64

第四步：调整配方，使能量和蛋白质符合营养标准。由表中可以算出能量比标准少 0.005 兆焦/千克，蛋白质多 0.65%，用能量较高的玉米代替鱼粉，每代替 1% 可以增加能量 0.012 兆焦 [(14.27－13.05)×1%]，减少蛋白质 0.438% [(52.5－8.7)×1%]。替代后能量为 12.977 兆焦/千克，蛋白质为 14.20%，与标准接近。

第五步：计算矿物质和氨基酸的含量，见表 2-8。

表 2-8 矿物质和氨基酸含量

饲料及比例/%	钙/%	磷/%	赖氨酸/%	蛋氨酸+胱氨酸/%
玉米 59	0.012	0.159	0.142	0.224
大麦 10	0.009	0.033	0.042	0.036
豆粕 6	0.018	0.029	0.143	0.072

续表

饲料及比例/%	钙/%	磷/%	赖氨酸/%	蛋氨酸+胱氨酸/%
棉粕 4	0.008	0.033	0.062	0.083
小麦麸 10	0.011	0.092	0.059	0.039
大米糠 6	0.004	0.086	0.044	0.026
国产鱼粉 3	0.172	0.094	0.102	0.03
合计 98	0.234	0.526	0.594	0.510

根据上述配方计算得知，饲粮中钙比标准低0.266%，磷满足需要。只需要添加0.8%（0.266÷32.6×100%）的贝壳粉。赖氨酸和蛋氨酸+胱氨酸超过标准，不用添加。补充0.3%的食盐和1%的预混剂。最后配方总量为100.1%，可在玉米中减去0.1%，不用再计算。一般能量饲料调整不大于1%的情况下，日粮中的能量、蛋白质指标引起的变化不大，可以忽略。

第六步：列出配方和主要营养指标。

饲料配方：玉米58.9%、大麦10%、豆粕6%、棉粕4%、小麦麸10%、大米糠6%、国产鱼粉3%、贝壳粉0.8%、食盐0.3%、预混剂1%，合计100%。

营养水平：消化能12.977兆焦/千克、粗蛋白14.20%、钙0.50%、磷0.526%、蛋氨酸+胱氨酸0.51%、赖氨酸0.594%。

2. 计算机法

应用计算机设计饲料配方可以考虑多种原料和多个营养指标，且速度快，能调出最低成本的饲料配方。现在应用的计算机软件，多是应用线性规划，就是在所给饲料种类和满足所求配方的各项营养指标的条件下，使设计的配方成本最低。但计算机也只能是辅助设计，需要有经验的营养专家进行修订、原料限制，以及最终的检查确定。

3. 四角法

四角法又称对角线法，此法简单易学，适用于饲料品种少，指标单一的配方设计。特别适用于使用浓缩料加上能量饲料配制成全价饲料。其步骤如下。

① 画一个正方形，在其中间写上所要配的饲料的粗蛋白百分含量，并与四角连线。

② 在正方形的左上角和左下角分别写上所用能量饲料（玉米）、浓缩料的粗蛋白百分含量。

③ 沿两条对角线用大数减小数，把结果写在相应的右上角及右下角，所得结果便是玉米和浓缩料配合的份数。

④ 把两者份数相加之和作为配合后的总份数，依次作除数，分别求出两者的百分数，即为它们的配比率。

第四节 快速养猪的实用配方

一、复合预混料配方

见表2-9、表2-10。

表2-9 2%仔猪复合预混料配方

原料名称	规格	每吨全价料中的添加量/千克	每千克预混料中的有效成分含量/克	组成百分比/%
多维	华罗	0.300	30	1.5
氯化胆碱	50%	0.800	80	4
微矿	富思特	0.500	50	2.5
赖氨酸	98.5%	1.00	100	5.0
喹乙醇	5%	2.00	200	10.0
阿散酸	10%	8.00	800	40
乙氧基喹啉	25%		1	0.05
油脂			2	0.1
次粉			737	36.85
合计			2000	100

表2-10 1%生长猪复合预混料配方

原料名称	规格	每吨全价料中的添加量/千克	每千克预混料中的有效成分含量/克	组成百分比/%
多维	华罗	0.250	25	2.5
氯化胆碱	50%	0.250	25	2.5
微矿	富思特	0.200	20	2.0
赖氨酸	98.5%	0.700	70	7.0
黄霉素	4%	0.050	5	0.5
BHT	50%	0	0.25	0.025
油脂	0	0	2	0.2
次粉	0	0	852.75	85.275
合计			1000	1000

二、浓缩饲料配方

见表2-11、表2-12。

表 2-11　生长育肥猪浓缩饲料配方（一）

原料/%	8～30 千克小猪	30～60 千克中猪	60～110 千克大猪	通用型 (高档)	通用型 (中档)	通用型 (低档)
豆粕	57	55	50	50	50	50
棉粕	10	14.5	18	9.4	15	18.8
菜粕	6	10	12	6	10	11
进口鱼粉	10			16	6	
精炼鱼油	2	2	2	3	2	2
石粉	6	7	9.4	8	6.4	6.3
磷酸氢钙	3	5	2	2	4	4.5
食盐	1.5	2	2	1	1.5	1.7
元明粉		0.5	0.8	1	1.5	1.7
预混料	2.5	2	1.8	2.2	2	1.8
赖氨酸	2	2	2	1.4	1.6	2.2
合计	100	100	100	100	100	100
推荐用量/%	22～24	18～20	12～15	小猪 22～24;中猪 18～20;大猪 12～15		

表 2-12　生长育肥猪浓缩饲料配方（二）

组成/%	20～35 千克体重			35～60 千克体重			60～90 千克体重	
	配方 1	配方 2	配方 3	配方 1	配方 3	配方 3	配方 2	配方 3
小麦麸	23.0	12.4	27	29.0	0.42	21.5	6.0	12.5
豆粕	24.0		23.62	25.0	30.0	50.0	75.0	55.0
豌豆		17.2						
花生粕		9.8						
菜籽粕		25			26.69		7.0	16.25
棉籽粕					33.33			
米糠饼							8.0	12.5
蚕蛹粉		17.2						
血粉		6.8						
草粉	15		15.0	10.5		15.0		

续表

组成/%	20～35 千克体重			35～60 千克体重			60～90 千克体重	
	配方 1	配方 2	配方 3	配方 1	配方 3	配方 3	配方 2	配方 3
鱼粉	26.0		25.03	21.5				
骨粉	6.0	6.0	1.85	6.5	4.56	6.0		
食盐	2.0	1.6	2.5	2.5	1.67	2.5	1.5	1.25
预混料	4.0	4.0	5.0	5.0	3.33	5.0	2.5	2.5
合计	100	100	100	100	100	100	100	100
使用方法								
玉米	48.0	46.0	50.0	50.0	36.0	65.0	31.0	39.0
大麦	24.0	11.0	30.0	30.0	34.0	15.0	29.0	21.0
小麦麸	3.0	18.0						
浓缩料	25.0	25.0	20.0	20.0	30	20	40	40.0

三、全价配合饲料配方

(一) 乳猪 (哺乳仔猪) 料配方

见表 2-13～表 2-15。

表 2-13　乳猪（哺乳仔猪）料配方

配方编号	1	2	3	4	5	6	7	8
黄玉米粉/%	26.75	28.15	16.45	17.85	44.2	27.00	27.70	31.65
豆粕/%	14.10	15.10	24.2	25.2	22.75	30.75	30.05	30.10
脱脂奶粉/%	40.0	40.0	20.0	20.0	10.0	10.0	10.0	10.0
乳清粉/%	0	0	20.0	20.0	10.0	20.0	20.0	20.0
进口鱼粉/%	2.5	2.5	2.5	2.5	0	2.5	2.5	0
糖/%	10.0	10.0	10	10.0	10.0	5.0	5.0	5.0
苜蓿烘干草粉/%	2.5	0	2.5	0	0	0	0	0
油脂/%	2.5	2.5	2.5	2.5	0	2.5	2.5	1.0
碳酸钙/%	0.4	0.4	0.5	0.5	0.7	0.5	0.5	0.5
脱氟磷酸氢钙/%	0	0.1	0.1	0.2	1.1	0.5	0.50	0.5
碘化食盐/%	0.25	0.25	0.25	0.25	0.25	0.25	0.25	0.25
仔猪预混剂/%	1.0	1.0	1.0	1.0	1.0	1.0	1.0	1.0

表 2-14　乳猪（哺乳仔猪）料配方（2～3 周）

配方编号	1	2	3	4	5	6	7	8
黄玉米粉/%	43.75	47.5	49.15	51.85	55.0	54.5	61.0	44.5
豆粕/%	25.8	24.5	27.8	25.2	22.0	27.5	22.5	37.5
脱脂奶粉/%	0	5.0	0	5.0	0	0	2.5	0
乳清粉/%	15.0	10.0	15.0	10.0	20.0	15.0	10.0	15.0
进口鱼粉/%	2.5	2.5	0	0	0	0	0	0
糖/%	5.0	5.0	5.0	5.00	0	0	0	0
苜蓿烘干草粉/%	2.5	0	0	0	0	0	0	0
油脂/%	2.5	2.5	0	0	0	0	1.0	0
碳酸钙/%	0.75	0.7	0.75	0.7	0.75	0.5	0.5	0.5
脱氟磷酸氢钙/%	0.95	1.05	1.05	1.0	1.0	1.25	1.25	1.25
碘化食盐/%	0.25	0.25	0.25	0.25	0.25	0.25	0.25	0.25
仔猪预混剂/%	1.0	1.0	1.0	1.0	1.0	1.0	1.0	1.0

表 2-15　乳猪（哺乳仔猪）料配方（5～10 千克体重）

配方编号	1	2	3	4	5	6	7
黄玉米粉/%	54.3	60.0	60.5	53.8	64.0	60.3	65.0
麸皮/%	0	0	0	0	7.4	3.0	5.0
豆粕/%	39.8	34.6	31.0	37.0	22.0	25.0	25.0
石粉/%	0.6	1.0	0.2	1.6	0	0	0
磷酸氢钙/%	2.0	1.1	2.1	2.1	1.5	1.5	0
食盐/%	0.3	0.3	0.3	0.5	0	1.2	0
进口鱼粉/%	0	0	0	0	3.0	7.0	4.0
酵母/%	0	0	0	0	0	1.0	0
柠檬酸/%	2.0	2.0	2.0	2.0	0	0	0
油脂/%	0	0	2.9	2.0	0	0	0
复合添加剂/%	1.0	1.0	1.0	1.0	1.0	1.0	1.0
复合霉制剂/%	0	0	0	0	1.1	0	0

（二）保育仔猪料配方

见表 2-16、表 2-17。

表 2-16　保育仔猪料配方（10～20 千克）（一）

配方编号	1	2	3
玉米/%	60.83	58.9	60.86
次粉/%	15.0	15.0	0
麸皮/%	0	0	6.0
豆粕/%	0	13.7	4.6
进口鱼粉/%	0	3.0	14.9
国产鱼粉/%	8.0	0	3.0
菜籽饼/%	8.3	1.0	0
棉饼/%	5.0	5.0	5.0
豆油/%	0	0	2.3
赖氨酸/%	0.5	0.2	0.3
蛋氨酸/%	0.17	0	0.14
石粉/%	0.7	1.5	0.8
磷酸氢钙/%	0.2	0.5	0.9
食盐/%	0.3	0.2	0.2
复合添加剂/%	1.0	1.0	1.0

表 2-17　保育仔猪料配方（10～20 千克）（二）

配方编号	1	2	3	4	5	6
玉米/%	62.44	59.4	59.8	65.25	56.82	43.50
炒小麦/%	0	0	0	0	0	13.17
麸皮/%	6.50	10.10	11.0	0	6.94	0
豆粕/%	16.12	0	19.62	0	16.13	11.68
膨化大豆/%	5.40	24.27	0	9.35	0	6.34
乳清粉/%	0	0	0	17.01	9.77	10.85
鱼粉(CP 60%)/%	1.89	4.04	4.66	3.23	6.15	6.34

续表

配方编号	1	2	3	4	5	6
蚕蛹/%	1.35	0	0	2.55	0	0
菜籽饼/%	2.16	0	0	0	0	3.50
饲料酵母/%	0	0	0	0	0	1.81
油脂/%	1.44	0	2.70	0	0	1.25
碳酸钙/%	0.58	0.65	0.59	0.45	2.65	0.51
磷酸氢钙/%	1.30	0.91	0.89	1.34	0.46	0.21
食盐/%	0.10	0.20	0.30	0.30	0.54	0.20
碳酸氢钠/%	0.25	0	0	0	0.20	0.20
赖氨酸/%	0.08	0.02	0.02	0	0	0
蛋氨酸/%	0.01	0.02	0.01	0.03	0	0
预混料/%	0.30	0.30	0.30	0.30	0.30	0.30
复合多维/%	0.03	0.03	0.10	0.03	0.03	0.03
生长促进剂/%	0.01	0.01	0.01	0.01	0.01	0.01
调味剂/%	0.04	0.05	0	0.15	0	0.1

注：预混料组成：硫酸亚铁7.8594%、硫酸锌6.9435%、硫酸铜8.2722%、硫酸锰3.0972%、碘化钾0.0045%、亚硒酸钠0.0117%、碳酸氢钠3.8115%；生长促进剂可选用土霉素、喹乙醇或其他抗生素。

（三）生长育肥猪饲料配方

见表2-18～表2-21。

表2-18　生长育肥猪饲料配方（20～60千克）

配方编号	1	2	3	4	5	6
玉米/%	61.60	31.48	36.01	56.45	59.2	58.25
大麦/%	0	41.95	20.75	0	0	0
高粱/%	3.84	0	0	0	0	0
小麦/%	7.17	8.37	0	0	0	0
稻谷/%	0	0	10.0	11.27	0	0

续表

配方编号	1	2	3	4	5	6
细米糠/%	0	0	0	12.40	9.74	7.43
麸皮/%	10.25	0	13.25	0	13.31	13.20
豆粕/%	4.65	5.85	6.85	6.94	4.89	5.99
大豆(膨化)/%	5.41	0	0	0	4.83	4.94
棉饼/%	0	5.40	5.71	0	0	3.28
鱼粉(CP 60%)/%	3.09	3.30	0	0	2.63	0
蚕蛹/%	0	0	4.77	4.63	0	0
菜籽饼/%	0	0	0	5.78	3.35	4.40
油脂/%	1.79	1.56	0	0	0	0
碳酸钙/%	0.73	0.58	0.87	0.97	1.05	1.06
磷酸氢钙/%	0.51	0.54	0.75	0.60	0.05	0.42
食盐/%	0.30	0.30	0.30	0.30	0.30	0.30
赖氨酸/%	0.11	0.13	0.18	0.12	0.11	0.17
蛋氨酸/%	0.01	0	0.02	0	0	0.02
碳酸氢钠/%	0.20	0.20	0.20	0.20	0.20	0.20
预混料/%	0.30	0.30	0.30	0.30	0.30	0.30
复合多维/%	0.03	0.03	0.03	0.03	0.03	0.03
生长促进剂/%	0.01	0.01	0.01	0.01	0.01	0.01

注：预混料组成：硫酸亚铁7.8594%、硫酸锌6.9435%、硫酸铜8.2722%、硫酸锰3.0972%、碘化钾0.0045%、亚硒酸钠0.0117%、碳酸氢钠3.8115%；生长促进剂可选用土霉素、喹乙醇或其他抗生素。

表 2-19　生长育肥猪饲料配方　　单位：%

项　目	20～35千克体重				35～60千克体重				60～90千克体重			
	1	2	3	4	1	2	3	4	1	2	3	4
玉米	37.0	53.0	37.7	20.0	42.0	59.3	40.4	22.0	42.0	62.4	46.9	30.0
豆粕	0	19.0	14.4	0	0	12.4	10.8	0	0	9.1	4.3	0
小麦麸	15.0	20.0	33.0	14.0	15.0	20.0	34.0	15.0	15.0	20.0	34.0	5.0
统糠(三七)	0	6.5	13.0	4.0	0	6.8	13.0	0	0	7.2	13.0	8.0

续表

项　目	20～35千克体重				35～60千克体重				60～90千克体重			
	1	2	3	4	1	2	3	4	1	2	3	4
花生饼	12.0	0	0	10.0	6.0	0	0	3.0	2.0	0	0	5.0
稻谷	0	0	0	0	0	0	0	0	0	0	0	0
木薯干粉	2.0	0	0	5.0	2.0	0	0	8.0	7.0	0	0	35.0
小麦	0	0	0	30.0	0	0	0	35.0	0	0	0	0
进口鱼粉	5.0	0	0	5.0	5.0	0	0	5.0	4.0	0	0	5.0
蚕豆粉	0	0	0	10.0	0	0	0	10.0	0	0	0	10.0
碎米	27.0	0	0	0	27.0	0	0	0	27.0	0	0	0
石粉	1.5	0	0	0	2.0	0	0	0	2.0	0	0	0
贝壳粉	0	1.2	1.4	1.5	0	1.2	1.3	1.5	0	1.0	1.3	1.5
食盐	0.5	0.3	0.5	0.5	1.0	0.3	0.5	0.5	1.0	0.3	0.5	0.5
合计	100	100	100	100	100	100	100	100	100	100	100	100

注：此配方偏重于肉脂型猪。维生素添加剂和微量元素添加剂按照说明添加。

表 2-20　生长育肥猪饲料配方（瘦肉型）　　单位：%

项　目	20～35千克体重				35～60千克体重				60～90千克体重			
	1	2	3	4	1	2	3	4	1	2	3	4
玉米	52.0	59.0	55.0	62.6	63.5	61.5	61.5	50.0	67.0	65.0	66.0	79.0
高粱	10.0	5.5	7.0	10.0	0	5.0	8.0	13.0	0	0	10.0	0
小麦麸	10.0	8.0	12.0	5.0	10.0	12.0	13.4	16.0	22.0	5.0	13.5	10.0
豆粕	25.6	17.0	0	18.1	20.0	15.0	12.0	12.0	0	10.0	6.0	3.0
豆饼	0	0	0	0	0	0	0	0	3.0	0	0	5.0
葵花籽饼	0	0	0	0	0	0	0	0	5.0	0	0	0
菜籽饼	0	9.0	10.0	0	0	4.0	0	0	0	0	0	0
花生饼	0	0	0	0	0	0	0	2.0	0	0	0	0
胡麻饼	0	0	4.0	0	0	0	0	0	0	0	0	0
豌豆	0	0	0	0	0	0	0	0	0	0	0	0

续表

项　目	20～35千克体重				35～60千克体重				60～90千克体重			
	1	2	3	4	1	2	3	4	1	2	3	4
青干草粉	0	0	5.5	0	3.5	0	0	0	0	3.0	0	0
血粉	0	0	4.0	0	0	0	3.2	0	0	0	3.0	0
鱼粉	0	0	0	3.5	0	0	0	0	0	0	0	0
豆腐渣	0	0	0	0	0	0	0	5.0	0	0	0	0
大麦	0	0	0	0	0	0	0	0	0	15.0	0	0
石粉	0	0	0	0	0	0	0.5	0.6	0	0	0	0
贝壳粉	0	0	0	0.5	1.0	0	0	0	1.0	0	0	1.0
骨粉	0.5	0.5	0	0	0	1.0	0	0	1.0	1.0	0.7	1.0
食盐	0.4	0.5	0.5	0.3	0.5	0.5	0.4	0.4	0.5	0.5	0.3	0.5
添加剂	1.5	0.5	2.0	0	1.5	1.0	1.0	1.0	0.5	0.5	0.5	0.5
合计	100	100	100	100	100	100	100	100	100	100	100	100

注：添加剂含有维生素和微量元素。

表 2-21　育肥猪饲料配方（60～90千克）

配方编号	1	2	3	4	5	6
玉米/%	73.31	57.41	36.30	57.68	70.91	74.75
大麦/%	0	20.13	0	0	0	0
高粱/%	0	0	40.35	0	0	0
小麦/%	0	0	0	8.5	0	0
统糠/%	0	0	0	0	7.4	0
细米糠/%	5.02	4.02	0	9.71	0	0
麸皮/%	4.09	0	5.19	10.12	6.07	5.11
豆粕/%	0	0	5.25	0	0	0
大豆(膨化)/%	2.92	5.82	0	0	0	6.72
棉饼/%	6.43	5.45	5.67	0	0	5.11
蚕蛹/%	0	0	0	0	3.03	0
菜籽饼/%	5.85	4.77	4.72	11.24	9.86	4.21

续表

配方编号	1	2	3	4	5	6
油脂/%	0	0	0	0	0	1.63
碳酸钙/%	0.53	0.43	0.53	0.67	0.75	0.39
磷酸氢钙/%	0.86	1.02	0.96	1.03	0.98	1.13
食盐/%	0.3	0.30	0.30	0.30	0.30	0.30
赖氨酸/%	0.16	0.12	0.19	0.21	0.17	0.12
蛋氨酸/%	0	0	0.01	0.01	0	0
碳酸氢钠/%	0.2	0.20	0.20	0.20	0.20	0.20
预混料/%	0.30	0.30	0.30	0.30	0.30	0.30
复合多维/%	0.03	0.03	0.03	0.03	0.03	0.03

注：预混料组成：硫酸亚铁 4.7156%、硫酸锌 4.8605%、硫酸铜 0.4136%、硫酸锰 3.26136%、碘化钾 0.0053%、亚硒酸钠 0.0134%、碳酸钙 16.378%。

（四）种猪的饲料配方

见表 2-22。

表 2-22　种猪的饲料配方

配方编号	妊娠饲料配方			泌乳饲料配方		
	1	2	3	1	2	3
玉米/%	74.50	75.95	59.0	76.03	65.42	62.79
统糠/%	0	0	6.43	0	6.99	7.52
麸皮/%	8.13	10.54	12.0	3.79	9.41	10.8
鱼粉(CP 60%)/%	5.06	3.69	5.62	3.03	5.07	3.33
豆粕/%	0	4.22	6.56	6.06	0	0
饲料酵母/%	0	0	0	0	4.34	0
葵花籽饼/%	0	0	0	0	0	2.83
棉籽饼/%	0	0	0	0	0	5.10
苜蓿/%	4.34	3.26	8.43	3.41	0	0
菜籽饼/%	0	0	0	3.93	7.24	5.67

续表

配方编号	妊娠饲料配方			泌乳饲料配方		
	1	2	3	1	2	3
大豆/%	5.79	0	0	4.92	0	0
碳酸钙/%	0.34	0.02	0.12	0.24	0.20	0.42
磷酸氢钙/%	1.16	1.67	1.00	1.68	0.61	0.80
食盐/%	0.30	0.30	0.30	0.30	0.30	0.30
赖氨酸/%	0.02	0	0.13	0.13	0.07	0.09
蛋氨酸/%	0.01	0	0.06	0.06	0	0
预混料/%	0.30	0.30	0.30	0.30	0.30	0.30
复合多维/%	0.04	0.04	0.04	0.04	0.04	0.04
抗生素/%	0.01	0.01	0.01	0.01	0.01	0.01

注：预混料组成：硫酸亚铁5.2305%、硫酸锌3.23462%、硫酸铜0.3306%、硫酸锰0.8748%、碘化钾0.0052%、亚硒酸钠0.0119%、碳酸钙20.0828%；抗生素选用四环素类，如土霉素、金霉素等。

第三章 快速养猪猪场的建设和环境控制

猪场的建设关系到猪场的隔离卫生、场区和猪舍的温热环境以及空气质量，直接影响猪的健康、繁殖和生产，只有合理选择猪场场地，科学建设猪场，配备完善的设备设施，搞好环境管理，才能获得较好的生产效果。

第一节 猪场的场址选择和规划布局

一、场址选择

1. 地势、地形

场地地势应高燥，地面应有坡度。场地高燥，这样排水良好，地面干燥，阳光充足，不利于微生物和寄生虫的滋生繁殖；否则，地势低洼，场地容易积水，潮湿泥泞，夏季通风不良，空气闷热，有利于蚊蝇等昆虫的滋生，冬季则阴冷。地形要开阔整齐，向阳、避风，特别是要避开西北方向的山口和长形谷地，保持场区小气候状况相对稳定，减少冬季寒风的侵袭。猪场应充分利用自然的地形、地物，如树林、河流等作为场界的天然屏障。既要考虑猪场避免其他周围环境的污染，远离污染源（如化工厂、屠宰场等），又要注意猪场是否污染周围环境（如对周围居民生活区的污染等）。

2. 土质

猪场内的土壤，应该是透气性强、毛细管作用弱、吸湿性和导热性小、质地均匀、抗压性强的土壤，以沙质土壤最适合，便于雨水迅速下渗。越是贫瘠的沙性土地，越适于建造猪舍，这种土地渗水性强。如果找不到贫瘠的沙土地，至少要找排水良好、暴雨后不积水的土地，保证在多雨季节不会变得潮湿和泥泞，有利于保持猪舍内外干燥。

3. 水源

在生产过程中，猪的饮食、饲料的调制、猪舍和用具的清洗，以及饲养管理人员的生活，都需要使用大量的水，因此，猪场必须有充足的水源。水源应符合下列要求：一是水量要充足，既要能满足猪场内的人、猪用水和其他生产、生活用水，还要能满足防火以及以后的发展等。二是水质要求良好，不经处理即能符合饮用标准的水最为理想。此外，在选择时要调查当地是否因水质而出现过某些地方性疾病等。三是水源要便于保护，以保证水源经常处于清洁状态，不受周围环境的污染。四是要求取用方便，设备投资少，处理技术简便易行。

4. 其他方面

猪场是污染源，也容易受到污染。猪场生产大量产品的同时，也需要大量的饲料，所以，猪场场地要兼顾交通和隔离防疫，既要便于交通，又要便于隔离防疫。猪场距居民点或村庄、主要道路要有300～500米距离，大型猪场要有1000米距离。猪场要远离屠宰场、畜产品加工厂、兽医院、医院、造纸场、化工厂等污染源，远离噪声大的工矿企业，远离其他养殖企业；猪场要有充足稳定的电源，周边环境要安全。

二、猪场的规划布局

猪场的规划布局就是根据拟建场地的环境条件，科学确定各区的位置，合理地确定各类房舍、道路、供排水和供电等管线、绿化带等的相对位置及场内防疫卫生的安排。场址选定以后，要进行合理的规划布局。因猪场的性质、规模不同，建筑物的种类和数量亦不同，规划布局也不同。科学合理的规划布局可以有效地利用土地面积，减少建场投资，保持良好的环境条件和管理的高效方便。

（一）分区或分场规划

1. 分区规划

猪场通常根据生产功能，分为生产区、生活区或管理区和隔离区等。其规划模式见图3-1。

（1）生活区或管理区　生活区或管理区是猪场经营管理活动的场所，与社会联系密切，易造成疫病的传播和流行，该区的位置

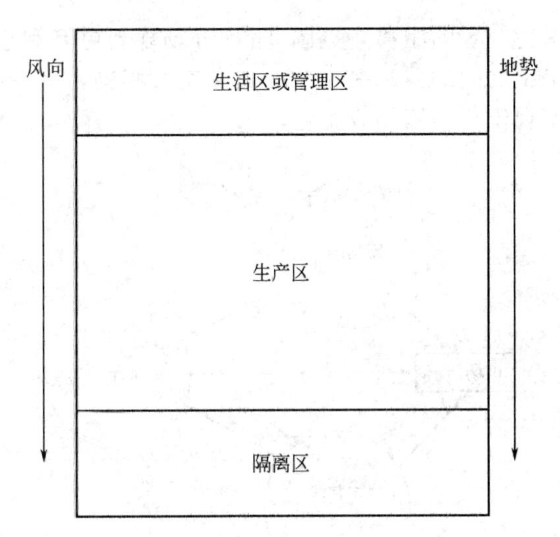

图 3-1 猪场分区规划的规划图

应靠近大门，并与生产区分开，外来人员只能在管理区活动，不得进入生产区。场外运输车辆不能进入生产区。车棚、车库均应设在管理区，除饲料库外，其他仓库亦应设在管理区。职工生活区设在上风向和地势较高处，以免相互污染。

（2）生产区 生产区是猪生活和生产的场所，该区的主要建筑为各种畜舍、生产辅助建筑物。生产区应位于全场中心地带，地势应低于管理区，并在其下风向，但要高于病畜管理区，并在其上风向；生产区内饲养着不同日龄段的猪，因为日龄不同，其生理特点、环境要求和抗病力也不同，所以要分小区规划，日龄小的猪群放在安全地带（上风向、地势高的地方）。饲料库可以建在与生产区围墙同一平行线上，用饲料车直接将饲料送入料库。

（3）病畜隔离区 病猪隔离区主要是用来治疗、隔离和处理病猪的场所。为防止疫病传播和蔓延，该区应在生产区的下风向，并在地势最低处，而且应远离生产区。焚尸炉和粪污处理设施应设在最下风处。隔离猪舍应尽可能与外界隔绝。该区四周应有自然的或人工的隔离屏障，设单独的道路与出入口。

2. 分场规划

将不同阶段或不同用途的猪组分别饲养在不同的场区内，各个场区之间保持一定的距离，见图 3-2。分场规划更有利于不同阶段或用途的猪组之间的隔离和卫生，避免交叉感染，减少疫病发生。适用于大型规模化养猪场或企业。

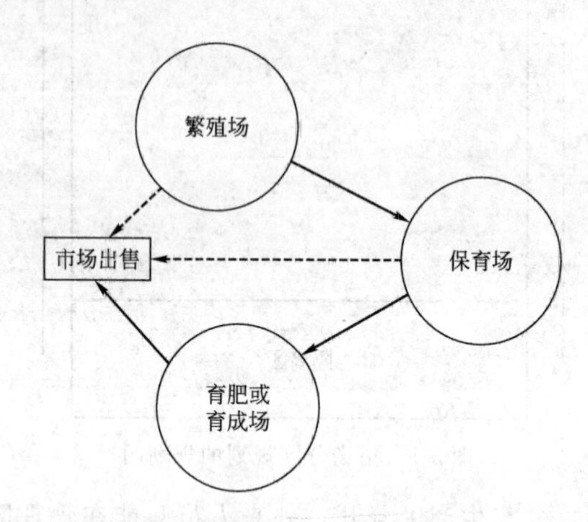

图 3-2 猪场分场规划的规划图

（二）猪舍间距

猪舍间距影响猪舍的通风、采光、卫生、防火。猪舍密集，间距过小，场区的空气环境容易恶化，微粒、有害气体和微生物含量过高，增加病原含量和传播机会，容易引起猪群发病。为了保持场区和猪舍环境良好，猪舍之间应保持适宜的距离。适宜间距为猪舍高度的 3～5 倍。

（三）猪舍朝向

猪舍朝向是指猪舍长轴与地球经线是水平还是垂直。猪舍朝向的选择与通风换气、防暑降温、防寒保暖以及猪舍采光等环境效果有关。朝向选择应考虑当地的主导风向、地理位置、采光和通风排污等情况。猪舍朝南，即猪舍的纵轴方向为东西向，对我国大部分地区的开放舍来说是较为适宜的。这样的朝向，在冬季可以充分利用太阳辐射的温热效应和射入舍内的阳光防寒保温；夏季辐射面积较少，阳光不易直射舍内，有利于猪舍防暑降温。

（四）道路

猪场应设置清洁道和污染道，清洁道供饲养管理人员、清洁的设备用具和饲料以及健康洁净猪进入等使用；污染道供清粪、污浊的设备用具、病死和淘汰猪使用。清洁道和污染道不得交叉。

（五）贮粪场

猪场应设置粪尿处理区。粪场靠近道路，有利于粪便的清理和运输。贮粪场（池）设置应注意：贮粪场应设在生产区和猪舍的下风处，与住宅、猪舍之间保持有一定的卫生间距（距猪舍30～50米），并应便于运往农田或做其他处理；贮粪池的深度以不受地下水浸渍为宜，底部应较结实，贮粪场和污水池要进行防渗处理，以防粪液渗漏流失污染水源和土壤；贮粪场底部应有坡度，使粪水可流向一侧或集液井，以便取用；贮粪池的大小应根据每天牧场家畜排粪量多少及贮藏时间长短而定。

（六）绿化

绿化不仅有利于场区和猪舍温热环境的维持和空气洁净，而且可以美化环境，猪场建设必须注重绿化。搞好道路绿化、猪舍之间的绿化和场区周围以及各小区之间的隔离林带，搞好场区北面防风林带和南面、西面的遮阳林带等。

第二节　猪舍建筑设计和设备配备

一、猪舍建筑设计

（一）猪舍类型

1. 按屋顶形式分类

按屋顶形式分猪舍有单坡式、双坡式、平顶式等。单坡式一般跨度小，结构简单，造价低，光照和通风好，适合小规模猪场。双坡式一般跨度大，双列猪舍和多列猪舍常采用该形式，其保温效果好，但投资较多。

2. 按墙的结构和有无窗户分类

可分为开放式、半开放式和封闭式。开放式是三面有墙一面无墙，通风透光好，不保温，造价低。半开放式是三面有墙一面半截墙，保温稍优于开放式。封闭式是四面有墙，又可分为有窗和无窗两种。

3. 按猪栏排列分类

（1）单列式　见图 3-3。

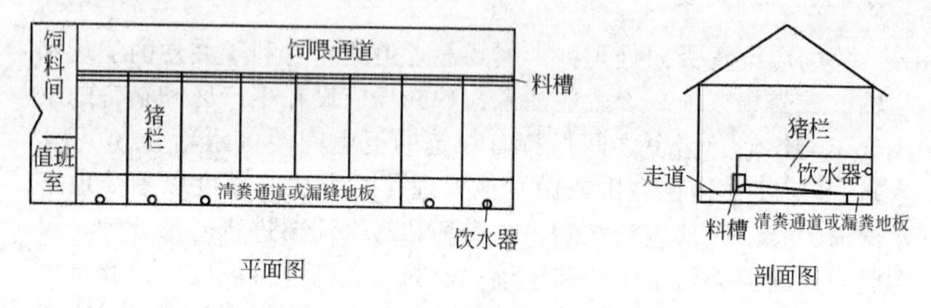

图 3-3　单列式猪舍平面图和剖面图

（2）双列式　见图 3-4。

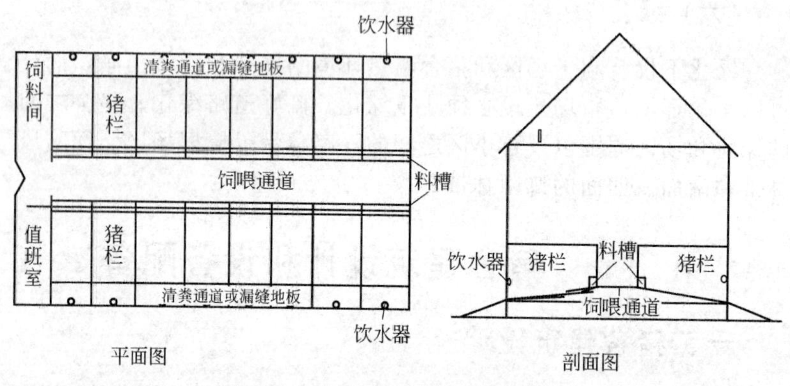

图 3-4　双列式猪舍平面图和剖面图

（3）多列式　见图 3-5。

（二）猪舍的结构

1. 基础

基础是指墙突入土层的部分，是墙的延续和支撑，决定了墙和

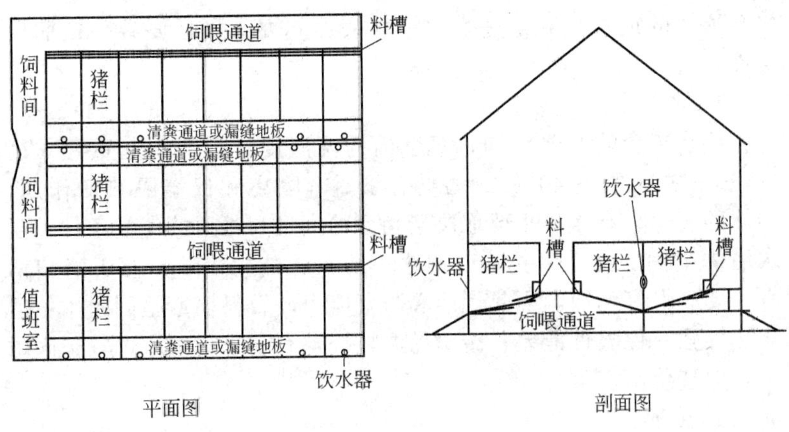

图 3-5 多列式猪舍平面图和剖面图

猪舍的坚固和稳定性。主要作用是承载重量。要求基础要坚固、防潮、抗震、抗冻、耐久，应比墙宽 10～15 厘米，具有一定的深度，根据猪舍的总荷重、地基的承载力、土层的冻胀程度及地下水情况确定基础的深度。基础材料多用石料、预制混凝土或砖。如地基属于黏土类，由于黏土的承重能力差，抗压性不强，需加强基础处理，基础应设置的深和宽一些。

2. 地面

要求保暖、坚实、平整、不透水，易于清扫消毒。传统土质地面保温性能好，柔软、造价低，但不坚实，渗透尿水，清扫不便，不易于保持清洁卫生和消毒；现代水泥地面坚固、平整，易于清扫、消毒，但质地太硬，容易造成猪的蹄伤、腿伤和风湿症等，对猪的保健不利；砖砌地面的结构性能介于前两者之间。为了便于冲洗清扫，清除粪便，保持猪栏的卫生与干燥，有的猪场部分或全部采用漏缝地板。常用的漏缝地板材料有水泥、金属、塑料等，一般是预制成块，然后拼装。选用不同材料与不同结构的漏缝地板，应注意其经济性（地板的价格与安装费要经济合理）、安全性（过于光滑或过于粗糙以及具有锋锐棱角的地板会损伤猪蹄与乳头，因此，应根据猪的不同体重来选择合适的缝隙宽度）、保洁性（劣质地板容易藏污纳垢，需要经常清洁；同时脏污的地板容易打滑，还隐藏着多种病原微生物）、耐久性（不宜选用需要经常维修以及很快会损坏的地板）和舒适性（地板表面不要太硬，要有一定的保暖性）。

3. 墙

墙是猪舍的主要结构，对舍内的温湿度状况保持起重要作用（散热量占35%～40%）。墙具有承重、隔离和保温隔热的作用。墙体的多少、有无，主要取决于猪舍的类型和当地的气候条件。要求墙体坚固、耐久、抗震、耐水、防火，结构简单，便于清扫消毒，要有良好的保温隔热性能和防潮能力。石料墙壁坚固耐用，但导热性强，保温性能差；砖墙保温性好，有利于防潮，也较坚固耐久，但造价高。

4. 屋顶

屋顶是猪舍最上层的屋盖，具有防水、防风沙、保温隔热和承重的作用。屋顶的形式主要有坡屋顶、平屋顶、拱形屋顶，炎热地区用气楼式和半气楼式屋顶。要求屋顶防水、保温、耐久、耐火、光滑、不透气，能够承受一定重量，结构简便，造价便宜。屋顶材料多种多样，水泥预制屋顶、瓦屋顶、砖屋顶、石棉瓦和钢板瓦屋顶以及草料屋顶等。草料屋顶造价低，保温性能最好，但不耐用，易漏雨；瓦屋顶坚固耐用，保温性能仅次于草屋顶，但造价高；石棉瓦和钢板瓦屋顶最好内面铺设隔热层，以提高保温隔热性能。

5. 门窗

双列猪舍中间过道为双扇门，要求宽度不小于1.5米，高度2米。单列猪舍走道门要求宽度不少于1米，高度1.8～2.0米。猪舍门一律要向外开。寒冷地区设置门斗。

窗户的大小以采光面积与地面面积之比来计算，种猪舍要求(1∶8)～(1∶10)；育肥猪舍为为（1∶15)～(1∶20)。窗户距地面高1.1～1.3米，窗顶距屋檐40厘米，两窗间隔距离为其宽度的2倍，后窗的大小无一定标准。为增加通风效果，可增设地窗。

（三）不同猪舍的要求

1. 公猪舍

公猪舍一般为单列半开放式，舍内温度要求15～20℃，风速为0.2米/秒，内设走廊，外有小运动场，以增加种公猪的运动量，一圈一头。

2. 空怀妊娠母猪舍

一般每栏饲养空怀母猪4～8头，妊娠母猪2～4头。猪圈面积一般为7～9米^2，地面坡度25%，地表不要太光滑，以防母猪跌倒。也有用单圈饲养的，一圈一头。舍温要求15～20℃，风速0.2米/秒。

3. 分娩哺乳舍

舍内设有分娩栏，布置多为两列或三列式。舍内温度要求15～20℃，风速为0.2米/秒。

（1）地面分娩栏 采用单体栏，中间部分是母猪限位架，两侧是仔猪采食、饮水、取暖等活动的地方。母猪限位架的前方是前门，前门上设有槽和饮水器，供母猪采食、饮水，限位架后部有后门，供母猪进入及清粪操作。可在栏位后部设漏缝地板，以排除栏内的粪便和污物。

（2）网上分娩栏 主要由分娩栏、仔猪围栏、钢筋编织的漏缝地板网、保温箱、支腿等组成。钢筋编织的漏缝地板网通过支腿架在粪沟上面，母猪分娩栏再安架到漏缝地板网上，粪便很快就通过漏缝地板网掉入粪沟，防止了粪尿污染，保持了网面上的干燥，大大减少了仔猪下痢等疾病，从而提高了仔猪的成活率、生长速度和饲料利用率。

4. 仔猪保育舍

舍内温度要求26～30℃，风速为0.2米/秒。可采用网上保育栏，1～2窝一栏网上饲养，用自动落料食槽，自由采食。网上培育，减少了仔猪疾病的发生，有利于仔猪健康，提高了仔猪成活率。

仔猪保育栏主要由钢筋编织的漏缝地板网、围栏、自动落料食槽、连接卡等组成。猪栏由支腿支撑架设在粪沟上面。猪栏的布置多为双列或多列式，底网有全漏缝和半漏缝两种。

5. 生长舍、育肥舍和后备母猪舍

这三种猪舍均采用大栏地面群养方式，自由采食，其结构形式基本相同，只是在外形尺寸上因饲养头数和猪体大小的不同而有所变化。生长栏和育肥栏提倡原窝饲养，故每栏养猪8～12头，内配食槽和饮水器；后备母猪栏一般每栏饲养4～5头，内配食槽。

二、猪场设备

选择与猪场饲养规模和工艺相适应的先进、经济的设备是提高生产水平和经济效益的重要措施。如果资金和技术力量都很雄厚，则应配备齐全各种机械设备；规模稍小的猪场则可以半机械化为主，凡是人工可替代的工作，均实施手工劳动。一般规模猪场的主要设备有猪栏、饮水设备、饲喂设备、清粪设备、通风设备、升温降温设备、运输设备和卫生防疫设备等。

（一）猪栏

公猪和育肥猪的隔栏应建造成矮墙形式以免彼此干扰，其他猪的隔栏、纵隔柱为固定式，横隔栏为活栏栅式。猪栏的基本参数见表 3-1。

表 3-1　猪栏的基本参数

猪栏类别	每头猪占用面积/米^2	栏高/毫米
公猪栏	5.5～7.5	1200
配种栏	6.0～8.0	1200
母猪单体	1.2～1.4	1000
母猪小群栏	1.8～2.5	1000
分娩栏	3.3～4.18	母猪 1000(仔猪 555～600)
保育栏	0.3～0.4	700
育成栏	0.55～0.7	800
育肥栏	0.75～1.0	900

（二）通风设备

1. 自然通风

自然通风为不借助任何动力使猪舍内外的空气进行流通。为此在建造猪舍时，应把猪场（舍）建在地势开阔、无风障、空气流通较好的地方；猪舍之间的距离不要太小，一般为猪舍屋檐高度的3～5 倍；猪舍要有足够大的进风口和排风口，以利于形成穿堂风；

猪舍应有天窗和地窗，以利于增加通风量。在炎热的夏季，可利用昼夜温差进行自然通风，夜深后将所有通风口开启，直至第二天上午气温上升时再关闭所有通风口，停止自然通风。依靠门窗及进出气口的开启来完成。

2. 机械通风

是以风机为动力迫使空气流动的通风方式。机械通风换气是封闭式猪舍环境调节控制的重要措施之一。在炎热季节利用风机强行把猪舍内污浊的空气排出舍外，使舍内形成负压区，舍外新鲜空气在内外压差的作用下通过进气口进入猪舍。

传统的设备有窗户、通风口、排气扇等，但是这些设备不足以适应现代集约化、规模化的生产形式。现代的设备是“可调式墙体卷帘”及“配套湿帘抽风机”。卷帘的优点在于它可以代替房舍墙体、节约成本，而且既可保暖又可取得良好的通风效果。见图 3-6。

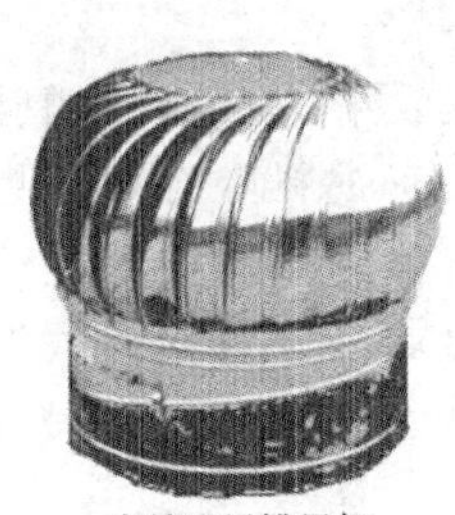

自然通风排风机

轴流式排风机

图 3-6　猪场常用的通风换气扇

（三）降温和升温设备

1. 降温设备

（1）风机降温　当舍内温度不是很高时，采用水蒸发式冷风机，降温效果良好。

（2）喷雾降温　用自来水经水泵加压，通过过滤器进入喷水管道后从喷雾器中喷出，在舍内空间蒸发吸热，降低舍内温度。

2. 升温设备

（1）整体供热　猪舍用热和生活用热都由中心锅炉提供，各类猪舍的温差靠散热片的多少来调节。国内许多养猪场都采用热风炉供热，可保持较高的温度，升温迅速，便于管理。

（2）分散局部供热　可采用红外线灯供热，主要用于分娩舍仔猪箱内保温培育和仔猪舍内补充温度。红外线灯供热简单、方便、灵活。

（四）供水设备

水源丰富的猪场可用一套供水系统。有条件的猪场可安装自动饮水系统，包括供水管道、过滤器、减压阀（或补水箱）和自动饮水器等部分。自动饮水系统可四季日夜供水，且清洁卫生。

规模养猪场常用乳头式饮水器。安装时一般应使其与地面成45～75度倾角。离地高度，仔猪为25～30厘米，中猪为50～60厘米，成年猪为75～85厘米。

（五）喂料设备

在保育、生长、育肥猪群中，一般采用自动食槽让猪自由采食。自动食槽就是在食槽的顶部装有饲料贮存箱，贮存一定量的饲料。随着猪只的吃食，饲料在重力作用下不断落入饲槽内。因此，自动食槽可以隔较长时间加一次料，大大减少了饲喂工作量，提高了劳动生产率，同时也便于实现机械化、自动化饲喂。

自动食槽有用钢板制造，或水泥预制板拼装，或聚乙烯塑料制造。其形状有长方形、圆形等多种形状，长方形自动食槽又可分为双面、单面两种形式（见图3-7）。长方形自动食槽的主要结构参数见表3-2。

表3-2　钢板制长方形自动食槽的主要结构参数

类别	高度(H)/毫米	前缘高度(y)/毫米	最大宽度(B)/毫米		采食间隔(b)/毫米
			双面	单面	
保育猪	700	120	520	270	150
生长猪	800	150	650	330	200
育肥猪	800	180	690	350	250

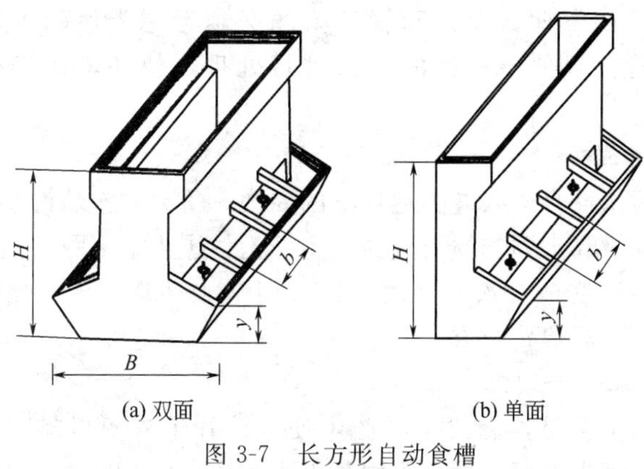

(a) 双面　　(b) 单面

图 3-7　长方形自动食槽

H、y、B、b 的含义见表 3-2。

（六）消毒设备

为做好猪场的卫生防疫工作，保证家畜健康，猪场必须有完善的清洗消毒设施。设施包括人员、车辆的清洗消毒和舍内环境的清洗消毒设施。

1. 人员的清洗消毒设施

对本场人员和外来人员进行清洗消毒。一般在猪场入口处设有人员脚踏消毒池，外来人员和本场人员在进入场区前都应经过消毒池对鞋进行消毒。在生产区入口处设有消毒室，消毒室内设有更衣间、消毒池、淋浴间和紫外线消毒灯等，本场工作人员及外来人员在进入生产区时，都应经过淋浴、更换专门的工作服和鞋、通过消毒池等过程，方可进入。

2. 车辆的清洗消毒设施

猪场的入口处设置车辆消毒设施，主要包括车轮清洗消毒池和车身冲洗喷淋机。

3. 场内清洗消毒设施

猪场常用的场内清洗消毒设施有高压冲洗机、喷雾器和火焰消毒器。

（七）粪尿处理设备

粪污处理关系到猪场和周边的环境，也关系到猪群的健康和生产性能的发挥。设计和管理猪场必须考虑粪污的处理方式和设备配置，以便于对猪的粪尿进行处理，使环境污染减小到最低限度。

1. 水冲粪

粪尿污水混合进入缝隙地板下的粪沟，每天数次从沟端的水喷头放水冲洗。粪水顺粪沟流入粪便主干沟，进入地下贮粪池或用泵抽吸到地面贮粪池。水泥地面，每天用清水冲洗猪圈，猪圈内干净，但是水资源浪费严重。

2. 干清粪

此法的工艺是，粪便一经产生便分流，干粪由机械或人工收集、清扫、运走，尿及冲洗水则从下水道流出，分别进行处理。干清粪工艺分为人工清粪和机械清粪两种。人工清粪只需用一些清扫工具、人工清粪车等。其优点是设备简单，不用电力，一次性投资少，还可以做到粪尿分离，便于后面的粪尿处理。其缺点是劳动量大，生产效率低。机械清粪包括铲式清粪和刮板清粪。机械清粪的优点是可以减轻劳动强度，节约劳动力，提高工效。缺点是一次性投资较大，还要花费一定的运行维护费用。而且中国目前生产的清粪机在使用可靠性方面还存在欠缺，故障发生率较高，由于工作部件上沾满粪便，因而维修困难。此外，清粪机工作时噪声较大，不利于畜禽生长，因此中国的养猪场很少使用机械清粪。

第三节　猪场环境管理

一、水源保护

猪生产过程中，猪场的用水量很大，如猪的饮水、粪尿的冲刷、用具及笼舍的消毒和洗涤，以及生活用水等。不仅在选择猪场场址时，应将水源作为重要因素考虑（作为猪场水源的水质，必须符合卫生要求，见表 3-3。当饮用水含有农药时，农药含量不能超过表 3-4 中的规定），而且猪场建好后还要注意水源的防护，减少对水源的污染，使猪场水源一直处于优质状态。

表 3-3　水的质量标准

（无公害食品畜禽饮用水水质标准 NY 5027—2008）

指标	项目		标准
感官性状及一般化学指标	色度	≤	30 度
	浑浊度	≤	20 度
	臭和味		不得有异臭异味
	肉眼可见物		不得含有
	总硬度(以 $CaCO_3$ 计)/(毫克/升)	≤	1500
	pH 值	≤	5.5～9.0
	溶解性总固体/(毫克/升)	≤	4000
	硫酸盐(以 SO_4^{2-} 计)/(毫克/升)	≤	500
细菌学指标	总大肠杆菌数/(个/100 毫升)	≤	成畜 100;幼畜和禽 10
毒理学指标	氟化物(以 F^- 计)/(毫克/升)	≤	2.0
	氰化物/(毫克/升)	≤	0.2
	总砷/(毫克/升)	≤	0.2
	总汞/(毫克/升)	≤	0.01
	铅/(毫克/升)	≤	0.1
	铬(六价)/(毫克/升)	≤	0.1
	镉/(毫克/升)	≤	0.05
	硝酸盐(以 N 计)/(毫克/升)	≤	10

表 3-4　无公害生猪饲养场猪饮用水农药含量

项目	限量标准/(毫升/升)	项目	限量标准/(毫升/升)	项目	限量标准/(毫升/升)
马拉硫磷	0.25	对硫磷	0.003	百菌清	0.01
内吸磷	0.03	乐果	0.08	甲萘威	0.05
甲基对硫磷	0.02	林丹	0.004	2,4-D	0.1

1. 水源位置适当

水源位置要选择在远离生产区的管理区内，远离其他污染源（猪舍与井水水源间应保持 30 米以上的距离），建在地势高燥处。猪场可以自建深水井和水塔，深层地下水经过地层的过滤作用，又是封闭性水源，水质水量稳定，受污染的机会很少。

2. 加强水源保护

水源附近不得建厕所、粪池、垃圾堆、污水坑等，井水水源周围30米、江河水取水点周围20米、湖泊等水源周围30～50米范围内应划为卫生防护地带，四周不得有任何污染源。保护区内禁止一切破坏水环境生态平衡的活动以及破坏水源林、护岸林、与水源保护相关植被的活动；严禁向保护区内倾倒工业废渣、城市垃圾、粪便及其他废弃物；运输有毒有害物质、油类、粪便的船舶和车辆一般不准进入保护区；保护区内禁止使用剧毒和高残留农药，不得滥用化肥，避免污水流入水源。最易造成水源污染的区域，如病猪隔离舍、化粪池或堆肥场更应远离水源，粪污应做到无害化处理，并注意排放时防止流进或渗进饮水水源。

3. 搞好饮水卫生

定期清洗和消毒饮水用具和饮水系统，保持饮水用具的清洁卫生，保证饮水的新鲜。

4. 注意饮水的检测和处理

定期检测水源水质，污染时要查找原因，及时解决；当水源水质较差时要进行净化和消毒处理。地面水一般水质较差，需经沉淀、过滤和消毒处理；地下水较清洁，可只进行消毒处理，也可不做消毒处理；地面水源常含有泥沙、悬浮物、微生物等。在水流减慢或静止时，泥沙、悬浮物等靠重力逐渐下沉，但水中细小的悬浮物，特别是胶体微粒因带负电荷，相互排斥不易沉降，因此，必须加混凝剂，混凝剂溶于水可形成带正电的胶粒，可吸附水中带负电的胶粒及细小悬浮物，形成大的胶状物而沉淀，这种胶状物吸附能力很强，可吸附水中大量的悬浮物和细菌等一起沉降，这就是水的沉淀处理。常用的混凝剂有铝盐（如明矾、硫酸铝等）和铁盐（如硫酸亚铁、三氯化铁等）。经沉淀处理，可使水中悬浮物沉降70％～95％，微生物减少90％。水的净化还可用过滤池，用滤料将水过滤、沉淀和吸附后，可阻留消除水中大部分悬浮物、微生物等而得以净化。常用滤料为砂，以江河、湖泊等作分散式给水水源时，可在水边挖渗水井、砂滤井等，也可建砂滤池；集中式给水一般采用砂滤池过滤。经沉淀过滤处理后，水中微生物数量大大减少，但其中仍会存在一些病原微生物，为防止疾病通过饮水传播，还须进行消毒处理。消毒的方法很多，其中加氯消毒法投资少、效果好，较常采用。氯在水中形成次氯酸，次氯酸可进入菌体破坏细菌的糖代谢，使其致死。加氯消毒效果与水的pH值、浑浊度、水温、加氯量及接触时间有关。大型集中式给水可用液氯消毒，液氯配成水溶液，加入水中；大型集中式给水或分散式给水多采用漂白粉消毒。

二、猪场废弃物处理

（一）粪便的处理

妥善处理猪场粪污，可避免对环境造成污染，同时，将其作为再生资源利用，变废为宝。猪粪通常有两种利用方式，一种用作肥料，另一种作为能源物质，如生产沼气等。尿和污水经净化处理后作为水资源或肥料重新利用，如用于农田灌溉或鱼塘施肥。猪场不同的清粪工艺，对粪污的后处理影响较大，采用粪尿分离方式，污水量小，粪含水量较低，粪和污水都易处理；采用水冲清粪或粪尿混合方式，污水量大，粪污稀，需经固液分离后，再分别处理，处理难度大。

1. 用作肥料

猪场粪污的最佳利用途径是作肥料还田。粪肥还田可改良土壤，提高作物产量，生产无公害绿色食品，促进农业良性循环和农牧结合。猪粪用作肥料时，有的将鲜粪作基肥直接施入土壤，也可将猪粪发酵、腐熟堆肥后再施用。一般来说，为防止鲜粪中的微生物、寄生虫等对土壤造成污染，以及为提高肥效，粪便应经发酵或高温腐熟处理后再使用，这样安全性更高。

腐熟堆肥过程是好氧微生物分解粪便中有机物的过程，分解过程中释放大量热能，使肥堆温度升高，一般可达60～65℃，可杀死其中的病原微生物和寄生虫卵等，有机物则大多分解成腐殖质，有一部分分解成无机盐类。腐熟堆肥必须创造适宜条件，堆肥时要有适当的空气，如粪堆上插秸秆或设通气孔保持良好的通气条件，以保证好氧微生物的繁殖。为加快发酵速度，也可在堆底铺设送风管，头20天经常强制送风；同时应保持60%左右的含水量，水分过少影响微生物繁殖，水分过多又易造成厌氧条件，不利于有氧发酵。另外，须保持肥料适宜的碳氮比（26～35）：1，碳比例过大，分解过程缓慢，过低则使过剩的氮转变成氨而丧失掉。鲜猪粪的碳氮比约为12∶1，碳的比例不足，可加入秸秆、杂草等来调节碳氮比。自然堆肥效率较低，占地面积大，目前已有各种堆肥设备（如发酵塔、发酵池等）用于猪场粪污处理，效率高、占地少、效果好。

2. 生产沼气

固态或液态粪污均可用于生产沼气。沼气是厌氧微生物（主要是甲烷细菌）分解粪污中含碳有机物而产生的一种混合气体，其中甲烷约占60%～75%，二氧化碳占25%～40%，还含有少量氧、氢、一氧化碳、硫化氢等气体。沼气可用于照明、作燃料或发电等。沼气池在厌氧发酵过程中可杀死病原微生物和寄生虫，发酵粪便产气后的沼渣还可再用作肥料。目前，在我国推广面积较大的是常温发酵，因此，大部分地区存在低温季节产气少，甚至不产气的问题。此外，用沼液、沼渣施肥，施用和运输不便，并且因只进行沼气发酵一级处理，往往不能做到无害化，有机物降解不完全，常导致二次污染。如果用产生的沼气加温，进行中温发酵，或采用高效厌氧消化池，可提高产气效率、缩短发酵时间，对沼液用生物塘进行二次处理，可进一步降低有机物含量，减少二次污染。

（二）污水处理

猪场必须专设排水设施，以便及时排除雨、雪水及生产污水。全场排水网分主干和支干，主干主要是配合道路网设置的路旁排水沟，将全场地面径流或污水汇集到几条主干道内排出；支干主要是各运动场的排水沟，设于运动场边缘，利用场地倾斜度，使水流入沟中排走。排水沟的宽度和深度可根据地势和排水量而定，沟底、沟壁应夯实，暗沟可用水管或砖砌，如暗沟过长（超过200米），应增设沉淀井，以免污物淤塞，影响排水。但应注意，沉淀井距供水水源应在200米以上，以免造成污染。大型猪场污水排放量很大，在没有较大面积的农田或鱼塘消纳时，为避免造成环境污染，应利用物理、化学、生物学的方法进行综合处理，达到无害化，然后再用于灌溉或排入鱼塘。

污水处理可采用两级或三级处理。两级处理包括预处理（一级处理）和好氧微生物处理（二级处理）。一级处理是用沉淀分离等物理方法将污水中悬浮物和可沉降颗粒分离出去，常采用沉淀池、固液分离机等设备，再用厌氧处理降解部分有机物，杀灭部分病原微生物；二级处理是用生物方法，让好氧微生物进一步分解污水中的胶体和溶解的有机物，并杀灭病原微生物，常用方法有生物滤池、活性污泥、生物转盘等。猪场污水一般经两级处理即达到排放或利用要求，当处理后要排入卫生要求较高的水体时，则须进行三级处理。

猪粪的利用还有其他多种形式，但许多处理方法投资大、耗能多，其应用受到限制。猪粪的各种处理和利用形式都有其缺点和局限性，在初建和设计猪场时就考虑到粪污的后处理问题更为重要，选择合适的场址（考虑农牧结合）和选择适宜的生产工艺，可大大降低粪污处理的难度，同时节约大量能源。

（三）病死猪的处理

病死猪必须及时无害化处理，坚决不能图一己私利而出售。处理方法如下。

1. 焚烧法

焚烧是一种较完善的方法，但不能利用产品，且成本高，故不常用。但对一些危害人、畜健康极为严重的传染病病畜的尸体，仍有必要采用此法。焚烧时，先在地上挖一十字形沟（沟长约 2.6 米，宽 0.75～1.0 米，深 0.5～0.7 米），在沟的底部放木柴和干草作引火用，于十字沟交叉处铺上横木，其上放置畜尸，畜尸四周用木柴围上，然后洒上煤油焚烧，尸体烧成黑炭为止。或用专门的焚烧炉焚烧。见图 3-8。

2. 高温处理法

此法是将畜禽尸体放入特制的高温锅（温度达 150℃）内或有盖的大铁锅内熬煮，达到彻底消毒的目的。猪场也可用普通大锅，经 100℃以上的高温熬煮处理。此法可保留一部分有价值的产品，但要注意熬煮的温度和时间，必须达到消毒的要求。

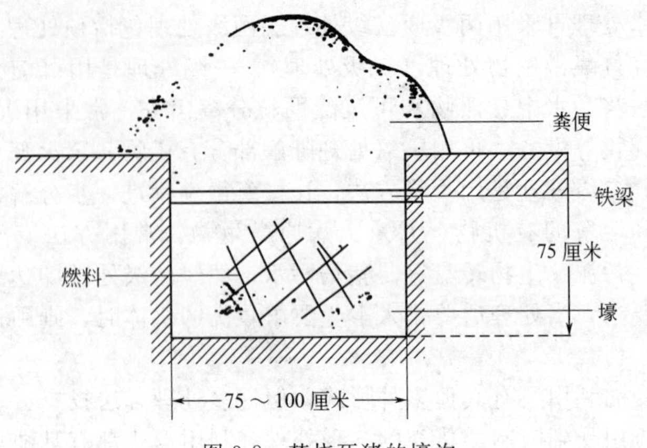

图 3-8　焚烧死猪的壕沟

3. 土埋法

是利用土壤的自净作用使其无害化。此法虽简单但不理想，因其无害化过程缓慢，某些病原微生物能长期生存，从而污染土壤和地下水，并会造成二次污染，所以不是最彻底的无害化处理方法。采用土埋法，必须遵守卫生要求，埋尸坑远离畜舍、放牧地、居民点和水源，地势高燥，尸体掩埋深度不小于 2 米。掩埋前在坑底铺上 2～5 厘米厚的石灰，尸体投入后，再撒上石灰或洒上消毒药剂，埋尸坑四周最好设栅栏并做上标记。

4. 发酵法

将尸体抛入尸坑内，利用生物热的方法进行发酵，从而起到消毒灭菌的作用。尸坑一般为井式，深达 9～10 米，直径 2～3 米，坑口有一个木盖，坑口高出地面 30 厘米左右。将尸体投入坑内，堆到距坑口 1.5 米处，盖封木盖，经 3～5 个月发酵处理后，尸体即可完全腐败分解。

在处理畜尸时，不论采用哪种方法，都必须将病畜的排泄物、各种废弃物等一并进行处理，以免造成环境污染。

三、灭鼠杀虫

（一）灭鼠

鼠类不仅能吃掉饲料，咬坏物品，污染饲料和饮水，而且能传播炭疽、布氏杆菌病、结核病、李氏杆菌病、猪丹毒、猪肺疫、伪狂犬病、口蹄疫、钩端及立克次体病等12种疫病，危害极大，猪场必须加强灭鼠。

1. 防止鼠类进入建筑物

鼠类多从墙基、天棚、瓦顶等处窜入室内，在设计施工时应注意墙基最好用水泥制成，碎石和砖砌的墙基，应用灰浆抹缝。墙面应平直光滑，防鼠沿粗糙墙面攀登。砌缝不严的空心墙体，易使鼠隐匿营巢，要填补抹平。为防止鼠类爬上屋顶，可将墙角处做成圆弧形。墙体上部与天棚衔接处应砌实，不留空隙。瓦顶房屋应缩小瓦缝和瓦、椽间的空隙并填实。用砖、石铺设的地面应衔接紧密并用水泥灰浆填缝。各种管道周围要用水泥填平。通气孔、地脚窗、排水沟（粪尿沟）出口均应安装孔径小于1厘米的铁丝网，以防鼠窜入。

2. 器械灭鼠

器械灭鼠方法简单易行，效果可靠，对人、畜无害。灭鼠器械种类繁多，主要有夹、关、压、卡、翻、扣、淹、粘、电等。近年来还研究和采用电灭鼠和超声波灭鼠等方法。

3. 化学灭鼠

化学灭鼠效率高、使用方便、成本低、见效快，缺点是能引起人、畜中毒，有些鼠对药物有选择性、拒食性和耐药性。所以，使用时须选好药剂和注意使用方法，以保安全有效。灭鼠药剂种类很多，主要有灭鼠剂、熏蒸剂、烟剂、化学绝育剂等。猪场的鼠类以饲料库、猪舍最多，是灭鼠的重点场所。饲料库可用熏蒸剂毒杀。投放毒饵时，机械化养猪场，因实行笼养或栏养，只要防止毒饵混入饲料中即可。在采用全进全出制的生产程序时，可结合舍内消毒一并进行。鼠尸应及时清理，以防被人、畜误食而发生二次中毒。选用鼠吃惯了的食物作饵料，突然投放，饵料充足，分布广泛，以保证灭鼠的效果。

（1）常用的慢性灭鼠药物　见表3-5。

表 3-5　常用的慢性灭鼠药物

名称	特性	作用特点	用法	注意事项
敌鼠钠盐	为黄色粉末，无臭，无味，溶于沸水、乙醇、丙酮，性质稳定	作用较慢，能阻碍凝血酶原在鼠体内的合成，使凝血时间延长，而且其能损坏毛细血管，增加血管的通透性，引起内脏和皮下出血，最后死于内脏大量出血。一般在投药 1～2 天出现死鼠，第 5～8 天死鼠量达到高峰，死鼠可延续 10 多天	①敌鼠钠盐毒饵：取敌鼠钠盐 5 克，加沸水 2 升搅匀，再加 10 千克杂粮，浸泡至毒水全部吸收后，加入适量植物油拌匀，晾干备用。②混合毒饵：将敌鼠钠盐加入面粉或滑石粉中制成 1%毒粉，再取毒粉 1 份，倒入 19 份切碎的鲜菜中拌匀即成。③毒水：用 1%敌鼠钠盐 1 份，加水 20 份即可	对人、畜、禽毒性较低，但对猫、犬、兔、猪毒性较强，可引起二次中毒。在使用过程中要加强管理，以防家畜误食中毒或发生二次中毒。如发现中毒，可使用维生素 K 解救
氯敌鼠（又名氯鼠酮）	黄色结晶性粉末，无臭，无味，溶于油脂等有机溶剂，不溶于水，性质稳定	是敌鼠钠盐的同类化合物，但对鼠的毒性作用比敌鼠钠盐强，为广谱灭鼠剂，而且适口性好，不易产生拒食性。主要用于毒杀家鼠和野栖鼠，尤其是可制成蜡块剂，用于毒杀下水道鼠类。灭鼠时将毒饵投在鼠洞或鼠活动的地区即可	有 90%原药粉、0.25%母粉、0.5%油剂 3 种剂型。使用时可配制成如下毒饵。① 0.005%水质毒饵：取 90%原药粉 3 克，溶于适量热水中，待凉后，拌于 50 千克饵料中，晒干后使用。② 0.005%油质毒饵：取 90%原药粉 3 克，溶于 1 千克热食油中，冷却至常温，洒于 50 千克饵料中拌匀即可。③0.005%粉剂毒饵：取 0.25%母粉 1 千克，加入 50 千克饵料中，加少许植物油，充分混合拌匀即成	

续表

名称	特性	作用特点	用法	注意事项
杀鼠灵	又名华法令。白色粉末，无味，难溶于水，其钠盐溶于水，性质稳定	属香豆素类抗凝血灭鼠剂，一次投药的灭鼠效果较差，少量多次投放灭鼠效果好。鼠类对其毒饵接受性好，甚至出现中毒症状时仍采食	毒饵配制方法如下。①0.025%毒米：取2.5%母粉1份、植物油2份、米渣97份，混合均匀即成。②0.025%面丸：取2.5%母粉1份，与99份面粉拌匀，再加适量水和少许植物油，制成每粒1克重的面丸。以上毒饵使用时，将毒饵投放在鼠类活动的地方，每堆约39克，连投3～4天	对人、畜和家禽毒性很小，中毒时维生素K_1为有效解毒剂
杀鼠迷	黄色结晶性粉末，无臭，无味，不溶于水，溶于有机溶剂	属香豆素类抗凝血杀鼠剂，适口性好，毒杀力强，二次中毒极少，是当前较为理想的杀鼠药物之一，主要用于杀灭家鼠和野栖鼠类	市售有0.75%的母粉和3.75%的水剂。使用时，将10千克饵料煮至半熟，加适量植物油，取0.75%杀鼠迷母粉0.5千克，撒于饵料中拌匀即可。毒饵一般分2次投放，每堆10～20克。水剂可配制成0.0375%饵剂使用	
杀它仗	白灰色结晶性粉末，微溶于乙醇，几乎不溶于水	对各种鼠类都有很好的毒杀作用。适口性好，急性毒力大，1个致死剂量被吸收后3～10天就发生死亡，一次投药即可。适用于杀灭室内和农田的各种鼠类	用0.005%杀它仗稻谷毒饵，杀黄毛鼠有效率可达98%，杀室内褐家鼠有效率可达93.4%，一般一次投饵即可	对其他动物毒性较低，但犬很敏感

(2) 灭鼠的具体操作

① 毒饵的选择　毒饵是由灭鼠药和食饵配制而成。选择对家畜毒力弱，对鼠类适口性好的敌鼠钠盐作灭鼠剂，选择来源广、价格便宜、老鼠喜吃而又不易变质的谷物作饵料。水稻区，选择稻谷作饵料，稻谷不仅老鼠喜吃，而且有外壳保护。做成毒饵，布放几天后也不会发霉，遇到倾盆大雨也不会影响药效。非水稻区可选麦粒、大米等代替。

② 毒饵的配制　配制0.2%敌鼠钠盐稻谷毒饵，敌鼠钠盐、稻谷和沸水的重量比为0.2：100：25。先将敌鼠钠盐溶于沸水中(如有酒精，将敌鼠钠盐溶于少量的酒精中，然后将药液注入沸水中，进一步溶解稀释)，趁热将药液倾入稻中，拌匀，并经常搅拌，待吸干药液，即可布放。如暂时不用，要晒干保存。如制麦粒或大米饵，敌鼠钠盐与沸水量减半。

③ 布放方法　观察猪场鼠类的活动行为，大多数鼠类栖息在猪舍外围隐蔽的地方，部分栖息在屋顶，少数在舍内地板上打洞筑巢。当它们进入猪舍时，必须通过下列途径：一是门、窗下椽裂缝，气孔、刮粪板出口和出水口；二是沿电线、水管进入猪舍；三是从屋顶经墙角下猪舍；四是从外墙基打洞入猪舍；五是从舍内(地板或墙) 鼠洞直接入猪舍。鼠类在进入猪舍的途径中留下了明显的鼠迹：在草丛中将草拨开，可见鼠类将草踏成一条无草的光滑小径，没有长草的泥土上也可以见到纵横交错、大小不一、光滑的小径；在猪舍外围，有明显的大、小洞口，洞口外常有鼠类扒出的泥块，在猪舍积满灰尘的地板或糠面上可以见到大大小小、密密麻麻的脚印，在鼠类经过的地方，如鼠路上、鼠洞旁都留有鼠粪，门、窗、家具、饲料包装袋等给鼠类咬破，留下千疮百孔。

从上述鼠迹可以断定鼠类的密度，是严重、中等或一般，老鼠集中在哪里，哪里分布多些，哪里分布少些。然后在猪场中全面布毒，内外夹攻。在猪舍外，可放在运动场、护泥石墙、土坡、草丛、杂物堆、鼠洞旁、鼠路上以及鼠只进出猪舍的孔道上。在猪舍内，则放在食槽下、走道旁、水渠边、墙角以及天花板上老鼠经常行走的地方。另外，在生活区、办公室和附属设施，如饲料仓库等，邻近猪场500米范围内的农田、竹林、荒地和居民点等都要同时进行灭鼠，防止老鼠漏网。

布放毒饵最好是一次投足 3 天的食量。一个猪场放毒饵多少，视鼠的密度而定，密度大则放得密些、多些，一般每隔 2～3 米放一堆，每堆 50 克左右。鼠害中等水平的猪场，每 100 米^2 猪舍建筑（不包括露天部分）放毒饵 2.5～3 千克即可。毒饵宁可稍供过于求，切忌供不应求，否则残存的鼠过多，效果不佳。为此，毒饵布放后 2～3 天，要检查每堆毒饵的被食程度，吃多少补多少，没吃的要移往吃的地方。因为猪场鼠只众多，晚上出洞的批次有先有后，为了防止先出的吃光了毒饵，后出的没有吃到毒饵，所以要全面补充放足毒饵。在江南地区，由于黄鼠狼比较多，鼠类为了生存，避免天敌危害，活动极为隐蔽。要特别仔细观察，找到鼠迹之后，才好布毒。有些地方布毒后 1～2 天，鼠类很少采食毒饵，至第 3 天才大量采食毒饵，这时要特别冷静，用 1～2 天的时间观察鼠类的动静，在第 4、第 5 天补充毒饵。

④ 灭鼠效果　灭鼠后，检验有没有达到预定的灭鼠目的，我们采用食饵消耗法来衡量灭鼠效果。其法是在投毒前后（相隔 7 天）称取同量的食物，如大米、麦粒和稻谷（但要与制毒饵的饵料有区别）等，选择有代表性的猪舍，沿猪舍鼠的跑道定点、定量布放，任鼠取食一晚，次日回收食饵称量，用前、后饵的总量减去前、后饵剩余量，算出前、后饵消耗量。用下面公式计算灭鼠率：

灭鼠率＝(前饵消耗量－后饵消耗量)/前饵消耗量×100％

如某猪场测定灭鼠效果。灭鼠前选有代表性猪舍 2 幢，放米 5 千克，每堆重 50 克，共 100 堆，编号布放。放置一晚，次晨回收饵料，除去杂物，剩下 250 克。以 5 千克减去 250 克，算出 4.75 千克为前饵消耗量（即老鼠吃去量）。毒鼠 7 天后，同前法在放前饵的两个猪舍放米 5 千克，隔一晚，老鼠吃去 100 克，此为后饵消耗量，代入公式：

灭鼠率＝(4.75－0.1)/4.75×100％＝97.89％

根据灭鼠效果和结合观察灭鼠后的现象进行分析，如灭鼠过程中死鼠很多，晚上猪舍中无鼠活动，灭鼠前有很多鼠迹的地方，灭鼠后鼠迹很少，甚至没有，也没有发现咬饲料包装等情况。综合灭鼠效果和实地观察分析判断为残存的鼠很少，就达到了预定的灭鼠目的。

⑤ 注意事项　一是投毒1～2天后，就出现极少量死鼠，3～4天后，才见大量死亡，以后死鼠逐渐减少，可延续约15天，仍有个别死鼠出现。在灭鼠过程中，每天要检收鼠尸，并集中深埋。灭鼠后要搞环境卫生，堵塞鼠洞，使幸存者无藏身之地。二是敌鼠钠盐对猪毒性较强，在使用时要注意安全，防止猪误食毒饵中毒。三是掌握猪场鼠害数量集中、繁殖力强的特点，打“歼灭战”，全面投放足够的毒饵，彻底消灭老鼠。四是掌握老鼠的行为规律，布毒位置准确，在老鼠吃到食物之前在半路上吃足毒饵而致死，就可以解决食物丰富的地方毒不着老鼠的问题。五是应每季度用灭鼠药灭鼠1次，注意防止引发猪只中毒。六是死鼠可用0.5%过氧乙酸或含有效氯1000毫克/升溶液喷淋消毒，用量应保证鼠尸表面完全湿润，之后用塑料袋密封好，进行无害化处理。处理完死鼠后要用消毒液消毒可能被鼠污染的场所并洗手消毒。

（二）杀虫

猪场易滋生蚊、蝇等有害昆虫，骚扰人、畜和传播疾病，给人、畜健康带来危害，应采取综合措施杀灭。

1. 环境卫生

搞好猪场环境卫生，保持环境清洁、干燥，是杀灭蚊蝇的基本措施。蚊虫需在水中产卵、孵化和发育，蝇蛆也需在潮湿的环境及粪便等废弃物中生长。因此，应填平无用的污水池、土坑、水沟和洼地；保持排水系统畅通，对阴沟、沟渠等定期疏通，勿使污水储积；对贮水池等容器加盖，以防蚊蝇飞入产卵；对不能清除或加盖的防火贮水器，在蚊蝇滋生季节，应定期换水。永久性水体（如鱼塘、池塘等），蚊虫多滋生在水浅而有植被的边缘区域，修整边岸，加大坡度和填充浅湾，能有效地防止蚊虫滋生。畜舍内的粪便应定时清除，并及时处理，贮粪池应加盖并保持四周环境的清洁。

2. 化学杀灭

化学杀灭是使用天然或合成的毒物，以不同的剂型（粉剂、乳剂、油剂、水悬剂、颗粒剂、缓释剂等），通过不同途径（胃毒、触杀、熏杀、内吸等），毒杀或驱逐蚊蝇。化学杀虫法具有使用方便、见效快等优点，是当前杀灭蚊蝇的较好方法。

① 马拉硫磷　为有机磷杀虫剂。它是世界卫生组织推荐使用的室内滞留喷洒杀虫剂，其杀虫作用强而快，具有胃毒、触毒作用，也可作熏杀，杀虫范围广，可杀灭蚊、蝇、蛆、虱等，对人、畜的毒害小，故适于畜舍内使用。

② 敌敌畏　为有机磷杀虫剂。具有胃毒、触毒和熏杀作用，杀虫范围广，可杀灭蚊、蝇等多种害虫，杀虫效果好。但对人、畜有较大毒害，易被皮肤吸收而中毒，故在畜舍内使用时，应特别注意安全。

③ 合成拟菊酯　是一种神经毒药剂，可使蚊蝇等迅速呈现神经麻痹而死亡。杀虫力强，特别是对蚊的毒效比敌敌畏、马拉硫磷等高 10 倍以上；对蝇类，因不产生抗药性，故可长期使用。

3. 物理杀灭

利用机械方法以及光、声、电等物理方法，捕杀、诱杀或驱逐蚊蝇。我国生产的多种紫外线光或其他光诱器，特别是四周装有电栅，将 220 伏变为 5500 伏的 10 毫安电流的蚊蝇光诱器，效果良好。此外，还有可以发出声波或超声波并能将蚊蝇驱逐的电子驱蚊器等，都具有防除效果。

4. 生物杀灭

利用天敌杀灭害虫，如池塘养鱼即可达到鱼类治蚊的目的。此外，应用细菌制剂——内菌素杀灭吸血蚊的幼虫，效果良好。

四、绿化环境

在猪场内外及场内各栋猪舍之间种植常绿树木及各种花草，既可美化环境，又可改变场内的小气候、减少环境污染。许多植物可吸收空气中的有害气体，使氨、硫化氢等有毒气体的浓度降低，恶臭明显减少，释放氧气，提高场区空气质量。此外，某些植物对银、镉、汞等重金属元素有一定的吸收能力；叶面还可吸附空气中的灰尘，使空气得以净化。绿化还可以调节场区的温度和湿度。夏季绿色植物叶面水分蒸发可以吸收热量，使周围环境的温度降低；散发的水分可以调节空气的湿度。草地和树木可以阻挡风沙，降低场区气流速度，减少冷空气对猪舍的侵袭，使场区温度保持稳定，有利于冬季防寒；场区周围种植的隔离林带可以控制场外人畜往来，有利于防止疫病传播。

五、环境消毒

消毒可以预防和阻止疫病发生、传播和蔓延。猪场环境消毒是卫生防疫工作的重要部分。随着养猪业集约化经营的发展，消毒对预防疫病的发生和蔓延具有更重要的意义。详见第七章第一节。

第四章 快速养猪种猪的饲养管理技术

种猪是商品生产的基础，只有养好种猪，才能获得数量多、品质好的商品仔猪，才能保证育肥猪快速生长和提高饲料转化率。

第一节 后备猪的饲养管理

后备猪一般指选留后尚未配种的猪，它们要替代基础母猪和公猪。后备猪从选择到饲喂都很重要。

一、后备种猪的饲养

饲喂全价日粮，按照后备猪不同的生长发育阶段配合饲料。注意能量和蛋白质的比例，特别是矿物质、维生素和必需氨基酸的补充。一般采取前高后低的营养水平。配合饲料的原料要多样化，至少要有 5 种以上，而且原料的种类尽可能稳定不变，如有变化要采取逐渐变换的方法，防止引起食欲不振或消化器官疾病。饲料原料种类多，既可保持营养全面，又可保持酸碱平衡。

限量饲喂，后备猪必须限量饲喂，育成阶段饲料的周喂量占其体重的 2.5%～3.0%，体重达 80 千克以后占体重的 2.0%～2.5%。适宜的饲喂量既可保证后备猪良好的生长发育，又可控制体重的增长，保证各器官系统的充分发育。

为了促进后备猪的生长发育，有条件的种猪场可饲喂些优质的青绿饲料。

二、后备种猪的管理

1. 分群管理

为提高后备猪的均匀整齐度，可按性别（公母猪分开）、体重大小分成小群饲养，每圈可养 4～6 头，饲养密度适当。饲养密度过高影响生长发育，出现咬尾、咬耳等恶癖。小群饲养有两种饲喂方式：一是小群分格饲喂（可自由采食，也可限量饲喂），这种喂法的优点是猪只争抢吃食快，缺点是强弱吃食不均，容易出现弱猪。二是单槽饲喂小群运动，优点是吃食均匀，生长发育整齐，但栏杆、食槽设备投资较大。

2. 运动

为了促进后备猪骨骼发育，体质健康，猪体发育匀称均衡，特别是四肢灵活坚实，要适度运动。伴随四肢运动全身有75%的肌肉和器官同时参加运动，尤其是放牧运动可呼吸新鲜空气和接受日光浴，拱食泥土和青绿饲料，对促进生长发育和提高抗病力有良好的作用。为此国外有些国家又开始提倡实施放牧运动和自由运动。

3. 调教

后备猪从小要加强调教管理，从幼猪阶段开始，利用称量体重、喂食等程序进行口令和触摸等亲和训练，严禁粗暴地打骂它们，建立人与猪的和睦关系，以便于将来采精、配种、接产、哺乳等时的操作管理。怕人的公猪性欲差，不易采精，母猪常出现流产和难产现象；训练良好的生活规律，规律性的生活使猪感到自在舒服，有利于生长发育；经常对耳根、腹侧和乳房等敏感部位触摸训练，这样既便于以后的管理、疫苗注射，还可促进乳房的发育。

4. 定期称重

后备猪不同的月龄都有相对应的体重范围，最好按月龄进行个体体重称量，了解后备猪的生长发育情况。根据各月龄体重变化，适时调整饲料的饲养水平和饲喂量，达到品种发育要求。

5. 日常管理

后备猪同样需要防寒保温、防暑降温、清洁卫生等环境条件的管理。另外，后备公猪要比后备母猪难养，达到性成熟后，会烦躁不安，经常互相爬跨，不好好吃食，生长迟缓，特别是性成熟早的品种更突出。为了克服这种现象，应在后备公猪达到性成熟后，实行单圈饲养，合群运动，除自由运动以外，还要进行放牧或驱赶运动，这样既可保证食欲，增强体质，又可避免造成自淫的恶习。

第二节 种公猪的饲养管理

种公猪要有良好的繁殖性能。为了提高与配种母猪的受胎率和产仔头数，对种公猪要进行良好的饲养管理。

一、种公猪的选择

1. 种公猪的引进

种公猪要从优秀的种猪场引进，这个种猪场必须掌握种猪的繁殖能力和产肉能力，有完整的育种资料，还要有完备的培育环境，特别是仔猪阶段，必须认真做好各种传染病的预防注射工作。在卫生条件不良的环境中饲养的种猪，常带有各种疾病，不宜作种猪用。

2. 种公猪的挑选

公猪必须，身体健康，体质紧凑，身腰稍短而深广，后躯充实，四肢强健粗大，睾丸发育良好，随着年龄的增长，公猪前躯变得重而厚，后躯变得特别丰满，不满 2 岁的公猪，以肩部和后躯宽度相同为佳。公猪的外观，应当是体形方正、舒展、雄健有力，公猪的遗传能力要强，能把优良性状传给后代。

种公猪的两个睾丸必须整齐对称，发育良好而结实，患有赫尔尼亚病、单睾和包皮积尿的公猪不宜作种猪用。

二、种公猪的饲养

1. 供给营养良好的日粮

种公猪的一次射精量通常有 200～500 毫升，精液含干物质约 4.6%，在干物质中约有 80%以上为蛋白质，精子的活力和密度越高，受胎率就越高。影响精液质量的重要因素是公猪的营养水平和健康状况。在公猪的各种营养中，首要的是蛋白质、维生素 A、钙和磷。

在公猪的日粮中，必须保证蛋白质水平不应低于 18%。在非配种期，优质蛋白质水平不低于 14%，要求蛋白质中所含必需氨基酸达到平衡；在配种期的日粮中，应适量搭配 5%～10%的动物性蛋白质饲料，这对提高精液品质有显著影响。建议种公猪日粮营养水平为：消化能 12.54 兆焦/千克，粗蛋白 13%～14.5%，钙 0.75%～0.85%，磷 0.5%～0.6%，食盐 0.35%～1.4%。

公猪的日粮应以含蛋白质的精料为主，保证日粮的各种营养达到平衡，不宜喂过多的青粗饲料，若喂得过多，易造成腹围增大，腹部下垂，影响成年时的配种能力，还要切忌以完全碳水化合物饲料组成的日粮饲喂公猪，以免公猪肥胖，因为公猪过肥会引起体质虚弱，生殖机能减退，严重时，会完全丧失生殖能力。

2. 合理饲喂

应根据公猪的体重、季节、肥瘦、配种强度等实际情况做相应的饲喂调整，以使其终年保持健康结实、性欲旺盛、精力充沛的体质，并提高精液的品质。如采用季节配种时，配种前1～1.5个月应逐渐增加营养，待配种结束后再恢复原来的饲养水平；在公猪配种期应适当加大动物性蛋白质饲料的供给（如加喂鸡蛋、鱼粉等）；寒冷季节时，提高日粮营养水平。

种公猪一般日喂两次，给饲量约占体重的2.5%～3%，如体重90～150千克的公猪日喂量约为2～2.5千克/头；或在非配种期每天给饲量2.5千克，配种期每天给饲量3千克，每次饲喂至七八成饱即可。膘情较好的适量少喂，膘情较差的适量多喂。冬季应该增喂饲料5%～10%。饲喂时还应该注意同时供给充足而清洁的饮水。

三、种公猪的管理

1. 一般管理

（1）单圈饲养　种公猪（尤其是开始配种利用的种公猪）应该单圈饲养，以减少公猪与其他猪只间的直接接触，减少相互的咬斗和干扰，并防止公猪因爬跨和自淫而影响其种用价值。

（2）保持圈舍和猪体卫生　公猪舍应每天定时清扫，保持圈舍的清洁卫生和干燥。每天刷拭公猪皮毛，保持猪体卫生，防止皮肤病和体表寄生虫病发生；公猪的犬齿生长很快，尖且锐利，极易伤害管理人员和母猪，所以要求兽医定期剪除。

（3）保持适宜的环境　公猪对冷的适应性比耐热性强，炎热的夏季，公猪食欲不振，性欲不强，精子数减少，异常精子增加，受胎率低，因此必须切实搞好防暑降温，猪舍周围植树遮阴，舍内保持清洁，通风良好，定时洒水。炎热夏季应对公猪淋浴，这样既可以减轻热应激，也有利于猪体卫生。

（4）适量运动　通过适量运动可以促进种公猪的食欲、增强体质、减少体内脂肪、改善精液质量。种猪舍应设置运动场地让猪只自由运动，或可每天进行强迫驱赶运动。一般要求种公猪每天上午和下午坚持运动各一次，每次运动 0.5～1 小时，行程约 2～3 千米。夏季宜早晚运动，冬季宜中午运动。运动后不宜立即洗澡和饲喂。配种旺盛期要减少运动，非配种期适当增加运动。

2. 合理利用

（1）适配年龄和配种次数　后备公猪的初情期一般为 6～7 月龄，但适配年龄应不小于 9 月龄。公猪开始利用时强度不宜过大，采用本交时每头公猪可负担 20～30 头母猪的配种任务，一般要求青年公猪每周配种次数不超过 2 次，成年公猪每周最多不超过 5 次，每天只能使用一次，连续使用不超过 3 天，成年公猪每 1～2 天使用一次较为适宜，如果连续交配，精子数必定减少，精子活力也会降低，从而降低受胎率和产仔数。若采用人工授精，则可成倍减少公猪的饲养数量，并且可节省公猪的饲养费用。公猪的使用年限一般为 3～4 年，规模化猪场的公猪淘汰率约为 25%～35%。

（2）定时定点配种　定时定点配种的目的在于培养种公猪的配种习惯，有利于安排作业顺序。于早晚喂食前进行配种，配种前后半小时内不供给水和料，不饮用冷水或用冷水冲洗猪体。同时应注意周边环境的安静，减少配种时的意外损伤，保证顺利配种。

（3）消毒　在每次配种前最好用 0.1%高锰酸钾溶液或其他无刺激消毒液对公猪的包皮和母猪的外阴部进行清洗消毒，而后再进行配种。配种结束后，要做好公猪配种记录。

3. 检查精液品质

配种开始前 1～1.5 个月应对每头种猪的精液品质进行检查，着重检查精子的数量、活力，从中发现问题，以便及时改进。

第三节　母猪配种期的饲养管理

后备母猪配种前第 10 天左右和经产母猪从仔猪断奶至发情配种期间的主要任务是保持母猪正常的种用体况（七八成膘为宜），能正常发情、排卵，并能及时配上种。此期应特别重视日粮蛋白质的质量和数量，并保证维生素及矿物质的充分供应，并适当搭配部分青绿多汁饲料。

一、母猪配种期的饲养

对于配种前的后备母猪，体重100千克时每天必须供给质量好的干料3千克（消化能13～13.5兆焦/千克和赖氨酸0.65%～0.75%、钙0.9%、磷0.75%），在配种前2周，每天喂料量增至3.5～3.75千克，这样可促进排卵量。配种后将饲料立即降为1.8千克/天，采用妊娠期饲料，在怀孕30天后逐渐增至2.5千克/天，防止此期胚胎着床失败和胎儿生长发育缓慢，怀孕后期增加饲料至3.0～3.5千克/天。

断奶的母猪刚断奶的当天不喂料和适当限制饮水，以避免发生乳腺炎。断奶后的空怀母猪喂怀孕母猪料，日喂量2.5～3千克/头，对于断奶后体况瘦弱的母猪应实行短期优饲，仍可饲喂哺乳母猪料，日喂量3～3.5千克/头，使其体况尽快恢复，以保证正常发情和配种。一旦配种以后，立即减料至每头每日2千克左右，看膘投料。

二、配种管理

（一）适时配种

母猪交配时间是否适当，是决定能否受胎与产仔数多少的关键一环。要做到适时配种，首先要掌握母猪发情排卵规律，并根据两性生殖细胞在母猪生殖道内存活时间加以全面考虑。公母猪交配后，精子和卵子在输卵管上端结合。母猪排卵是在发情后开始的，一般是在发情开始后24～36小时排卵，排卵持续时间长短不等，一般为10～15小时。卵子在输卵管中仅在8～12小时有受精能力。公猪交配时排出的精子在母猪生殖道内一般存活10～20小时，即在发情后的第19～30小时。若交配过程早，当卵子排出时精子已失去受精能力。两者都会降低受精率，即使受精，也可能因结合子活力不强而中途死亡。

为达到适时配种的目的，在生产实践中要认真观察母猪发情开始的时间，并做到因猪而异。每天应定时检查母猪是否发情，可采用观察法、双手压背法或公猪试情法进行检查。母猪发情时表现精神不安，呼叫，外阴部充血红肿，食欲减退或废绝，阴门有浓稠样黏液分泌物流出，并出现“静立反射”，即母猪站立不动，接受公猪爬跨，用双手按压其背部仍静立不动。有此现象后再过半天，即可进行配种或输精。

一般老母猪发情时间短，配种时间要适当提前；小母猪发情时间长，配种时间可适当推迟；引入的培育品种小母猪发情时间短，应酌情确定配种时间。俗语说“老配早，小配晚，不老不小配中间”，生动反映了我国猪种发情排卵的规律。就猪种来说，培育品种早配，本地猪种晚配，杂种猪居中间。

我国群众根据母猪发情的外部表现和行动，掌握适时配种时间是符合发情排卵规律的。母猪阴户红肿到开始消退和呆立不动时，正是介于排卵和刚排卵子之间。我国群众根据母猪发情的外部表现，总结为“嘴啃木栏常排尿，乱跑乱叫不安定，见了公猪走不动”。本地猪一般发情明显，外国猪则不明显，但只要认真观察也不难发现。为了使发情不明显的母猪不致漏配，可利用试情公猪在配种期内，每日早、午、晚进行三次试情。

断奶后的空怀母猪可饲养在大圈内，加强运动和公猪诱情。一般母猪断奶后 3～7 天，即开始发情并可配种，流产后第一次发情不予配种，生殖道有炎症的母猪应治疗后配种，配种宜在早晚进行，每个发情期应配 2～3 次，第一次配种用生产性能好、受胎率高的主配公猪，第二次配种可用稍次公猪。一天两次检查母猪发情，本交以母猪有压背反射后半天进行第一次配种，间隔 12～18 小时后进行第二次配种，定期补充后备母猪到配种舍。配种后 21 天未发情者，可初步确认为妊娠，可将之转入怀孕舍饲养。

(二) 交配方法

1. 本交

本交又可分为自由交配和辅助交配。公猪交配的时间应在饲喂前或饲喂后 2 小时进行。交配完毕，忌让公猪立即下水洗澡或卧在阴湿地方，遇风雨天交配宜在室内进行，夏天则在早晚凉爽时进行。

(1) 自然交配　是让公猪直接完成交配，又分为自由交配和人工辅助交配两种。自由交配的方法是让公猪和发情的母猪同关在一圈内，让其自由交配，自由交配的方法省事，但不能控制交配次数，不能充分利用优秀公猪个体，同时很容易传播生殖道疾病，本法不宜推广使用。

（2）人工辅助交配　人工辅助交配是在人工辅助下，让公猪完成交配，方法是选择远离公猪舍，安静、平坦的场地为交配场；先将母猪赶入场地，然后赶入指定的与配公猪，当公猪爬上母猪后，将母猪尾巴拉向一侧，便于公猪阴茎插入阴道，必要时还可人工助其插入，如果公母猪体格大小相差较大，为防止意外事故，交配场地可选择一斜坡，若母猪体格大，公猪站在高处；若母猪体格小，则让公猪站低处。在公猪爬跨上母猪时，必要时辅以人工扶持，以防公猪压伤母猪。

2. 人工授精

采用人工授精是加快养猪业发展的有效措施之一，其优点是可以提高优良公猪的利用率，减少公猪的饲养头数；可以克服公母猪大小比例悬殊时进行本交的困难，有利于杂交改良工作的进行；可提高母猪的受胎率，增加产仔数和窝重；避免疫病传播；还可解决多次配种所需要的精液。

（三）细致管理

配种期内，应加强母猪发情的观察和试情工作，定期称重和检查公猪精液品质，做好配种记录并妥善保存。

三、日常管理

1. 清扫卫生

清理清扫猪栏、走道和配种间的污染物质，保持舍内清洁卫生和猪体卫生。

2. 舍内适宜的环境

根据舍内温度和空气状况，控制舍内的通风换气。保持舍内空气流通、采光良好、温湿度适宜。

3. 查情

准确有效地判断母猪发情是一项重要的日常工作，也是一项重要的技术工作，一般在早上8：30和下午4：30进行。对所有断奶的母猪、复配的母猪、后备母猪进行查情，并做出标记，以利于配种。

四、不发情母猪的处理

无生殖道疾病、断奶后两周不发情的母猪应采取以下措施：减料50%或一天不给料，仅给少量水，使之有紧迫感，一般3～5天可再发情；或注射催情药物，如前列腺素（PG）或其类似物、促卵泡素（FSH）、促黄体素（LH）、孕马血清（PMSG）、绒毛膜促性腺激素（HCG）。

五、合理淘汰母猪

根据母猪的生产性能和胎次进行合理的淘汰，以提高母猪群的繁殖能力。如下母猪应该淘汰：①返情两次以上的母猪受孕率很低，应在第三次返情时淘汰；②腿病造成无法配种，视情况治疗后淘汰；③体况过肥或过瘦，进行饲喂和运动调整2周以上仍不能配上种；④连续两胎产仔数在5头以下；⑤产后无乳；⑥6胎以上体况不好或繁殖性能下降；⑦断奶后产道不明原因的炎症，且1周内不能痊愈的。

第四节　妊娠母猪的饲养管理

母猪妊娠期从卵子受精开始至分娩结束，平均114天（111～117天）。胎儿的生长发育完全依靠母体，对妊娠母猪良好地饲养管理，可使母猪在妊娠期间体重适量增加，保证胎儿良好的生长发育，最大限度地减少胚胎的死亡，能生产出头数多、出生体重大、生命力强的仔猪，母猪产后有健康的体况和良好的泌乳性能，从而提高养猪生产水平。

一、妊娠母猪的生理特点

1. 代谢旺盛

母猪在妊娠期间，由于孕激素的大量分泌，机体的代谢活动加强，在整个妊娠期代谢率增加10%～15%，后期可高达30%～40%。新陈代谢机能旺盛，对饲料的利用率提高，蛋白质的合成增强。有试验证明，怀孕母猪和空怀母猪饲喂同一种饲料，喂量相同的情况下，怀孕母猪不仅可以生产一窝仔猪，还可以增加体重。

2. 体重增加

妊娠增重是动物的一种适应性反应，母猪不仅自身增重，而且还有胎儿、胎盘和子宫的增重。在妊娠期间，胎儿的生长有一定的规律。妊娠开始至60～70天，是前期阶段，此时主要形成胚胎的组织器官。胎儿本身绝对增重不大，而母猪自身增重较多，妊娠70天至妊娠结束为后期阶段，此阶段胎儿增重加快，初生仔猪重量的70%～80%是在妊娠后期完成的，并且胎盘、子宫及其内容物也在不断增长。同时，乳腺细胞也是在妊娠的最后阶段形成的。

母猪妊娠期有适度的增重比例，如初产母猪体重的增加为配种时体重的30%～40%，而经产母猪则为20%～30%。另外，母猪妊娠期增重比例与配种时体重和膘情有关。

根据其生理特点可以看出，妊娠母猪的对饲料的消化吸收能力很强，如果青饲料、青贮料、糟渣类等饲料丰富，可结合妊娠期母猪的饲养标准适当搭配精料，配合成青粗饲料型饲粮饲喂妊娠母猪可节省精料，降低饲养成本。

二、妊娠母猪的妊娠诊断

母猪配种后，尽早进行妊娠诊断，对于保胎、减少空怀、提高母猪繁殖力是十分必要的。经过妊娠检查，确定已怀孕时，就要按妊娠母猪对待，加强饲养管理；如确定未怀孕，可及时找出原因，采用适当方法加以补配。

1. 外部观察法

是一种常用而简易的妊娠诊断方法。母猪配种后，经过一个发情周期（1～23天）未发现母猪出现发情表现，且有食欲旺盛、性情温顺、动作稳重、嗜睡、皮毛发亮、尾巴下垂、阴户收缩等外部表现，可以认为是已经妊娠。但这种方法并不十分准确。因为配种后不再发情的母猪不一定都妊娠，如有的母猪发情周期不正常，有的母猪卵子受精后胚胎在发育中早期死亡被吸收而造成不发情。

2. 诱导发情检查法

取健康公猪精液1～2毫升，用3～4倍冷开水稀释，用注射器注入母猪鼻孔少量，或用小喷雾器向母猪鼻孔喷雾，未孕母猪一般4～6小时即可发情，12小时即达发情高潮，孕猪则无反应。

3. 超声波妊娠诊断仪诊断法

利用超声波感应效果测定动物胎儿心跳数，从而进行早期妊娠诊断。实验证明配种后20～29天诊断的准确率约为80%，40天以后的准确率为100%。将探触器贴在猪腹部（右侧倒数第二个乳头）体表发射超声波，根据胎儿心跳感应信号，或脐带多普勒信号音来判断母猪是否妊娠。

三、妊娠母猪的饲养管理

（一）营养特点

妊娠初期胎儿发育较慢，营养需要不多，但在配种后21天左右，必须加强妊娠母猪的护理并要注意饲料的全价性，否则就会引起胚胎的早期死亡。因为卵子受精后，受精卵沿着输卵管向子宫移动，附植在子宫黏膜上，并在周围形成胎盘，这个过程需时约2～6周。受精卵在子宫壁附植初期还未形成胎盘前，由于没有保护物，对外界条件的刺激很敏感，这时如果喂给母猪发霉变质或有毒的饲料，胚胎易中毒死亡。如果母猪日粮中营养不全面，缺乏矿物质、维生素等，也会引起部分胚胎发育中途停止而死亡。由此可见，加强母猪妊娠初期的饲养，是保证胎儿正常发育的第一个关键时期。

妊娠后期，尤其是怀孕后的最后1个月，胎儿发育很快，日粮中精料的比例应逐渐增加，以保证胎儿对营养的需要，也可让机体积蓄一定的养分，以供产后泌乳的需要。因此，加强妊娠后期的饲养，是保证胎儿正常发育的第二个关键性时期，所以，妊娠母猪饲养要“抓两头”。

（二）妊娠母猪的饲养方式

我国群众在生产实践中，根据妊娠母猪的营养需要、胎儿发育规律以及母猪的不同体况，分别采取以下不同的饲养方式。

1.“抓两头带中间”的饲养方式

对断奶后膘情差的经产用猪，从配种前几天开始至怀孕初期阶段加强营养，前后共约1个月加喂适量精料，特别是富含蛋白质饲料。通过加强饲养，使其迅速恢复繁殖体况，待体况恢复后再回到以青粗饲料为主饲养，到妊娠80天后，由于胎儿增重速度加快，再次提高营养水平，增加精料量，既可保证胎儿对营养的要求又可使母猪为产后泌乳贮备一定量的营养。

2.“步步登高”的饲养方式

对处于生长发育阶段的初产母猪和生产任务重的哺乳期间配种的母猪，整个妊娠期的营养水平及精料使用量，按胎儿体重的增长，随妊娠期的增进而逐步提高。

3.“前粗后精”的饲养方式

对配种前膘况好的经产母猪可以采取这种饲养方式。即在妊娠前期胎儿发育慢，母猪膘情又好者可适当降低营养水平，日粮组成以青粗饲料为主，相应减少精料喂量；到妊娠后期胎儿发育加快，需要营养增多，再按标准饲养，以满足胎儿迅速生长的需要。

4.“低妊娠，高泌乳”的饲养方式

近20年来在母猪营养需要和生理特点研究的基础上，探索出“低妊娠，高泌乳”的饲养方式，即对妊娠母猪采取限量饲养，使妊娠期母猪的增重控制在20千克左右，而哺乳期则实行充分饲养。此法既符合妊娠母猪的生理特点，又可以最大限度地减少饲料消耗，提高饲养效果。过去认为母猪在妊娠期体内的营养贮备有利于哺乳期泌乳，现在则认为妊娠期在体内贮备营养供给产后泌乳，造成营养的二次转化，要多消耗能量，不如哺乳期充分饲养经济，同时，由于妊娠期母猪代谢机能强，如果营养水平过高，母猪增重过多，体内会有大量脂肪沉积，使母猪过于肥胖，这不仅造成饲料的浪费，而且母猪妊娠期过于肥胖还会造成难产，产后易出现食欲不振、仔猪生后体弱、泌乳量不高等不良后果。资料表明，“高妊娠，高泌乳”的饲养方式比“低妊娠，高泌乳”的饲养方式，养分损失要高出1/4以上。所以，近年来国内外普遍推行对妊娠母猪采取限量饲养，哺乳母猪则实行充分饲养的方法。

(三) 妊娠母猪的饲喂方法

大型妊娠母猪的前期，每天平均饲喂配合饲料 2 千克，体型小的喂 1.5 千克，青绿多汁饲料每天约喂 3～4 千克。大型妊娠母猪后期每天喂饲料 3～3.5 千克，体型小的喂 2 千克，青绿饲料喂 2 千克。为了受精卵在子宫顺利着床，应在母猪妊娠的最初半个月加强饲养，每天多喂 0.5 千克饲料，这叫胎儿初发支持饲料，或叫坐胎支持饲料。

妊娠母猪，应定时定量饲喂，以免过分囤肥，不利于胎儿生长和发育，每天让猪充分饮水，特别是较热天气，母猪饮水量大增。

对妊娠前期的母猪，亦可按饲料配方加以调整，例如，把谷类饲料和饼类饲料的配比稍降低 15%左右，另把麸皮、优质草粉提高配比 15%～20%，这样既适合妊娠前期的营养要求，又能提高饲料单位重量的体积，有利于猪的饱感。

妊娠后期母猪的饲养，要将营养水平提高，每千克日粮应含有粗蛋白 15%～16%。根据地方饲料资源，力求饲料多样化。

四、妊娠母猪的管理

妊娠母猪管理好坏直接影响胚胎存活和产仔数，因此，在生产上须注意以下几个方面的管理工作。

1. 避免机械损伤

妊娠母猪在妊娠后期宜单圈饲养，防止相互咬架、挤压造成死胎和流产。不可鞭打、追赶和惊吓怀孕母猪，以免造成机械性损伤，引起死胎和流产。

2. 注意环境卫生，预防疾病

凡是引起母猪体温升高的疾病如子宫炎、乳腺炎、乙型脑炎、流行性感冒等，都是造成胎儿死亡的重要原因。故要做好圈舍的清洁消毒和疾病预防工作，防止子宫感染和其他疾病的发生。

3. 保持适宜温度

夏季环境温度高，影响胚胎发育，容易引起流产和死胎，做好防暑降温尤其重要。降温措施一般有洒水、洗浴、搭凉棚、通风等。冬季要搞好防寒保温工作，防止母猪感冒发烧造成胚胎死亡或流产。

4. 做好妊娠母猪的驱虫、灭虱工作

蛔虫、猪虱最容易传染给仔猪，在母猪配种前应进行一次药物驱虫，并经常做好灭虱工作。

5. 防止突然更换饲料

妊娠后更换母猪料，产前10～15天起将饲料更换成产后饲料。更换饲料切忌突然更换，一般要有5～7天的过渡期，以防止引起母猪便秘、腹泻，甚至流产。

6. 适当增加饲喂次数

母猪妊娠后期应适当增加饲喂次数，每次不能喂得过饱，以免增大腹部容积，压迫胎儿造成死亡。母猪产前减料是防止母猪乳腺炎和仔猪下痢的重要环节，必须引起足够重视。

7. 适当运动

妊娠母猪要给予适当的运动。无运动场的猪舍，要赶出圈外运动。在产前5～7天应停止驱赶运动。

8. 防止化胎、死胎和流产

母猪每次发情期排出的卵，大约有10%不能受精，有20%～—30%的受精卵在胚胎发育过程中死亡，出生的活仔猪数只有排卵数的60%左右，为了防止化胎、死胎和流产，应采取以下措施。

(1) 合理饲养妊娠母猪　饲料营养全面，尤其注意供给足量的维生素、矿物质和优质蛋白质。但不要把母猪饲养得过肥；不要喂发霉变质、有毒、有刺激性的饲料和冰冻饲料；冬季要饮温水；妊娠母猪的饲料不要急剧变化或经常变换，妊娠后期要增加饲喂次数，每次饲喂量不宜太多，避免胃肠内容物过多而压挤胎儿，产前要给母猪减料。

(2) 加强妊娠母猪管理　注意防止母猪互相拥挤、咬斗、跳沟、滑倒等，不要追赶和鞭打母猪，妊娠后期一定要单圈饲养。

五、母猪分娩前后的饲养管理

(一) 分娩前的准备

1. 预产期的推算

猪的妊娠期是111～117天，平均114天。推算出每头妊娠母猪的预产期，是做好产前准备工作的重要步骤之一。

如果粗略地计算，一般是在配种月份上加4，在配种日上减6，就是产仔日期。例如配种期是4月20日，4＋4＝8，20－6＝14，所以预产期是8月14日。但由于月份有大月、小月之分，所以精确日期应是8月12日。

2. 母猪临产征状

母猪妊娠期是114天，但实际产仔日期可能提早或延迟几天，临产前的母猪在生理和行为方面有很多变化，观察这些征状，要有专人照看，准备接产。产仔前两周左右，母猪的乳房由后向前逐渐膨大，乳房基部与腹部之间出现明显界限。随着分娩期的临近，乳房更加膨大向两侧外张，呈潮红色，乳头发硬。当前部乳头能挤出奶时，离分娩不超过一两天，最后一对乳头能挤出奶时，几个小时之内就要分娩了。产前3～5天阴门松软膨胀、潮红，尾根两侧逐渐下陷。产前6～8小时母猪衔草做窝，这是分娩前的主要行为特征。引进的品种表现不明显。初产母猪比经产母猪做窝早。母猪起卧不安，不吃食，呼吸急促，排尿频繁，阴道流出黏液，就是即将临产的征状。

3. 接产的准备工作

在母猪分娩前10天，就应准备好产房。产房应当阳光充足，空气新鲜，温暖干燥（室温保持20℃以上，相对湿度在80%以上）。在寒冷地区要堵塞缝隙，生火或3%～5%石炭酸消毒地面，用生石灰液粉刷圈墙。产前3～5天在产房铺上新的清洁干草，把母猪赶进产房，让它习惯新的环境。用温水洗刷母猪，尤其是腹部，乳房和阴户周围更应保持清洁，清洗后用毛巾擦干。母猪多在夜间产仔。接产用具如护仔箱、毛巾、消毒药、耳号钳和称仔猪用的秤、手电筒和风灯等，都要准备齐全，放在固定位置。

（二）接产

初生仔猪的体重只占母猪的1%，一般情况下都不会难产，不论头先露或臀先露都能顺利产出。母猪整个分娩过程约为2～5小时，个别长的可达十几个小时。每5～30分钟产一个仔猪。仔猪全部产出后约10～30分钟后排出两串胎衣，分娩过程结束。

仔猪产出后就应立即将仔猪口、鼻的黏液擦净，用毛巾将仔猪全身擦干，在距离腹部5厘米处用手指将脐带揪断，比用剪刀剪断容易止血。用5%的碘酒浸一下脐带断端，使脐带得到消毒，并易干燥收缩，三五天后就会自然脱落。消毒脐带之后称重，打耳号，把仔猪放到护仔箱里，以免在母猪继续分娩的过程中被踩伤或压死。

有的仔猪生后不呼吸，但心脏仍在跳动，这种情况叫做“假死”。假死仔猪经过及时抢救，是能够成活的。抢救的方法是先将仔猪口、鼻的黏液掏出、擦净，然后将仔猪头朝下倒提，继续使黏液流出，并用手连续拍打仔猪胸部，直到发出叫声；也可以将仔猪四肢朝上，一手托肩部，一手托臀部，一伸一屈，反复压迫和舒张胸部，进行人工呼吸，直到小猪发出叫声为止。

母猪分娩时间较长，可以在分娩间歇中把小仔猪从护仔箱里拿出来吃奶，保证仔猪在生后1小时内吃到初乳。仔猪吮奶的刺激不但不会妨碍母猪分娩，而且有利于子宫收缩。

猪是两侧子宫角妊娠，产出全部仔猪后，先后有两串胎衣排出。接产员应检查胎衣是否全部排出，如果在胎衣的最后端形成堵头，或胎衣上的脐带数与产仔头数一致，表示胎衣已经排尽。将胎衣和脏的垫草一起清除出去，防止母猪吞食胎衣形成恶疾。

（三）母猪分娩前后的饲养

1. 分娩前的饲养

体况良好的母猪，在产前5～7天应逐步减少20%～30%的饲量，到产前2～3天进一步减少30%～50%，避免产后最初几天泌乳量过多或乳汁过浓引起仔猪下痢或母猪发生乳腺炎；体况一般的母猪不减料；体况较瘦弱的母猪可适当增加优质蛋白质饲料，以利于母猪产后泌乳。临产前母猪的日粮中，可适量增加麦麸等具轻泻性饲料，可调制成粥料饲喂，并保证供给饮水，以防母猪便秘导致难产。产前2～3天不宜将母猪喂得过饱。

2. 分娩当天的饲养

母猪在分娩当天失水过多，身体虚弱疲乏，此时可补喂2～3次麦麸盐水汤，每次麦麸250克、食盐25克、水2千克左右。

3. 分娩后的饲养

在分娩后2～3天内，由于母体虚弱，消化机能差，不可多喂精料，可喂些稀拌料（如稀麸皮料），并保证清洁饮水的供应，以后逐渐加料，经5～7天后按哺乳母猪标准饲喂。

（四）母猪分娩前后的管理

临产前应在圈舍内铺上清洁干燥的垫草，母猪产仔后立即更换垫草，清除污物，保持垫草和圈舍的干燥清洁。要防止贼风侵袭，避免母猪感冒引起缺奶造成仔猪死亡。保持母猪乳房和乳头的清洁卫生，减少仔猪吃奶时的污染。产后2～3天不可让母猪到户外活动，产后第4天无风时可让母猪到户外活动。让母猪充分休息，尽快恢复体力。哺乳母猪舍要保持安静，以有利于母猪哺乳。要注意对产后母猪的观察，如有异常及时请兽医诊治。

第五节 哺乳母猪的饲养管理

一、哺乳母猪的饲养

母乳是仔猪生后3周内的主要营养来源，是仔猪生长的物质基础。养好哺乳母猪，保证其有充足的乳汁，才能使仔猪健康成长，提高哺乳仔猪断奶窝重，并保证母猪有良好的体况，仔猪断奶后母猪能及时发情配种，顺利进入下一个繁殖周期。母猪哺乳期失重属于正常现象，一般泌乳力越高的母猪失重越多，但失重多少与哺乳期营养水平和母猪的食量有很大关系。母猪在整个哺乳期的泌乳量为250～400千克，每泌乳1千克需消化能8.37兆焦，以每天泌乳6千克计，仅泌乳每天就需消化能50.21兆焦，泌乳的高能量消耗，必然导致母猪在哺乳期体重下降。在正常情况下，哺乳期体重的下降，一般为产后体重的25%左右，哺乳期第1个月体重下降约占全期下降的60%，第2个月约占40%。这和母猪前期产奶多，后期产奶少的泌乳规律是一致的。如果哺乳期体重下降幅度太大，则会影响断奶后的正常发情配种和下一胎的产仔成绩。因此，无论是保护母猪的正常体况，还是提高仔猪的断奶窝重，都必须加强哺乳母猪的饲养。

1. 营养需要

哺乳母猪的营养需要量因品种、体重、带仔数不同而有差异。日粮营养水平建议为消化能12.96～13.38兆焦/千克，粗蛋白15%～17%，钙0.75%～0.90%，磷0.5%～0.65%，食盐0.35%～0.45%，赖氨酸0.75%～0.90%。

2. 饲喂

哺乳母猪的饲料，要严防发霉变质，以免母猪发生中毒或导致仔猪死亡。在产后喂粥料3～4天，以后逐渐改喂干料或湿拌料，到断奶前3～5天可减料到原喂量的1/3或1/5。如果提早断奶，减料可以提前，逐渐改喂空怀母猪料。

每头哺乳母猪带仔多少，喂料量随之变化，每多带一头仔猪，按每猪维持料加喂0.3～0.4千克计算。母猪的维持需料量，一般按每100千克体重1.1千克料计算。例如，150千克体重的母猪带仔8头，则每天平均喂4.7～4.8千克；如果只带五头仔猪，则每天只喂3.3千克料即可满足。

每日一般饲喂3次，有条件的可搭配青绿多汁饲料，有较明显的催乳作用。

二、哺乳母猪的管理

哺乳母猪的正确管理，对保证母、仔的健康，提高泌乳量极为重要，应做好如下管理工作。

1. 保持适宜的环境

哺乳母猪舍一定要保持清洁干燥和通风良好，冬季要注重防寒保暖。母猪舍肮脏潮湿常是引起母、仔患病的原因，特别是舍内空气湿度过高，常会使仔猪患病和影响增重，应引起足够重视。

2. 注意运动，多晒太阳

合理运动和让猪多晒太阳是保证母仔健康，促进乳汁分泌的重要条件。产后3～4天开始让母猪带领仔猪到运动场内活动。

3. 保护好哺乳母猪的乳房和乳头

仔猪吸吮对母猪乳房乳头的发育有很大影响，特别是头胎母猪一定要注意让所有乳头都能均匀利用，以免未被利用的乳房发育不好，影响以后的泌乳量。当新生仔猪数少于母猪乳头数时，应训练仔猪吃2个乳头的乳，以防剩余的乳房萎缩。经常检查乳房，如发现乳房因仔猪争乳头而咬伤或被母猪后蹄踏伤时，应及时治疗，冬天还要防止乳头冻伤。腹部下垂的母猪，在躺卧时常会把下面一排乳头压住，造成仔猪吃不上奶，对此可用稻草捆成长60厘米左右的草把，垫在母猪腹下，使下面的乳头露出来，便于仔猪吮乳。腹部过分下垂的母猪，乳头经常拖在地上，应注意地面的平整，并经常保持地面清洁。注意观察母猪膘况和仔猪生长发育情况，如果仔猪生长健壮，被毛有光泽，个体之间发育均匀，母猪体重虽逐渐减轻但不过瘦，说明饲养管理合适；如果母猪过肥或过瘦，仔猪瘦弱生长不良，说明饲养管理存在问题，应及时查明原因，采取补救措施。

三、生产实践中存在的问题

（一）母猪缺乳或无乳

在哺乳期内，有个别母猪在产后缺乳或无乳，导致仔猪发育不良或饿死。如遇到这种情况，应查明原因，及时采取相应措施加以解决。

1. 原因

① 对妊娠母猪的饲养管理不当　尤其是妊娠后期营养水平低，能量和蛋白质不足，母猪消瘦，乳房发育不良，母猪的营养不全面，能量水平高而蛋白质水平低，体内沉积了过多的脂肪，母猪虽然很肥，但泌乳很少。

② 母猪年老或配种过早　年老的母猪体弱，消化机能减退，饲料利用率低，自身营养不良；小母猪过早配种，身体还在强烈地生长，需要很多营养，这时配种，易造成营养不足，生长受阻，乳腺发育不良，泌乳量低。

③ 疾病　母猪产后高烧造成缺奶或无奶，发生乳腺炎或子宫炎都影响泌乳，使泌乳量下降。

2. 措施

针对上述原因，应采取以下解决方法。

① 加强妊娠后期的营养，尤其要考虑能量与蛋白质的比例。

② 对分娩后瘦弱缺奶或无奶的母猪，要增加营养，多喂些虾、鱼等动物性饲料，也可以将胎衣煮给母猪吃，喂给优质青绿饲料等。

③ 对过肥无奶的母猪，要减少能量饲料，适当增加青饲料，同时还要增加运动。

④ 在调整营养的基础上，给母猪喂催奶药。

⑤ 要及时淘汰老龄母种猪，第七胎以后的母猪，繁殖机能下降，泌乳量低，要及时用青年母猪更新。

⑥ 母猪患病要及时治疗。

3. 催乳方法

① 先将母猪与仔猪暂时分开，每头母猪用20万～30万国际单位催产素肌内注射，用药10分钟后让仔猪自行吃乳，一般用1～2次后即可达到催乳效果。

② 在煮熟的豆浆中，加入适量的荤油，连喂2～3天。

③ 花生仁500克，鸡蛋4个，加水煮熟，分2次喂给。

④ 海带250克泡胀后切碎，加入荤油100克，每天早晚各1次，连喂2～3天。

⑤ 白酒200克，红糖200克，鸡蛋6枚。先将鸡蛋打碎加入红糖搅匀，然后倒入白酒，再加少量精料搅拌，一次性喂给哺乳母猪，一般5小时左右产乳量大增。

⑥ 将各种健康家畜的鲜胎衣（母猪自己的也可以），用清水洗净，煮熟剁碎，加入适量的饲料和少许盐，分3～5次喂完。

⑦ 将活泥鳅或鲫鱼1500克加生姜、大蒜适量及通草5千克拌料连喂3～5天，催乳效果很好。

（二）母猪拒绝哺乳仔猪

拒乳指母猪产后拒绝哺乳仔猪。拒乳有下列几种情况：一是母猪缺乳或少乳，仔猪总缠着母猪吮吸乳头，使母猪不安，或乳头发痛而拒绝哺乳。此种情况需要提高母猪饲料营养水平，加入充足的催乳饲料，母猪乳汁分泌量增加，拒乳现象就会消失。二是母猪患乳房或乳头擦伤，或因个别仔猪犬齿太长、太尖，泌乳时乳房疼痛而拒乳。此种情况需请兽医及时治疗。三是初产猪没有哺乳经验而不哺乳，对仔猪吸吮刺激总是处于兴奋和紧张状态而拒绝哺乳。生产上可采取醉酒法，用2～4两白酒拌适量饲料一次喂给哺乳母猪，然后把仔猪捉去吃奶，或者肌内注射盐酸氯丙嗪（冬眠灵），每千克体重2～4毫克，使母猪睡觉，也可在母猪倒卧时，用手轻轻抚摸母猪腹部和乳房，然后再让仔猪吸乳。经这次哺乳，母猪习惯后，就不会拒绝哺乳了。

（三）母猪吃小猪

生产中个别母猪有吃小猪现象是因为母猪吃过死小猪、胎衣或温水中的生骨肉（初生小猪的味道与其相似）；母猪产仔后，异常口渴，又得不到及时的饮水，别窝小猪串圈入此圈，母猪闻出气味不对，先咬伤、咬死，后吃掉，或者由于母猪缺乳，造成仔猪争乳而咬伤乳头，母猪因剧痛而咬仔猪，有时咬伤、咬死后吃掉。消除母猪吃小猪的办法是：供给母猪充足营养，适当增加饼类饲料，多喂青绿、多汁饲料，每天喂骨粉和食盐，母猪产仔后，及时处理掉胎衣和死小猪，不喂有生骨肉的温水，让母猪产前、产后饮足水，不使仔猪串圈等。

第五章 快速养猪仔猪的饲养管理技术

仔猪阶段是猪一生中生长发育最迅速、物质代谢最旺盛、对营养不全最敏感的阶段。饲养管理的好坏直接影响到仔猪的成活率、断奶窝重，影响到育肥猪的出栏时间以及培育新母猪的繁殖力。所以仔猪的饲养管理对于快速育肥、提高养猪经济效益具有重要作用。

根据仔猪不同时期内生长发育特点及对饲养管理的要求，生产中通常分为两个阶段，即依靠母乳生活的哺乳仔猪阶段和由母乳过渡到独立生活的断奶仔猪阶段。

第一节 哺乳仔猪的养育

养育哺乳仔猪的任务是获得最高的成活率以及最大断乳窝重和个体重。为了达到目标，必须掌握仔猪的生长发育规律及其生理特点，采用相应的饲养管理措施。

一、哺乳仔猪的生理特点及利用

哺乳仔猪的主要特点是生长发育快和生理上的不成熟性，致使生后早期发生一系列重要变化，为后期独立生活做准备，从而构成了仔猪难养、成活率低的特殊原因。

（一）生长发育快、机体代谢旺盛

与其他家畜相比，猪出生时体重相对最小，还不到成年体重的1%，但出生后生长发育特别快。一般仔猪出生重在1千克左右，10日龄时体重达出生重的2倍以上，30日龄达5～6倍，60日龄体重达17～19千克，是出生重的17倍左右，如按月龄的生长强度计算，第一个月的生长强度最大。仔猪生长发育迅速，物质代谢旺盛，对营养物质需求高，必须供给充足的、全面的平衡日粮。

（二）消化器官容积小，消化机能差

猪的消化器官在胚胎内虽已形成，但出生时其相对重量和容积较小，机能发育不完善。如猪出生时胃仅为体重的0.44%，重4～8克，容纳乳汁25～50克，以后才随年龄的增长而迅速扩大，到20日龄，胃重增长到35克左右，容积扩大3～4倍；小肠在哺乳期内也强烈生长，长度约增加5倍，容积扩大50～60倍。消化器官发育的晚熟，导致消化腺分泌及消化机能不完善。初生仔猪胃内仅有凝乳酶，而唾液和胃蛋白酶很少，约为成年猪的1/4～1/3。同时，胃底腺不发达，不能制造盐酸，缺乏游离的盐酸，胃蛋白酶就没有活性，呈胃蛋白酶原状态，不能消化蛋白质，特别是植物蛋白，这时只有肠腺和胰腺的发育比较完全，肠淀粉酶、胰蛋白酶和乳糖酶活性较高，食物主要是在小肠内消化，所以初生仔猪可以吃乳而不能利用植物性饲料，对乳蛋白的吸收率可达92%～95%，猪乳干物质的1/3是脂肪，也可吸收80%，但对长链脂肪酸的消化力则较小。

在胃液的分泌上，成年猪由于条件反射作用，即使胃内没有食物，同样能大量分泌胃液。而仔猪的胃和神经系统之间的联系还没有完全建立，缺乏条件反射性的胃液分泌，只有食物进入胃内直接刺激胃壁后，才分泌少量胃液。到35～40日龄，胃蛋白酶才表现出消化能力，仔猪才可以利用乳汁以外的多种饲料，并进入“旺食”阶段。直到2.5～3月龄，盐酸的浓度才接近成年猪的水平。

哺乳仔猪消化机能不完善的又一表现是食物通过消化道的速度太快。食物进入胃内后，完全排空（胃内食物通过幽门进入十二指肠的过程）的速度，15日龄时约为1.5小时，30日龄时为3～5小时，60日龄时为16～19小时，30日龄喂人工乳的食物残渣通过消化道要12小时，而大豆蛋白则需要24小时，到70日龄时，不论蛋白来源如何都约需35小时。饲料的形态也影响食物通过的速度，颗粒饲料是25.3小时，粉料是47.8小时。

哺乳仔猪消化器官容积小，消化液分泌少，消化机能差，构成了它对饲料的质量、形态和饲喂方法、次数等饲养上要求的特殊性，生产中必须按照仔猪的营养特点进行科学的饲喂。

（三）缺乏先天免疫力、容易得病

免疫抗体是一种大分子的γ-球蛋白，猪的胚胎构造复杂，在母猪血管与胎儿脐血管之间被6～7层组织隔开（人三层，牛、羊五层），限制了母猪抗体通过血液向胎儿转移，因而仔猪出生时没有先天免疫力。只有吃到初乳后，靠初乳把母体的抗体传递给仔猪，并过渡到自体产生抗体而获得免疫力。

仔猪出生后24小时内，由于肠道上皮处于原始状态，球蛋白有可渗透性，同时乳清蛋白和血清蛋白的成分近似，因此，仔猪吸食初乳后，可不经转化即能直接吸收到血液中，使仔猪血清γ-球蛋白的水平很快提高，免疫力迅速增加，肠壁的吸收能力随肠道的发育而改变，36～72小时后渗透性显著降低，所以仔猪出生后首先要让仔猪吃到初乳。

初乳中免疫球蛋白的含量虽高，但降低很快，而且，如IgG的半衰期为14天，IgM为5天，IgA是2.5天。仔猪10日龄以后才开始自产免疫抗体，到30～35日龄前数量还很少，直到5～6月龄才达成年猪水平（每100毫升含γ-球蛋白65毫克），因此，前三周是免疫空白期，仔猪不仅易患下痢，而且由于仔猪开始吃食，胃液又缺乏游离盐酸，对随饲料、饮水进入胃内的病原微生物没有抑制作用，也成为仔猪多病时期。

（四）调节体温的机能发育不全，抗寒能力差

对寒冷的刺激，动物机体在神经系统调节下，发生一系列应激反应。仔猪初生时，控制适应外界环境作用的下丘脑、垂体前叶和肾上腺皮质等系统的机能虽已相当完善，但大脑皮层发育不全，垂体和下丘脑的反应能力以及为下丘脑所必需的传导结构的机能较低，因此，调节体温适应环境的应激能力差，特别是出生后第一天，在冷的环境中，不易维持正常体温，易被冻僵、冻死，故有小猪怕冷的说法。

据研究，初生仔猪的临界温度是35℃，如它们处在13～24℃之间，体温在出生后第1小时可降低1.7～7℃，尤其在出生后20分钟内，由于羊水的蒸发，降低更快，1小时后才开始回升。吃上

初乳的健壮仔猪，在18～24℃的环境下，约两日后可恢复到常温，在0℃（4～2℃）左右环境条件下，经10天尚难达到常温，初生仔猪如裸露在1℃环境中2小时可冻昏、冻僵，甚至冻死。由此可见，仔猪调节体温的能力比较差，这是仔猪养育上的特殊性之一。

初生仔猪对体温的调节主要是靠皮毛、肌肉颤抖、竖毛运动和挤堆共暖等物理作用，但仔猪的被毛稀疏、皮下脂肪又很少，还不到体重的1%，主要是细胞膜组织，保温、隔热能力很差。野猪比家猪耐寒的主要原因是毛密能保温，如果把初生的野仔猪的毛剪去，其体温比家仔猪下降还明显；当环境温度低于临界温度下限时，体温靠物理调节已经不能维持正常，体内就要靠化学调节增进脂肪的氧化，甲状腺及肾上腺分泌等提高物质代谢增加产热量的生理应激过程。如化学调节也不能维持正常体温时，才出现体温下降乃至冻僵。仔猪由于大脑皮层调节体温的机制发育不全，不能协调进行化学调节，同时，初生仔猪体内的能源贮备也是很有限的，每100毫升血液中血糖的含量是100毫克，如吃不到初乳，两天后可降到10毫克或更少，可因发生低血糖症而出现昏迷，即使吃到初乳，得到脂肪和糖的补充，血糖含量可以上升，但这时脂肪还不能作为能源被直接利用，要到24小时以后氧化脂肪的能力才开始加强，到第6天时化学调节能力仍然很差，从第9天起才得到改善，20日龄接近完善，因此，仔猪化学调节体温机能的发育可以分为3个时期：贫乏调节期——出生后至第6天；渐近发育期——第7～20天；充分发育期——20日龄以后。所以，对初生仔猪保温是养好仔猪的特殊护理要求。

二、养好仔猪的关键措施

（一）抓好初生关，提高仔猪成活率

仔猪出生后20天内，主要靠母乳生活，初生期又有怕冷、易病的生理特点，因此，使仔猪获得充足的母乳、维持适宜的温度和减少踩压死亡是促使仔猪成活和健壮发育的关键措施。

1. 固定乳头

仔猪出生后即可自由行动，第一个活动就是靠触觉寻找乳头吸

乳，从出生到第一次吸乳相隔约3～15分钟，弱小仔猪因四肢无力、行动不灵，往往不能及时找到乳头或易被挤掉，尤其在寒冷季节，有的被冻僵不会吸乳。为此，在仔猪出生后应给以人工辅助，让弱小仔猪尽早吃到初乳，最晚不超过2小时，以增加体力、恢复体温、补给水分。

初乳是母猪分娩后3天内分泌的淡黄色乳汁，和常乳的化学成分不同，对初生仔猪有特别的生理作用，初乳中蛋白质含量高，维生素丰富，含有免疫抗体，又有镁盐，有轻泻性，可促使胎粪排出，而且初乳酸度较高，有利于消化道活动，初乳的各种营养物质，在小肠内几乎全部被吸收，有利于增长体力和产热，因此，初乳是仔猪不可缺少或取代的食物。

母猪乳房的构造和特性与其他家畜不同。各个乳房互不相通，自成一个功能单位。各乳房的泌乳量和乳的品质各异，一般前面的乳头乳量多，因此同一窝的仔猪大小不一。各乳头的泌乳量及品质对仔猪的生长也有很大影响，据实验报道，在前5对乳头吃乳的仔猪，20日龄体重可达3.4～4.1千克，而在后两对乳头吃乳的仔猪，体重只有2.5～3.1千克。

每个乳房由2～3个乳腺组成，每个乳腺有一个小乳头管通向乳头，而没有乳池贮存乳汁。因此，猪乳的分泌除分娩后最初2～3天内是连续的外，以后是由于刺激有控制地放乳，不放乳时乳房中挤不出乳汁，每次吸乳时，仔猪先拱揉母猪乳房，刺激乳腺活动，然后放乳，仔猪这才能吸到乳汁，吸完后再拱揉乳房一次，所以每次吸的乳量不多而对仔猪的体力损耗很大，吸乳后需要安静休息。

母猪每次放乳时间很短，根据观测产仔后第3日每次放乳时间为22秒，第50日为11秒。所以，哺乳仔猪每天吸乳次数频繁。自然哺乳时约1小时1次，据测定，出生后第一天吸乳多不定时，第二天开始有一定间隔，第三天24次，1周龄时26.4次，7周龄时16.6次，平均一日22次，一般白天多夜间少。

仔猪有固定乳头吸乳的习性，开始几次吸食哪个乳头，一经认定便不会改变。乳头的定位一般是在最后一头仔猪出生后1小时建立，如母猪经常翻身（主要是初产母猪）则所需时间更长。

初生仔猪开始吸乳时，往往互相争夺乳头，强壮的仔猪优先占领最前边的乳头，其次是最后边的乳头，中间的乳头则留给弱小的仔猪占用。如仔猪迟迟找不到乳头或被挤掉，则易引起互相争夺，而咬伤母猪乳头或仔猪颊部，导致母猪拒不放乳或个别仔猪吸不到乳汁。

为了使同窝仔猪生长均匀、健康，在仔猪出生后2～3天内应进行人工辅助固定乳头，使仔猪吃好初乳，即在母猪分娩结束后，将仔猪放在躺卧的母猪身边，让仔猪自寻乳头，待大多数找到乳头后，对个别弱小或强壮争夺乳头的仔猪再进行调整，将弱小的仔猪放在前边乳汁多的乳头上，强壮的放在后边乳头上，如仔猪少而乳头多，可令其吸食两个乳头，这样强壮仔猪吸食两个乳汁少的乳头，既可满足其对乳量的需要，又可不留空乳头，有利于促进乳腺发育。

固定乳头是件细致的工作，以自选为主个别调整为辅，特别要注意控制好抢乳头的强壮仔猪，也可以先把它放在一边，待别的仔猪已找定乳头，母猪放乳时再立即把它放在指定的乳头上，这样经过几次训练即可建立吸乳的位次。为便于固定仔猪所吸食的乳头可在仔猪背部或臀部用油漆作出标志。

2. 加强保温和防寒

母猪冬春季节分娩造成仔猪死亡的主要原因是冻死或被母猪压死。尤其是出生后5天内，仔猪受冻变得呆笨，行动不灵、不会吸乳、好钻草堆，更易被母猪压死或引起低血糖、感冒、肺炎等病。因此，加强护理，做好防冻保温和防压工作是提高仔猪成活率的保证。

仔猪的适宜温度，出生后1～3日龄是30～32℃，4～7日龄是28～30℃，15～30日龄是22～25℃，2～3月龄是22℃，成年猪是15℃。实际上，仔猪总是群居的，可以挤堆共暖，室温还可以略低些。

保温的办法很多，可根据自己的条件选择。为避免在严寒或酷暑季节产仔，可采用3～5月份及9～10月份间分娩的季节产仔制；如用全年产仔制，应设产房，堵塞风洞，铺垫草，保持室内干燥。使舍温保持至28℃以上，相对湿度70%～80%。据研究，猪的失热，关键在于地面导热。如在水泥地面上，地面失热占15%，辐射失热占40%，对流占35%；在木板地面上，则地面占6%，辐射占40%，对流占30%。用1.2厘米厚的木板代替2.5厘米厚的水泥地面，等于提高地温12℃，如风速从每分钟6米加快到18米，等于降温5.6℃。所以，水泥地面一定要铺垫草。在密闭的猪舍内，用厚垫草（5～10厘米）、高密度的办法养育仔猪，猪舍内不生火加温也可取得良好效果。

仔猪供温方式有：①红外取暖器保温，方法简单，在产栏内的木箱或塑料箱中挂上这些取暖设备，箱内温度高低可靠调节热源的高低来解决，效果良好，不仅保证了适宜的温度，而且红外线对小猪皮肤也很有好处；②在箱内挂白炽灯泡，箱口用麻袋或薄膜覆盖即可，甚至100瓦的灯泡即可解决取暖问题；③仔猪保温箱内放置电热板；④安装热风炉提高舍内温度。

3. 防压防踩

防止压死和踩死仔猪也是提高仔猪成活率的一个重要措施。有的母猪体大笨重或年老耳背、行动迟钝，或母性不好，起卧时易踩伤或压死仔猪。特别是出生后1～3天内，由于母猪疲倦，仔猪软弱，更易出现压死现象。采取的措施如下。

（1）保持环境安静　防止突然声响，避免母猪受惊而踩压仔猪；仔猪出生后第一次哺乳时要人工辅助固定乳头，避免由于仔猪争抢乳头引起母猪烦躁不安，时起时卧而压死和踩死仔猪。

（2）剪掉仔猪獠牙　仔猪吸乳时，往往由于尖锐的獠牙咬痛母猪的乳头或其他仔猪面颊，造成母猪起卧不安，容易压死、踩死仔猪。故仔猪出生后，应及时用剪刀或钳子剪掉仔猪獠牙，但要注意断面整齐。

（3）设置护仔间或护仔栏　有条件的养殖户可自焊或购置产栏，当然就不存在压死仔猪的问题。条件差的养殖户或农户，可在产圈内一角方便工作人员工作的地方，砌一宽×长×高为60厘米×80厘米×60厘米的补料栏，下留一孔让小猪出入，既可作保温箱，又可作补料栏，还可防压一举三得。仔猪出生后1～2天就可完成训练，自觉出入，尤其在冬天和早春，母仔自觉分开睡觉（栏内有供暖设置）。

4. 寄养

在猪场有大量母猪同期产仔的情况下，对多产或无乳仔猪采取寄养是比较经济且有效的办法，即把一窝中超过母猪哺育能力多余的仔猪寄养给产仔少的母猪。两头母猪的产仔日期最好相近，先后不要超过两天，两窝仔猪的体重相差不要太大，以免仔猪因被排挤而吃不到乳影响生长发育。另外，在工厂化养猪的生产流程中，寄养也是一种生产手段，因为在大量母猪同期生产中，避免不了有寡产现象，即使上一胎产仔数相当多的母猪，下一胎也有可能仅产2～3头。在这种情况下饲养人员和管理人员就应认真分析其他母猪的带仔情况，假如有个别母猪，产仔数、仔猪出生重都不错，但记录上它的带仔情况不佳，我们就可下决心把它的仔猪全部转移给其他母猪。该母猪赶出产房，准备发情配种，进入下一个生产期。

当然，寄养母猪要选择性情温顺、泌乳量多、母性好的母猪。母猪的视觉很差，主要靠嗅觉辨认自己的仔猪。因此，寄养时常遇到两种情况：一是母猪因闻出仔猪气味不同而拒绝授乳或咬伤寄养仔猪；二是因仔猪寄养过晚而不吸寄母的乳。遇此情况，可先将母仔分开，把寄养的仔猪和原有仔猪放在一起经数小时，使2窝仔猪厮混在一起，气味一致后，且此时母猪乳房已涨，仔猪也感到饥饿，再放出哺乳，才易被母猪接受。必要时可用臭药水或寄母乳汁涂抹仔猪。如寄养的仔猪经隔离后仍不吸食母乳，可适当延长其饥饿时间，待其很饿，且母猪开始哺乳时，再放到寄母身边，令其迅速吸到乳汁即可成功。

寄养法还可用于促进落脚猪（垫窝）的发育。即把一窝中最弱小的垫窝猪寄养给分娩较晚的母猪，以延长哺乳时间、增加吸乳量、促进生长发育。种猪场为了避免血统混乱，寄养时要给仔绪打耳号，以便识别。

5. 人工哺乳

当母猪无乳或死亡而缺乳又不能寄养时，可采取仔猪人工哺乳法。作为农户或小养殖户若遇到这种情况，说起来容易做起来实际很难：一是人工乳的配制不是很容易；二是没有吃上初乳的仔猪，即使有人工乳饲喂也很不容易养，这一点曾做过几次试验，即使是养活了，生长也很缓慢，几乎就和小僵猪一样，所以，养殖户人工哺乳还需要做进一步探索和提高。有关人工乳的配方请参看表 5-1。

表 5-1　人工乳的配方

原料 \ 配比/%	前期料		后期料		强化料
	配方 1	配方 2	配方 1	配方 2	
玉　米	14.0	0	35.0	35～45	41.5
高　粱	0	0	0	10～15	25.0
小　麦	35.0	30～45	20.0	15～20	0
大　麦	0	0	15.0	0	10.0
鱼　粉	12.0	8～14	6.0	8～14	4.0
脱脂奶粉	25.0	0	5.0	0	0
大豆饼	0	8～12	7.0	8～12	13.5
炒大豆粉	0	8～12	5.0	0	0
酵　母	0	0～2	0	0～1	0
砂　糖	10.0	0	2.0	0	0
葡萄糖	0	10～16	0	0～1	0
糖　蜜	0	0～3	0	0～5	3.0
味　精	0	0.2	0	0	0
动物油	2.5	0	2.0	0	0
维矿混合物	1.5	0	3.0	0	3.0
蛋氨酸	0	0.1	0	0.05	0
赖氨酸	0	0.15	0	0.1	0
碳酸钙	0	1.0	0	0.5	0
磷酸氢钙	0	0.5	0	0.7	0
微量元素	0	0.05	0	0.05	0
复合维生素 B	0	0.05	0	0.05	0
维生素 AD_3	0	0.05	0	0.05	0
食盐	0	0.35	0	0.45	0
胃蛋白酶	0	0.2	0	0.06	
抗生素	0	0.3	0	0.02	

(二) 抓好补料关，提高仔猪断奶重

仔猪的体重及营养需要与日俱增，母猪的泌乳量虽在第3～4周达到高峰（以后逐渐下降），但自第二周以后，仍不能满足仔猪体重日益增长的要求，第三周母乳只能满足95%左右，第四周只能满足80%左右，第五周就更不行了。据国外资料报道，在前四周龄仔猪每千克增重需0.8千克乳的干物质，如不能及时补料，弥补营养之不足，就会影响仔猪的正常生长。及早补料，还可以锻炼仔猪的消化器官及其机能，促进胃肠发育，防止下痢，缩短过渡到成年猪饲料的适应期，为安全断乳奠定基础，因此，引导仔猪开食补料的时间应早在母猪乳汁变化和乳量下降之前开始，以便仔猪学会认料。只有提前诱食和早期补食，才能最大限度地提高哺乳仔猪断奶重。

1. 矿物元素的补充

(1) 补铁和铜　铁是造血和防止营养性贫血所必需的元素。仔猪出生时体内铁的总贮量约为50毫克，每日生长约需7毫克，到3周龄开始吃料前，共需200毫克，而母乳中含铁量很少（每100克乳中含铁0.2毫克），仔猪从母乳中每日仅能获得约1毫克的补充，而给母猪补饲铁也不能提高乳中铁的含量。仔猪体内的铁贮量很快耗尽，若得不到补充，一般10日龄前后会因缺铁而出现食欲减退、被毛散乱、皮肤苍白、生长停止和发生白痢等，甚至夭亡。因此，仔猪出生后2～3天应开始补铁。铜也是造血和酶所必需的原料，高饲喂量的铜与低量抗生素效果相似，有促进生长之功效，因此，给仔猪补铁的同时也需补铜。常用的补铁和补铜方法有以下几种。

① 铁铜合剂补饲法　仔猪出生后3日起补饲铁铜合剂。把2.5克硫酸亚铁和1克硫酸铜研磨溶于1000毫升水中，装于瓶内，当仔猪吸乳时，将合剂刷在母猪乳头上令仔猪吸食或用小奶瓶喂给它，一日1～2次共10毫升左右。当仔猪会吃料后，可将合剂拌入料中喂给。此法简便易行，价格便宜，适合小养殖户或农户。

② 牲血素注射法　仔猪出生后2～3日，必须注射，这种针剂类型很多，有国产、也有进口的名字不一、容量（10～100毫升）

不一、含量不一。一次性皮下或肌内注射（按说明用），目前进口的质量比较好。

③ 物质舔剂法　为了满足猪对微量元素的需要，在仔猪出生后第二天就开始在保温栏内设大盘子（平底），内装新鲜红土、骨粉、食盐、木炭粉与铁铜合剂混合，任仔猪自由舔食，甚至可以人工抹入口内。这种方法效果良好。

(2) 补硒　硒作为谷胱甘肽过氧化酶的成分，能防止细胞线粒体脂类过氧化，与维生素一起对保护细胞膜的正常功能起重要作用。当饲料中缺硒时，会导致仔猪拉稀、发生肝坏死和白肌病。我国大部分地区由于土壤中硒的含量相当稀少，影响到饲料中硒的含量，所以目前饲料添加剂内都加入了硒。补硒的方法是出生后3日内肌内注射0.1%亚硒酸钠0.5毫升，断乳时再注射一次。

2. 水的补充

水是猪所需要的主要养分之一。仔猪生长迅速，代谢旺盛，如5～8周龄仔猪需水量为本身体重的1/5。同时，母猪乳中含脂率高，仔猪常感口渴，需水量较多，如不喂给清水，仔猪就会喝脏水或尿液，容易引起下痢。因此，仔猪出生后3～5日龄起就可在栏内设水槽，经常更换清洁饮水或加甜味剂。有条件的话安装自动饮水器效果更好。

另外，由于哺乳仔猪缺乏盐酸，用含盐酸0.8%的水喂饮3～20日龄的仔猪（20日龄后改用清水），60日龄时体重可提高13%，补饮盐酸有补充胃液分泌不全、活化胃蛋白酶之功效。每头仔猪仅需盐酸100克，成本很低。

3. 饲料的补充

补料的目的除补充母乳之不足、促进胃肠发育外，还有解除仔猪牙床发痒、防止下痢的作用。仔猪开始吃食的早晚与其体质、母猪乳量、饲料的适口性及诱导训练方法有关。仔猪出生时已有上下第三门齿及犬齿8枚，6～7日龄后前臼齿开始发生，牙床发痒，这时仔猪可离开母猪单独活动，对地面上的东西用闻、拱、咬进行探究，特别喜欢啃咬垫草、木屑和母猪粪便中的谷粒等硬物、脏物消解牙痒。同时，仔猪对这种探究行为有很大的模仿性，只要有一个猪开始拱咬一个东西，别的猪也很快来追逐，因此，可以利用仔猪这种探究行为和模仿争食的习性来引导其吃食。

(1) 诱食　诱食可从5～7日龄开始，经过7～14天的诱食训练，仔猪吃料，进入旺食期。诱食的方法有以下几种。

① 饲喂甜食　仔猪喜食甜食，对5～7日龄的仔猪诱食时，应选择香甜、清脆、适口性好的饲料，如带甜味的南瓜、胡萝卜切成小块，或将炒焦的高粱、玉米、大麦粒、豆类等喷上糖水或糖精水，并裹上一层配合饲料，拌少许青饲料，于上午9时至下午3时放在仔猪经常游玩的地方，任其自由采食。

② 强制采食　这种方法适用于优秀母猪的子女，因母乳充裕，一般诱导法不起作用，为使仔猪促进胃肠发育、早日开食，人工用稀粥状、甜味浓、适口易消化的料强制填塞；往往要配合母猪减水减料。

③ 母教仔法　这种方法适用于一些养殖户和农户，在没有补饲间的情况下，把舍内地面冲洗干净、消毒，把饲料（母猪料）均匀撒在地面上，让母猪延长吃料时间，仔猪跟着母亲在地面上学吃料，短时间即可学会吃料。

④ 大带小法　有不少小规模猪场就是使用此法，在仔猪一周龄能自由活动时，即可把母猪圈开向人行道的只允许小猪出入的洞打开，在人行道上设补料槽。为已会吃料的仔猪补料，一周龄的仔猪出来后，模仿较大的猪吃料，较大的猪往往不让小猪吃料，越是这样，小猪越好奇，短时间之内即可学会吃料。

仔猪开始吃得很少，只是把食物当玩具，拱拱咬咬。当它吃进一点后，很快就可引起吃食的欲望和反射，为了加速仔猪采食反射的建立，应注意饲料、食槽及补饲地点不要轻易变更，且要选择仔猪喜食的饲料。

(2) 补料　目前，乳猪料多是全价颗粒料，具有价高质优、适口性好的特点。每日饲喂4～6次，饲喂量由少到多，进入旺食期后，夜间多喂一次。母猪泌乳量高时，应有意识地进行“逼料”，即每次喂乳后，将仔猪关进补料间，时间为1～1.5小时，仔猪产生饥饿感后会对补料间的饲料产生一定兴趣，逼其吃料。仔猪35日龄后，生长快，采食量大增，此时除白天增加补饲外，在晚上9～12时需增喂1次饲料。

（三）去势

商品猪场的小公猪、种猪场不能作种用的小公猪，都在哺乳期间进行去势。3～5 日龄去势。消毒液用 75%的酒精和 5%的碘酊。早去势，抓猪比较容易，可减少小猪应激，在断奶前伤口就可愈合，但若小猪有下痢，则去势要推迟。

（四）疾病防治

初生仔猪抗病能力差，消化机能不完善，容易患病死亡。对仔猪危害最大的是腹泻病，仔猪腹泻病是一个总称，包括了多种肠道传染病，最常见的有仔猪红痢、仔猪黄痢、仔猪白痢和传染性胃肠炎等。

仔猪红痢病是因产气荚膜梭菌侵入仔猪小肠，引起小肠发炎造成的。本病多发生于出在生后 3 天以内的仔猪，最急性的病状不明显，突然不吃奶，精神沉郁，不见拉稀即死亡。病程稍长的，可见到不吃奶，精神沉郁，离群，四肢无力，站立不稳，先拉灰黄色或灰绿色稀便，后拉红色糊状粪便，故称红痢。仔猪红痢发病快，病程短，死亡率高。

仔猪黄痢病是由大肠杆菌引起的急性肠道传染病，多发生在出生后 3 日龄左右，仔猪突然拉稀，粪便稀薄如水，呈黄色或灰黄色，有气泡并带有腥臭味。本病发病快，其死亡率随仔猪日龄的增长而降低。

仔猪白痢病是仔猪腹泻病中最常见的疾病，多发生于 30 日龄以内的仔猪，以出生后 10～20 日龄发病最多，病情也较严重。主要症状为下痢，粪便呈乳白色、灰白色或淡黄白色，粥状或稍糊状，有腥臭味。诱发和加剧仔猪白痢病的因素很多，如母猪饲养管理不当、膘情肥瘦不一，乳汁多少、浓稀变化很大，或者天气突然变冷，湿度加大，都会诱发白痢病的发生。

仔猪传染性胃肠炎是由病毒引起的，不限于仔猪，各种猪均易感染发病，但仔猪死亡率高。症状是粪便很稀，严重时腹泻呈喷射状，伴有呕吐、脱水而死亡。

预防仔猪腹泻病的发生，是减少仔猪死亡、提高猪场经济效益的关键。预防措施如下。

1. 养好母猪

加强妊娠母猪和哺乳母猪的饲养管理，保证胎儿的正常生长发育，产出体重大、健康的仔猪，母猪产后有良好的泌乳性能。哺乳母猪饲料稳定，不吃发霉变质和有毒的饲料，保证乳汁的质量。

2. 保持猪舍清洁卫生

产房最好采取全进全出，前批母猪仔猪转走后，地面、栏杆、网床、空间要进行彻底清洗、严格消毒，消灭引起仔猪腹泻的病菌病毒，特别是被污染的产房消毒更应严格，最好是经过取样检验后再进母猪产仔。妊娠母猪进产房时对体表要进行喷淋刷洗消毒，临产前用0.1%高锰酸钾溶液擦洗乳房和外阴部，减少母体对仔猪的污染。产房的地面和网床上不能有粪便存留，随时清扫。

3. 保持良好的环境

产房应保持适宜的温度、湿度，控制有害气体的含量，使仔猪生活得舒服，体质健康，有较强的抗病能力，可防止或减少仔猪腹泻等疾病的发生。

4. 采用药物预防和治疗

对仔猪危害很大的黄痢病目前可用药物进行预防和治疗。口服药物预防、治疗，可用增效磺胺甲氧嗪注射液，仔猪出生后在第一次吃初乳前口腔滴服0.5毫升，以后每天2次，连续3天；如有发病猪则继续投药，药量加倍。也可选用硫酸庆大霉素注射液，仔猪出生后第一次吃初乳前口腔滴服10万国际单位，以后每天2次，连服3天，如有猪发病继续投药。

仔猪黄痢也可用疫苗进行预防。造成本病的大肠杆菌有一种类似毛鬃状的菌毛，当细菌进入仔猪肠道后，便利用菌毛吸附在肠黏膜上，借此定居增殖，产生大量肠毒素，使仔猪脱水拉稀。在母猪妊娠后期注射菌毛抗原KSs、K99、Kg、P等菌苗，使母猪产生抗体，这种抗体可以通过初乳或者乳汁供给仔猪。抗菌毛抗体能将大肠杆菌的菌毛中和，使其无法吸附在小肠壁上而被冲走，出现一过性拉稀，危害不大。但必须根据大肠杆菌的结构注射相对应的菌苗才会有效。

第二节　断奶仔猪的培育

断奶仔猪是指出生后4～5周龄断奶到10周龄阶段的仔猪。仔猪断奶是继出生以来又一次强烈的刺激，首先是营养的改变，由吃温热的液体母乳为主改成吃固体的生长饲料；第二是由依附母猪的生活变成完全独立的生活；第三是生活环境的改变迁移，由产房转移到仔猪培育舍（育仔猪舍），并伴随着重新编群；第四是最容易受病原微生物的感染而患病。以上诸多因素的变更会引起仔猪的应激反应，影响仔猪正常的生长发育并造成疾病。加强断奶仔猪的饲养管理会减轻断奶应激带来的损失。

一、仔猪断乳的方法

断乳应激对仔猪影响很大，在生产中需采用适宜的方法。

1. 一次断乳

系当仔猪达到预定的断乳日期，断然将母猪与仔猪分开。由于突然断乳，仔猪因食物和环境的突然改变，可引起消化不良、情绪不安、增重缓慢或生长受阻，又易使母猪乳房胀痛或致乳腺炎。但这一方法简单，使用时应于断乳前3～5天减少母猪的饲料喂量，加强母猪和仔猪的护理。

2. 分批断乳

系按仔猪的发育、食量和用途分别先后断乳。一般是将发育好、食欲强、作育肥用的仔猪先断乳，体格弱、食量小、留作种用的仔猪适当延长哺乳期。这一方法的缺点是断乳拖长了时间，先断乳仔猪所吸吮的乳头成为空乳头，易患乳房炎。

3. 逐渐断乳

在仔猪预定断乳日期前4～6天，把母猪赶到离原圈较远的圈里，定时赶回让仔猪哺乳，哺乳次数逐日减少，至预定日期停止哺乳。这一方法可缓解突然断乳的刺激，称此为安全断乳。

二、转群前准备

转猪前的准备是一项细致、繁琐的工作，目的是为断奶仔猪提供一个清洁、干燥、温暖舒适、安全的生长环境，尽量减少对仔猪的各种应激。

（一）圈舍清洁消毒

1. 清洁

断奶仔猪舍（保育舍）宜采用全进全出制的生产方式。一批猪保育期满后全部转入育成猪舍或育肥猪舍，之后彻底冲圈清理猪舍卫生，将地面、墙壁、屋顶及栏杆、料槽、漏缝地板等舍内设施的粪便、污物、灰尘用清洗机彻底冲刷干净，不留任何死角，同时将地下管道集中处理干净，并结合冲圈进行灭蝇和灭寄生虫工作，还要注意节约用水。

2. 消毒

圈舍冲洗干净后对圈舍及舍内设施分别用火碱、新过氧乙酸、灭毒威（酚类消毒剂）进行3次喷雾消毒，每次消毒间隔12～24小时，最后用石灰乳对网床、地面及墙壁进行涂刷消毒，必要时还需熏蒸消毒。做好以上工作后关闭门窗，待干燥后进猪。

（二）设备用具的准备

1. 设备安装调试

安装好加温设备，可采用火炉和红外线或热风炉供热保暖；接猪前一天应将洗刷干净、晾干的灯泡、灯罩安装并调试好，开始升温预热房间，使舍内温度达到28℃左右。

2. 用具准备

准备好饲喂饮水用具以及消毒防疫用具。

三、断奶仔猪的饲养

断奶仔猪处于强烈的生长发育阶段，各组织器官还需进一步发育，机能尚需进一步完善，特别是消化器官更突出。猪乳汁极易被仔猪消化吸收，其消化率可高达100%，而断奶后所需的营养物质完全来源于饲料，主要能量来源的乳脂由谷物淀粉所替代，可以完全被消化吸收的酪蛋白变成了消化率较低的植物蛋白，并且饲料中还含有一定量的粗纤维。据研究表明，断奶仔猪采食较多饲料时，其中的蛋白质和矿物质容易与仔猪胃内的游离盐酸相结合，不能充分抑制消化道内大肠杆菌的繁殖，常引起腹泻疾病。

为了使断奶仔猪能尽快地适应断奶后的饲料，减少断奶造成的不良影响，除对哺乳仔猪进行早期强制性补料和断奶前减少母乳（断奶前给母猪减料）的供给，迫使仔猪在断奶前就能进食较多补充饲料外，还要对仔猪进行饲料的过渡和饲喂方法的过渡。饲料的过渡就是仔猪断奶2周之内应保持饲料不变（仍然饲喂哺乳期补充饲料），并添加适量的抗生素、维生素和氨基酸，以减轻应激反应，2周后逐渐过渡到吃断奶仔猪饲料。饲喂方法的过渡，仔猪断奶后3～5天最好限量饲喂，平均日喂食量为160克，5天后实行自由采食。

断奶仔猪栏内最好安装自动饮水器，保证随时供给仔猪清洁饮水，并在饮水中添加抗应激药物（如葡萄糖、电解多维、补液盐）以缓解断奶应激对仔猪的影响。断奶仔猪采食大量干饲料，常会感到口渴，需要饮用较多的水，如供水不足不仅会影响仔猪正常的生长发育，还会因饮用污水造成拉痢等疾病。保证充足的饮水位置，每8头猪要有一个饮水点，最好每栏内再加一个方形饮水槽。仔猪饮水器与地面高度见表5-2。

表5-2 仔猪饮水器与地面高度

仔猪体重/千克	饮水器与地面高度/毫米
5	100～130
5～15	130～300
15～35	300～460

四、断奶仔猪的管理

（一）分群

幼猪栏多为长方形，长度约1.8～2.0米，宽度约1.7米，面积为3.06～3.40米^2。每栏饲养幼猪8～10头。仔猪断奶后第1～2天很不安定，经常嘶叫寻找母猪，尤其是夜间更甚。为了稳定仔猪的不安情绪，减轻应激损失，最好采取不调离原圈、不混群并窝的原圈培育法。

仔猪到断奶日龄时，将母猪调回空怀母猪舍，仔猪仍留在产房饲养一段时间，待仔猪适应后再转入仔猪培育舍。由于是原来的环境和原来的同窝仔猪，可减少断奶刺激。此种方法的缺点是降低了产房的利用率，建场时需加大产房产栏数量。

工厂化养猪生产采取全年均衡生产方式，各工艺阶段设计严格，实行流水作业。仔猪断奶立即转入仔猪培育舍，产房内的猪实行全进全出，猪转走后立即清扫消毒，再转入待产母猪。断奶仔猪转群时一般采取原窝培育，即将原窝仔猪（剔除个别发育不良个体）合关在同一栏内饲养。如果原窝仔猪过多或过少时，需要重新分群，可按其体重大小、强弱进行并群分栏，同栏仔猪体重相差不应超过1～2千克。将各窝中的弱小仔猪合并分成小群进行单独饲养。合群仔猪会有争斗位次现象，可进行适当看管，防止咬伤。

（二）良好的环境条件

为使仔猪尽快适应断奶后的生活，充分发挥其生长发育潜力，要创造良好的环境条件。

1. 温度

30～40日龄断奶幼猪适宜的环境温度为21～22℃，41～60日龄为21℃，61～80日龄为20℃。为了保持适宜的温度，冬季要采取保温措施，除注意房舍防风保温和增加舍内养猪头数保持舍温外，最好安装取暖设备，如暖气（包括土暖气在内）、热风炉和煤火炉等。在炎热的夏季则要防暑降温，可采取喷雾、淋浴、通风等降温方法，近年来许多猪舍采取纵向通风降温，取得了良好效果。

2. 湿度

育仔舍内湿度过大可增加寒冷和炎热对猪的不良影响。潮湿有利于病原微生物的滋生繁殖，可引起仔猪多种疾病。断奶幼猪舍适宜的相对湿度为65％～75％。

3. 空气

猪舍空气中的有害气体对猪的毒害作用是长期性、连续性和累加性的，所以，保持空气新鲜非常重要。采取的措施有：适时通风换气降低舍内有害气体、粉尘及微生物含量；对舍栏内粪尿等有机物及时清除处理，减少氨气、硫化氢等有害气体的产生；保持舍内湿度适宜；及时清理舍内的炉灰和灰尘，及时清扫撒在地面上的粉料；清扫地面时先适当洒水。

4. 噪声

尽量减少各种奇怪声响，防止仔猪惊群。

（三）调教管理

新断奶转群的仔猪吃食、卧位、饮水、排泄区尚未形成固定位置，所以要加强调教训练，这样既可保持栏内卫生，又便于清扫。仔猪培育栏最好是长方形（便于训练分区），在中间走道一端设自动食槽，另一端安自动饮水器，靠近食槽一侧为睡卧区，另一侧为排泄区。训练的方法是：排泄区的粪便暂不清扫，诱导仔猪来排泄，其他区的粪便及时清除干净。当仔猪活动时对不到指定地点排泄的仔猪用小棍哄赶并加以训斥。当仔猪睡卧时，可定时哄赶到固定区排泄，经过一周的训练，可建立起定点睡卧和排泄的条件反射。

刚断奶仔猪常出现咬尾和吮吸耳朵、包皮等现象，主要是刚断奶仔猪企图继续吮乳造成的，当然也有饲料营养不全、饲养密度过大、通风不良应激所引起。防止的办法是在改善饲养管理条件的同时，为仔猪设置玩具，分散注意力。玩具有放在栏内的玩具球和悬在空中的铁环链两种，球易被弄脏，不卫生，最好每栏悬挂两条由铁环连成的铁链，高度以仔猪仰头能咬到为宜，这样不仅可预防仔猪咬尾等恶癖的发生，也满足了仔猪好动玩要的需求。

（四）一般管理

1. 注意观察

观察猪只的采食情况、精神状态、呼吸状态，听猪只的鸣叫是否正常，防止咬尾现象；观察猪群粪便有无腹泻、便秘或消化不良等疾病。

2. 认真检查

检查饮水器供水是否正常，有无漏水或断水现象并及时处理；

检查舍内环境状况如温度、湿度是否正常，并及时调控使之符合仔猪的生长发育需要。每次上班注意感觉舍内是否有刺鼻或刺眼的气味。

3. 减少饲料浪费

每天检查料槽是否供料正常，及时维修破损料槽。防止饲料变质，及时清理发霉变质或被粪尿污染的饲料。

4. 搞好环境卫生

猪舍内外要经常清扫，定期消毒，杀灭病菌。

5. 预防仔猪腹泻

断乳仔猪由于受到各种应激的影响，加上仔猪免疫系统发育尚不完善，易造成仔猪营养性腹泻和病原性腹泻，发生腹泻应在兽医指导下对症治疗，严防脱水。及时隔离和治疗发病猪只。

6. 搞好弱仔的处理和康复

（1）及时隔离　在大群内发现弱仔及时挑出放入弱仔栏内。

（2）增加弱仔栏局部温度　弱仔栏靠近火炉处并加红外线灯供温。

（3）补充营养　在湿拌料中加入乳清粉、电解多维，在小料槽饮水中加入口服补液盐，对于腹泻仔猪还可加入痢菌净等抗菌药物，以促进体质的恢复。

（五）预防注射

仔猪 60 日龄注射猪瘟、猪丹毒、猪肺疫和仔猪副伤寒等疫苗，并在转群前驱除体内体外寄生虫。

第六章 快速养猪育肥猪的饲养管理技术

第一节 生长育肥猪的生物学特性

一、生长育肥猪的生理特点

猪的生长育肥过程是指猪从断乳到出栏（屠宰），一般按体重分为两个阶段，即生长育肥的前期阶段（指体重 20～60 千克阶段）和生长育肥的后期阶段（指体重 60～100 千克阶段）。20 千克以上的猪，尽管其生长发育正处于旺盛时期，但它的消化系统还不完善，消化液中的某些有效成分还不多，影响了某些饲料中营养物质的吸收，且胃的容积小，一次不能容纳较多的食物。神经系统和机体的抵抗力也正处于逐步完善阶段，加之断奶应激的刺激，对外界环境变化的适应能力比较差。因此，这个阶段需要提供优质的、易于消化吸收的饲料，并加强管理，改善饲养环境。

当猪体重达 60 千克以后，其生理机能逐渐完善，消化系统得到充分发育，对各种物质的消化能力和对饲料中各种营养成分的吸收能力有很大提高。机体对外界各种刺激的抵抗能力也大大增强，对周围环境具有较强的适应性。这个时期疾病少、增重快，一般平均日增重可达 500 克以上。因此，在此时期，应抓住猪增重快的机遇，及时提供优质的全价配合饲料，满足生长育肥猪的营养需要，促进其快速生长、肥育，以达到增重快、出栏率和饲料利用率高、降低饲养成本与增加经济效益的目的。

二、生长育肥猪的生长发育规律

1. 猪体重的增长规律

由于品种、营养和饲养环境的差异，不同猪的绝对生长速度和相对生长速度不尽相同，但其生长规律是一致的。

2. 体躯各组织的生长发育规律

生长育肥猪的生长发育规律，还反映在其机体各组织器官的发育和各种组织的沉积变化情况上。猪的骨、肉、皮、脂的生长是遵循一定的规律同时并进的，但在不同阶段又有侧重，不同品种、类型也有差异，同时也受到饲养方法和环境因素的影响。生长育肥猪的肌肉组织是由骨骼肌（常见的瘦肉，附着于骨骼周围）、心肌（构成心脏的肌肉）和平滑肌（构成胃肠壁）组成，其中骨骼肌占绝大多数。脂肪组织主要是由大量脂肪酸组成，从形态上又分为板油、花油和皮下脂肪。猪骨骼是由矿物质聚积而成，含有大量的钙、磷；猪皮是由许多结缔组织和胶原蛋白组成。猪的骨骼和皮在猪的机体组织中所占的比例较小。在一般情况下，猪的骨骼发育最早，肌肉次之，脂肪的沉积最迟。有研究表明，骨骼从出生到4月龄左右的生长强度最大，皮从出生到6月龄生长最快，在体重50千克时，肉脂兼用型猪的肌肉生长达到高峰并趋于缓慢；体重90千克时，瘦肉型猪的脂肪生长速度加快并逐渐达到高峰，肌肉和骨骼生长缓慢或逐渐停止。也就是说，在猪的生长育肥过程中，育肥前期阶段以骨骼生长占优势，其次是肌肉，脂肪的沉积最为缓慢；到了育肥后期阶段，脂肪组织以较大的优势沉积，骨骼和肌肉的生长处于下降趋势。

猪内脏器官的生长是前期快、后期慢。胸腔器官的生长发育较早，在胚胎期就已经发育完善了，而消化器官在出生后9周才发育完善。育成阶段，随着猪的年龄和体重的增长，猪体内的水分、蛋白质的含量逐渐下降，而脂肪的含量则会逐渐增加。幼龄猪水分含量高，脂肪含量低；随着体重的增加，水分降低，脂肪增加，而水分和脂肪的合计始终约占体重的80%左右，猪体内蛋白质的比例是比较稳定的，约占14.5%～15.5%。

3. 猪体化学成分的变化

猪体的化学成分随年龄和体重的增长呈现规律性变化，水分和蛋白质含量逐渐下降，脂肪含量大幅度增高，灰分下降较缓慢。如体重在45千克以后，蛋白质和灰分相对稳定，水分剧减，脂肪含量猛增。

第二节 影响猪快速育肥的因素

在生产实际中，常常会出现用同样的饲料和育肥方法，而育肥猪的生长速度确有很大的不同，这说明影响育肥猪生长速度的因素很多，而且各种因素之间既有联系，又相互影响。归纳起来，大体上可分为遗传因素和环境因素两个方面，遗传因素包括品种类型、生长发育规律、早熟性等，环境因素包括饲料品质、饲养水平及环境条件等。

一、品种类型

猪的品种很多，类型各异，对其育肥效果影响很大。由于猪的品种、类型、培育条件的差异，猪品种间的经济特性不同，猪的生产潜力不同，对环境的适应能力不同等，导致不同的生长速度和育肥效果。如引进品种长白猪、约克夏猪、杜洛克猪、汉普夏猪等瘦肉型猪，在以精饲料为主、高营养浓度的饲料条件下，其增重速度快，育肥期短，饲料报酬高。但以青粗饲料为主的中、低营养水平饲养条件下，引进品种的增重速度和饲料转化率不如我国地方品种，不同品种的育肥效果，见表 6-1。由表可见，瘦肉型大约克夏和培育品种湖北白猪的育肥期日增重和饲料利用率，均高于地方品种监利猪。猪品种和类型不同，其胴体组成也有差异。如杜洛克猪胴体瘦肉率、肥肉率分别为 64.58%、18.06%，而培育品种湖北白猪相同项目指标为 62.88%、22.13%，地方猪种监利猪分别为 44.98%和 36.25%。从瘦肉率看，国外品种高，地方品种低。因此，只有了解品种类型的育肥性能，并采取相应措施，才能不断提高育肥效果。

表 6-1 不同品种的育肥效果

品种	育肥头数/头	达 90 千克重天数/天	平均日增重/克	料肉比
大约克夏猪	12	175	657	4.12∶1
湖北白猪	12	179	626	3.42∶1
监利猪	9	286	307	4.59∶1

二、经济杂交

利用杂种优势是提高育肥效果的重要措施之一。因为杂交后代生活力强、生长快、饲料转化率高，所以可以缩短育肥期，降低生产成本。但对育肥效果起决定作用的在于有效的杂交组合，即杂交组合必须具有配合力，其后代能产生杂种优势。一般来说，以国外品种为父本，以我国地方猪种为母本进行杂交，其后代增重速度的优势率为10%～20%，饲料利用优势率在5%～10%（表6-2）。从表6-2可知，杂交猪育肥效果和胴体瘦肉率水平，均优于纯种猪，不同的杂交组合又存在差异，如杜洛克×湖北白猪Ⅳ系的杂种后代日增重高于长白×湖北白猪Ⅳ系杂交后代，饲料利用率也有区别。

表6-2 不同品种猪的杂交育肥效果

品种	育肥头数/头	日增重/克	料肉比	瘦肉率/%
湖北白猪Ⅳ系	29	636.6	3.45∶1	60.78
长白×湖北白猪Ⅳ系	21	635.19	3.52∶1	64.36
杜洛克×湖北白猪Ⅳ系	25	785.12	3.11∶1	64.65

大量试验和生产实践证明，对育肥效果起主要作用的是正确的杂交组合。经济杂交的模式有二元杂交、三元杂交和四元杂交，实践表明三元杂交、四元杂交的育肥效果好于二元杂交。现在专业猪场和专业养猪户多数采用杜、大长、本或杜、长、本三元杂交组合，日增重、饲料利用率以及胴体瘦肉率比单纯利用本地猪好，育肥期缩短1～2个月。据山西农大用内江猪、巴克夏猪和本地猪三品种杂交研究证明，三品种杂交育肥猪日增重比二品种提高11.6%，其产仔数、出生重、断奶育成头数、断奶窝重的优势率分别达12.3%、28.4%、26%、30.1%；浙江农科院试验，苏约金[苏大白♂×（约克夏♂×金华猪♀）♀]三品种杂种仔猪断奶窝重比约金杂种仔猪提高34.1%，育肥期日增重提高11.9%。

三、仔猪的质量

仔猪质量与育肥期增重、饲料转化率和发病率关系很大。仔猪的出生重、断奶重、仔猪的品质和健康状况等反映了其质量。仔猪出生重、断奶重与育肥期的增重呈正相关。生产经验得出的“出生多一两，断奶多一斤，入栏多一斤出栏多十斤”是很有科学道理的。凡仔猪出生个体大的，则生命力强，体质健壮，生长快，断奶体重亦大，健康状况和抗病力都相应地提高。同时，断奶体重大的猪，育肥速度较快，饲料报酬也较高，见表6-3和表6-4；利用配套品系进行杂交生产的优种仔猪，其具有生长速度快和饲料转化率高的潜力，育肥期的生长速度也快；体质健康的仔猪，适应力和抗病力强，生长效果也好。所以，只有重视种猪的选择和饲养管理，加强仔猪的管理，提高仔猪出生重和断奶重，保证仔猪健康，才能为育肥打下坚实的基础。如果不是自家生产育肥仔猪，则最好事先与仔猪生产场或养母猪户签订合同，到时获得合格的仔猪。直接从交易市场买猪风险较大，应严格挑选，选购杂交组合优良、体重大、活力强、健康的仔猪育肥。

表6-3　出生重对猪体重的影响

出生重/千克	仔猪头数/头	30日龄平均重/千克	60日龄平均重/千克
小于0.75	10	4.00	10.20
0.75～0.90	25	4.67	11.20
0.90～1.05	40	5.08	12.85
1.05～1.20	46	5.32	13.00
1.20～1.35	50	5.66	14.0
1.35～1.50	36	6.17	15.55
大于1.5	5	6.85	16.55

表6-4　1月龄仔猪体重对育肥效果的影响

仔猪体重/千克	头数/头	208日龄体重/千克	增重效果/%	死亡率/%
5.0	967	73.4	100	12.2
5.1～7.5	1396	83.6	114	1.8
7.6～8.0	312	89.2	124	0.5

四、性别与去势

性别对育肥效果的影响，已被我国长期的养猪实践所证实。公母猪经去势后育肥，性情安静，食欲增进，增重速度提高，脂肪的沉积增强，肉的品质改善。猪经去势后，新陈代谢及体内氧化作用和神经的兴奋性降低，性机能消失，异化过程减弱，同化过程加强，将所吸收的营养更多地用于长肉和脂肪。有试验证明，阉公猪的增重比未阉者高10%，阉母猪的脂肪比未阉者高。至于阉公、母猪之间，无论日增重和脂肪产量等一般相差不大。国外不少国家，因猪性成熟晚，小母猪发情对育肥影响不大，育肥时只阉公猪而不阉母猪。同时，未阉母猪较阉公猪肌肉发达，脂肪较少，可以获得较瘦的胴体。公猪含有雄性酮和间甲基氮茚等物质，有膻气，影响肉的品质，因而对公猪进行阉割。近年来，随着育肥期的缩短，认为小公猪不经去势育肥，在生长速度、饲料利用率和瘦肉率方面，都比阉公猪和小母猪为好，有利于降低成本，增加盈利。但未阉公猪育肥后肉有膻气，影响肉的品质和食用效果，因而公猪以阉割为宜。

五、饲粮营养

优良的品种以及合理的杂交组合只是提供了好的遗传基础，但如果没有科学的饲养管理也无法发挥它们的优势，饲养方式不当，瘦肉型的猪也会养肥，增重快的也会变慢。饲粮中营养水平及饲粮结构不同，对猪的育肥以及胴体品质的影响极大。饲料中各种物质缺一不可，特别是能量的供给水平和增重与肉质成分有密切关系。一般来说，能量摄取愈多，日增重愈快，饲料利用率越高，屠宰率和胴体脂肪含量也愈多。蛋白质对猪的育肥也有影响，蛋白质不单是与育肥猪长肉有直接关系，其在机体中是酶、激素、抗体的主要成分，对维持新陈代谢、生命活动都有特殊功能，如果蛋白质摄取不足，不仅影响肌肉的生长，同时也影响育肥猪的增重。在一定范围内，饲粮蛋白质水平愈高，增重速度愈快、胴体瘦肉率也愈高。蛋白质的品质对猪也有影响，猪需要10种必需氨基酸，饲粮中的氨基酸必须全面而且均衡，尤其是限制性氨基酸，如果缺乏或不平衡，不仅影响增重，同时还影响肌肉的品质，但单纯提高蛋白质水平以提高增重和改善肉质是不合算的。此外，维生素、矿物质对猪体育肥也有很大影响。

饲料是营养物质的主要来源，由于各种饲料所含的营养物质不同，因此，只有多种饲料配合才能组成全价的口粮。在营养水平相同的情况下，日粮中饲料结构组成不同，增重和肉质也不同。如大量使用含不饱和脂肪酸达4%以上的米糠等原料，对育肥后期的猪进行催肥，则猪屠宰后肉质软、缺乏香味，胴体不利于贮藏；若以大麦、豆饼、豌豆、蚕豆为主的日粮催肥，则可获得肉质良好的胴体，所以在育肥猪的日粮结构上，要注意饲料品种及其合理搭配。对育肥猪营养物质的供给，应根据其各阶段组织器官生长发育的特点及其营养需要来加以考虑。

六、环境条件

猪的生存和生长离不开环境条件，环境条件是由多种因素构成的，除了饲料、饮水等条件外，舍内的温度、湿度、光照、密度、风速和猪舍内有害气体的浓度（总称小气候）对猪的育肥效果也具有较大影响。

1. 温度

温度对仔猪生长的影响见表6-5（猪在20千克体重，60日龄左右时）、表6-6。

表6-5 温度对仔猪生长的影响

温度/℃	10	15	20	25	30
日采食量/千克	1.34	1.32	1.24	1.12	0.96
平均日增重/克	651	660	684	667	649

表6-6 温度对育肥猪生长性能的影响

温度/℃	10～12	15～20	27～30
日采食量/千克	2.76	2.58	2.46
平均日增重/千克	0.66	0.78	0.73
饲料增重比	4.09∶1	3.2∶1	3.39∶1

气温高于25～30℃时，猪肛温达40℃，为增强散热，猪的呼吸频率每分钟高达100次以上，如气温继续上升，肛温和呼吸频率便进一步升高，导致食欲下降，采食量显著减少，甚至中暑死亡。温度对增重速度的影响随育肥猪体重大小而变化，如45千克重的育肥猪在38℃下，日增重只有0.18千克；而体重90千克的猪在38℃下每天要减少0.35千克。超过40℃的气温，猪几乎都要减重甚至死亡。猪体重越大，耐热性能越差。

在低温环境下，由于辐射、传导和对流散热的增加，体热易于散失。为了保持正常体温，需把热的散失降到最大限度，或增加热的产生，如采食量增多，满足对热能的需要。体重越小的猪，对寒冷的低温越敏感。据试验，如气温在4℃以下，增重速度下降50%，与此同时，按千克增重计算饲料消耗，增加到约相当于在最适气温时的2倍。在不同季节对同一品种、相同体重、同样营养水平下做了试验，研究了秋产仔猪与春产仔猪在黄河以北地区不同温度下的育肥效果，结果表明，秋产仔猪在冬季育肥过程中，比春产仔猪育肥到90千克时，晚出栏23天；每千克增重多耗饲料0.61千克。所以，在低温情况下，采取保温措施，如薄膜覆盖、密闭、加垫草等对育肥性能有良好的影响。

2. 湿度

湿度过高或过低对育肥猪都是不利的，但湿度是随着环境温度的变化而产生影响的，若环境温度适当，湿度在一定范围内变化对猪的增重并无明显影响。高温高湿时，猪体散热困难，猪感到更加闷热。若气温超过适宜温度范围，相对湿度由60%上升到90%时，育肥猪的增重将会显著降低；当低温高湿时，猪体散热量显著增加，猪感到更冷，而且高湿环境有利于病原微生物的繁殖，使猪易患疥癣、湿疹等皮肤病；反之，空气干燥，湿度低，容易诱发猪的呼吸道疾病。

3. 圈养密度

每圈养猪头数过多，圈养密度过大，使局部环境温度上升，气流降低，使猪采食量减少，饲料利用率和日增重下降（见表6-7）。每头占面积0.5米^2，增重减少，饲料消耗上升；每头占面积2米^2，增重和饲料利用率都好，但是浪费圈舍也不合算。按照要求每个育肥猪占面积0.8～1米^2，但是，群体也不能过大。

表6-7 每头猪占圈面积对育肥效果的影响

占圈面积/(米^2/头)	试验期增重/千克	平均采食/千克	料肉比
0.5	40.4	2.42	4.09∶1
1.0	41.8	2.37	3.86∶1
2.0	44.7	2.36	3.69∶1

每个圈舍饲养的育肥猪头数不同，育肥效果也有差异(表6-8)，一般每圈饲养以18～29头为宜。过多则影响增重和饲料转化率，过少降低圈舍利用率。

表6-8 每圈饲养的头数对育肥效果的影响

每圈头数/头	日增重/克	料肉比
40	643	4.4∶1
30	645	4.2∶1
21	669	3.7∶1
10	709	3.4∶1

4. 有害气体

猪舍中有害气体主要指猪呼吸、粪尿、饲料垫草腐败分解产生的氨气、硫化氢、二氧化碳和甲烷等有害气体。猪舍内氨气浓度每立方米不能超过20～30毫升，如果超过100毫升，猪日增重减少10%，饲料利用率降低18%；如果超过400～500毫升，会引起黏膜出血，发生结膜炎、呼吸道炎症，还会引起坏死性支气管炎、肺水肿、中枢神经系统麻痹，甚至死亡；硫化氢气体是一种强毒性神经中毒剂，有强烈的刺激性。猪舍内每立方米空气含量超过550毫升时，可直接抑制呼吸中枢，使猪窒息而死。猪舍内硫化氢浓度每立方米空气中不宜超过10毫升；猪舍内二氧化碳的浓度每立方米空气不能超过4000毫升。否则就会造成舍内缺氧，使猪精神不振，食欲减退，影响增重。

5. 尘埃与微生物

猪舍内尘埃是微生物的载体，通风不良或经常不透阳光，尘埃更能促进各种微生物的繁殖。每立方米空气中细菌可达100万个，有黄曲霉菌、青霉菌、毛霉菌、腐生菌、球菌、霉菌芽孢和放线菌等，如不及时清除污物，避免尘埃飞扬，保持猪舍合理的通风换气和定期消毒，势必引起细菌性传染病的发生。

6. 光照

适宜的光照刺进，对调节生理机能、促进物质代谢、杀灭舍内细菌和病原微生物有明显的作用，因而能增进健康，加快增重。

七、管理

生产中，不同的饲养方式、不同的管理措施以及不同的饲养管理人员都会影响肉猪的育肥效果。

综上所述，在育肥猪的生产过程中，必须创造一个良好的外界环境和适宜的生产小气候，保持合理的饲养密度、科学的饲养管理以获得理想的育肥效果。

第三节　育肥猪的快速育肥技术

一、快速育肥的饲养方式

（一）快速育肥的饲养方式

1. 地面饲养

将育肥猪直接饲养在地面上。特点是圈舍和设备造价低，简单方便，但不利于卫生。目前生产中较多采用。

2. 发酵床饲养

在舍内地面上铺上80～90厘米厚的发酵垫料，形成发酵床，将猪养在铺有发酵垫料的地（床）面上。发酵床的材料主要是木屑（锯末）或稻皮，还有少量粗盐和不含化肥、农药的泥土（含有微生物多）。木屑占到90%，其他10%是泥土和少量的盐，将以上物质混合就形成了垫料。最后在垫料里均匀地播撒微生物原种，这些微生物原种是从土壤里面采集而来，然后在实验室培养，把这些微生物原种播撒到发酵床里面，充分拌匀后，就形成了我们所说的发酵床。一般在充分发酵4～5天之后可以养猪。其特点是无排放、无污染，节约人工，减少用药和疾病发生率，饲养成本降低，是一种新型的养猪方式。

3. 高架板条式半漏缝地板或漏缝地板饲养

将猪养在离地50～80厘米高的漏缝或半漏缝地板上。其优点是猪不与粪便接触，有利于猪体卫生和生长；有利于粪便和污水的清理和处理，舍内干燥卫生，疾病发生率低。

4. 笼内饲养

将猪养在猪笼内。猪笼的规格和结构一般是：长1～1.3米，宽0.5～0.6米，高1米，笼的四边、四角主要着力部位选角铁或坚固的木料，笼的四面横条距离以猪头不能伸出为宜，笼底要铺放3厘米厚带孔木板。笼的后面需设置一个活动门，笼前端木板上方，留出一个20厘米高的横口，以便放置食槽。笼间距一般为0.3～0.4米。育肥猪实行笼养投资少，占地少；猪笼可根据气候、温度变化进行移动；猪体干净卫生，大大减轻猪病的发生；与圈养猪相比，笼养猪瘦肉率提高。

(二) 快速育肥的育肥方式

生长育肥猪的育肥方式主要有两种，即阶段育肥法和一贯育肥法。

1. 阶段育肥法

阶段育肥是根据猪的生理特点，按体重或月龄把整个育肥划分为小猪、架子猪和催肥三个阶段，采用一头一尾精细喂、中间时间吊架子的方式。即把精饲料重点用在小猪和催肥阶段，而在架子猪阶段尽量利用青饲料和粗饲料。

(1) 小猪阶段　从断奶体重10多千克喂到25～30千克左右，饲养时间约2～3个月。这段时间小猪生长快，对营养要求严格，应喂给较多的精饲料，保证其骨骼和肌肉正常发育。

(2) 架子猪阶段　从体重25～30千克喂到50千克左右。饲养时间约4～5个月，喂给大量青、粗饲料，搭配少量精料，有条件的可实行放牧饲养，酌情补点精料，促进骨骼、肌肉和皮肤的充分发育，长大架子，使猪的消化器官也得到很好的锻炼，为以后催肥期的大量采食和迅速增重打下良好的基础。

(3) 催肥阶段　猪体重达50千克以上进入催肥期，饲喂时间约2个月，是脂肪沉积量最大的阶段，必须增加精饲料的供给量，尤其是含碳水化合物较多的精料，限制运动，加速猪体内脂肪沉积，外表呈现肥胖丰满。一般喂到80～90千克，即可出栏屠宰，平均日增重约为0.5千克左右。

阶段育肥法多用于边远山区农户养猪，其优点是能够节省精饲料，而充分利用青、粗饲料，适合这些地区农户养猪缺粮的条件，但猪增重慢、饲料消耗多，屠宰后胴体品质差，经济效益低。

2. 一贯育肥法

一贯育肥法又叫直线育肥法、一条龙育肥法或快速育肥法。这种育肥方法从仔猪断奶到育肥结束，全程采用较高的营养水平，给以精心管理，实行均衡饲养的方式。在整个育肥过程中，充分利用精饲料，让猪自由采食，不加以限制。在配料上，以猪在不同生理阶段的不同营养需要为基础，能量水平逐渐提高，而蛋白质水平逐渐降低。

快速育肥法的优点是：猪增重快，育肥时间短，饲料报酬高，胴体瘦肉多，经济效益好。一般六个月体重可达90～100千克。

目前生产中，采用的多是一贯育肥法（快速饲喂法）。在整个育肥期中，没有明显的阶段性。从小猪到商品猪的整个生产期内，猪的饲养是按照各个生理阶段的营养需要量调配的。由于育肥猪上市时间缩短，使猪场的一些设备如猪舍、饲具等的使用率提高，使养猪生产者能够在较短的时间内收回投资，取得较好的经济效益。

二、快速育肥的准备

（一）圈舍、设备的准备和消毒

育肥前要准备好圈舍和设备，根据育肥的数量和育肥猪需要的饲养密度安排好圈舍和饲槽、饮水器等，确保圈舍冬季保温、夏季防暑，饲养设备能正常投入使用。一切准备就绪后，对圈舍、设备进行消毒。圈舍的消毒步骤如下。

1. 清洁

清理清扫舍内的污物，清理设备和用具上的灰尘，将能够移出的设备移出舍外清洗。

2. 冲洗

用高压水枪冲洗猪舍的墙壁、地面、屋顶和不能移出的设备用具，不留一点污垢，有些设备不能冲洗可以使用抹布擦净上面的污垢。

3. 消毒药喷洒

畜舍冲洗干燥后，用5%～8%的火碱溶液喷洒地面、墙壁、屋顶、栏具、饲槽等2～3次，用清水洗刷饲槽和饮水器。其他不易用水冲洗和火碱消毒的设备可以用其他消毒液涂擦。

4. 移出的设备用具的消毒

畜舍内移出的设备用具放到指定地点，先清洗再消毒。如果能够放入消毒池内浸泡的，最好放在3%～5%的火碱溶液或3%～5%的福尔马林溶液中浸泡3～5小时；不能放入池内的，可以使用3%～5%的火碱溶液彻底全面喷洒。消毒2～3小时后，用清水清洗，放在阳光下暴晒备用。

5. 熏蒸消毒

能够密闭的畜舍，特别是幼畜舍，将移出的设备和将要用的设备用具移入舍内，密闭熏蒸消毒。如果不能密闭，可使用消毒药全面喷洒或喷雾圈舍2～3次。

（二）饲料准备

根据配合饲料的要求，购进相关饲料或原料。

三、快速育肥的环境条件

猪的快速育肥，圈养密度大，饲养周期短，因而对环境条件的要求比较严格。只有创造适宜的小气候环境，才能保证生长育肥猪食欲旺盛、增重快、耗料少、发病率和死亡率低，从而获得较高的经济效益。

1. 温度

猪是恒温动物，在一般情况下，如气温不适，猪体可通过自身的调节来保持体温的基本恒定，但这时需要消耗许多体力和能量，从而影响猪的生长速度。猪增重速度最快的气温与体重成直线相关，其计算公式是：$T(℃)=-0.06W+26$（W 代表体重），如果体重50千克，则适宜的温度是23℃，100千克则是20℃。气温在最适温度以上，采食量减少，饲料转化率和增重率同样下降。一般要求体重60千克以前为16～22℃；体重60～90千克为14～20℃；体重90千克以上为12～16℃。不同地面养猪的适宜温度见表6-9。

表6-9　不同地面养猪的适宜温度

体重/千克	同栏猪数/头	木板或垫草地面温度/℃			混凝土或砖地面温度/℃		
		最高	最佳	最低	最高	最佳	最低
20	1～5	26	22	17	29	26	22
	10～15	23	17	11	26	21	16
40	1～5	24	19	14	27	23	19
	10～15	20	13	7	24	18	13
60	1～5	23	18	12	26	22	18
	10～15	18	12	5	22	16	11
80	1～5	22	17	11	25	21	17
	10～15	17	10	4	21	15	10
100	1～5	21	16	11	25	21	17
	10～15	16	10	4	20	14	9

2. 湿度

湿度对生长育肥猪的影响小于温度。但湿度过高或过低对于生长育肥猪也是不利的。猪舍适宜的相对湿度为60%～80%，如果猪舍内启用采暖设备，相对湿度应降低50%～80%。

3. 光照

延长光照时间或提高光照强度，可增强仔猪肾上腺皮质的功能，提高免疫力，促进食欲，增强仔猪消化机能，提高仔猪增重速度与成活率。据测定，每天18小时光照与12小时光照相比，仔猪患胃肠病者减少6.3%～8.7%，死亡率下降2.7%～4.9%，日增重提高7.5%～9.6%；光照强度从10勒克斯增至60勒克斯再到

100 勒克斯（光照时间保持一致），仔猪发病率下降 24.8%～28.6%，存活率提高 19.7%～31.0%，日增重提高 0.9～1.8 千克；光强增至 350 勒克斯其效果较 60 勒克斯差。故有人建议，仔猪从出生到 4 月龄采用 18 小时光照，光照强度为 50～100 勒克斯。

光照对生长育肥猪有一定影响，适当提高光照强度，可增进猪的健康，提高猪的抵抗力；但提高光照强度也会增加猪的活动时间，减少休息睡眠时间。建议育肥猪的光照强度一般在 40～50 勒克斯。光照时间对生长育肥猪影响不大，一般不超过 10 小时。

4. 有害气体

猪舍内要经常通风，及时处理猪的粪尿和脏物，注意合适的圈养密度，保证空气新鲜。猪舍中氨气含量以不超过 20 毫克/千克为宜，人进入舍内不刺激眼和鼻，不留眼泪；硫化氢含量控制在 10 毫克/千克以内；二氧化碳最高含量为 4%，最好控制在 2%以下。

5. 噪声

保持猪舍环境安静，减少噪声对猪生长的不良影响。

6. 圈养密度

如果圈养密度过高，群体过大，可导致猪群居环境变劣，猪间冲突增加，食欲下降，进食减少，生长缓慢，猪群发育不整齐，易患各种疾病。一般情况下，圈养密度以每头生长育肥猪占 0.8～1.0 米^2 为宜；猪群规模以每群 10～20 头为宜。

7. 组群

不同猪种的生活习性不同，对饲养管理条件的要求也不同。因此，组群时应按猪种分圈饲养，以便为其提供适宜的环境条件。另外，组群时还要考虑猪的个体状况，不能把体重、体质参差不齐的仔猪混群饲养，以免强夺弱食，使猪群不整齐。组群后要保持猪群的相对稳定，在饲养期内尽量不再并群，否则不同群的猪相互咬斗，影响其生长和育肥。

四、快速育肥的仔猪选购

为了实现商品肉猪的快速增重，缩短育肥时间，降低饲料消耗，减少疾病感染，选择健康、高质量的入拦仔猪是很重要的。

(一) 自繁自养猪场的仔猪选择

自繁自养猪场育肥的仔猪是自己生产的，避免了外购商品仔猪带来的诸多弊病。只要从种猪的选择、配套组合和饲养管理入手，就可以生产出生长速度快、瘦肉率高、料肉比低的杂交商品仔猪。目前，采用洋三元杂交或二土一洋（一土二洋）或合成系的合格商品仔猪作为生长育肥猪的猪源可获得较好的效果。

(二) 外购仔猪猪场的仔猪选购

除自繁自养猪场外，其他育肥猪场和散养户，特别是中小猪场和养猪专业户，没有饲养种猪，不能自繁自育仔猪，靠外购来进行育肥，这时选购仔猪就显得更加关键。有的养猪户因没有选购仔猪的经验，或对欲购仔猪不了解等原因，致使选购时凭运气，结果有时出现买来的仔猪发病率高，甚至大批死亡，造成了很大的经济损失；有的购入仔猪不慎，将某种疾病带入场区，造成严重损失，甚至全群覆没。

要购入合格仔猪来补充已有的猪群或进行全进全出式的育肥商品猪，在选购时应掌握购猪技巧，除部分从实践中得来外，更多的是养猪者要细心揣摸，根据具体情况进行深入分析、对比，选购好仔猪，是养好育肥猪的一个关键环节。

1. 深入调查了解

选购育肥仔猪前要深入实地进行调查了解，避免盲目。

（1）了解当地疫情　在购买仔猪时，先到当地主管部门、养猪场（户）了解是否有疫情，如果有千万不能购买；了解购买仔猪的免疫情况，如仔猪在适宜的时间内是否做过猪瘟、猪丹毒、猪肺疫的预防接种等；购买的仔猪要经过当地主管部门进行检疫并出具检疫证明。

（2）了解所购买仔猪的饲养管理和营养情况　对选购的仔猪应掌握其日龄、体重、前期饲养环境、圈舍条件、饲养管理程序和饲料情况，以便为仔猪购入做好各项准备工作。

2. 选择优质仔猪

优质仔猪应具有高产潜力并体质健康无病。具体要求见表 6-10。

表 6-10 优质仔猪的要求

项目	要求
品种	选购优良杂交组合的仔猪,优良杂交组合是经过配合测定后而确定,亲代杂交后产生的子代具有明显的杂交优势。一般情况下,杂交猪比纯种猪长得快,而多品种杂交猪又比二品种杂交猪长得快。当今市场迫切需要高品质的瘦肉型商品猪,因此最好是选购三品种杂种瘦肉型仔猪供育肥。三品种瘦肉型杂交猪,具有生长快,抗病性强,饲料报酬高,瘦肉多,出栏好卖,价格高,能获得较好经济效益等优点。选择纯种仔猪和胡乱杂交的杂种仔猪,育肥效果差
精神状态	选择健康仔猪,如眼神精神,被毛发亮,活泼好动,常摇头摆尾,叫声清亮,粪成团,不拉稀,不拉疙瘩粪和干球粪,这些都是健康仔猪的表现。反之,精神萎靡不振,毛粗乱无光泽,叫声嘶哑,鼻尖发干,粪便不正常,说明仔猪有毛病;某些慢性疾病,如猪气喘病、萎缩性鼻炎、拉稀等,虽然死亡率不高,但严重影响猪的生长速度,拖长育肥期,浪费饲料,降低养猪的经济效益。因此,选购仔猪时必须给予重视
体型	选择身腰长,体型大,皮薄富有弹性,毛稀而有光泽,前躯宽深(能吃,长得快),中躯平直,后躯发达(长成后腿肉多),尾根粗壮(骨架大,发育好),四肢强健,体质结实的仔猪;那些头大,体躯短圆、腹部膨大,后躯窄斜,体小软弱、被毛粗而密长,四肢短小以及精神食欲不佳的仔猪育肥效果都会较差,因为身腰短、骨架小的仔猪在生长早期就会沉积大量脂肪,胴体瘦肉率低,日增重慢
体况	健康仔猪,体况良好,发育正常,体重和日龄是相互对应的。对于体况差、瘦弱的仔猪,应挑出不选,体重明显比大群小的不选
体重	体重大、活力强的仔猪,育肥期增重快,省饲料,没病且死亡率低。群众的经验是"出生多一两,断奶多一斤;入栏多一斤,出栏多十斤"。50～60天断奶的仔猪,体重不能低于11～15千克。只贪图省本钱而购买生长落后的弱小仔猪育肥,往往得不偿失
四肢	健康仔猪行走时,四肢配合良好,如有跛行、有疮、畸形的挑出不选,内八字、外八字、粗细不一致、关节肿大、蹄系不佳等不良状态的仔猪不选
均匀度	日龄相近仔猪,体重也相近,在选购仔猪时,为了使买进仔猪同进同出,便于饲养,尽量使一次购入的仔猪日龄体重相近,发育均匀整齐,对超大或过小的仔猪不选;特别注意老小猪和僵猪、病猪,这样的仔猪一般被毛不顺,无光泽,行动不灵活,眼睛无神,有眼屎,叫声异常,体重与大群有差异,对这类猪不选

3. 做好购入前的准备

(1) 做好计划　事先按本场猪舍可以正常饲养的育肥猪存栏,

根据计划确定要购入猪的时间、数量、质量标准、品种甚至舍栏安排、人员确定、资金等。

（2）备好圈舍　有的养猪户养猪心切，圈舍还没建好，就开始购进仔猪，边建边养；有的上批猪还没卖或刚卖掉，在未进行彻底清扫消毒时，就购入仔猪，这样可能会引进疾病。应做好准备，再选购仔猪。

（3）备好资金和各种物资　仔猪没有购入前，按计划购入数量准备好资金，特别是各种物资。养猪场多建在远离乡村的偏僻处，或离集市较远的村屯。不做好准备，就会影响正常饲养。

（4）准备好饲料　改变传统养猪习惯，选购好饲料，从正规有信誉的专业饲料厂家购入，特别是预混料这样科技含量高、价格较贵的原料。同时按配方选购好玉米、麦麸、豆粕等原料。对于新养猪场（户）来说，原料的质量很重要，不要因便宜而买来质量差的原料。要在进猪前3天配成全价料，如有疑问或不清楚的地方，可请教有经验的同行或向厂家咨询。

（5）备好兽药和必需器械　养猪以预防为主、治疗为辅，在购猪前，备好一些常见兽药，如消毒用的高锰酸钾、火碱，治疗大肠杆菌感染的痢菌净，治疗病菌感染的青霉素等药物。治疗用注射器、针头等器械和常见设施等准备好，防止因小事耽误正常治疗和管理。这项工作，往往被中小型猪场，特别是庭院养猪户忽视。在购猪前10天，将准备好的圈舍彻底清扫，垃圾运出场外，用清水冲洗干净，不留死角；在进猪前7天，最好用高锰酸钾和福尔马林熏蒸，圈舍应在密封条件下进行，如不具备条件，可要用2%～4%的火碱水全面消毒。

（6）确定猪源　选购仔猪应从专业生产仔猪处购买，虽然价格比市场高，但仔猪健康，成活率高，品种好，省料，出栏快，在购猪前，确定猪源。

① 从猪场购入仔猪　从专业生产商品仔猪的猪场选购仔猪，是目前更是将来商品猪场仔猪的重要来源，建议养猪户到正规猪场购买仔猪。了解欲购仔猪猪场的实际情况，如饲养母猪、公猪的品种、数量，以往仔猪质量、价格、疫病流行情况、信誉等，做到心中有数，为购买仔猪选好猪场；了解好猪场后，认为适合自己的购

买条件，就应同猪场签订购猪协议，预定仔猪，以防不能如期进猪。

② 从养猪专业户购买仔猪　养殖户在从养猪专业户处购买仔猪时，应注意在选择母猪时要看好母猪的品种及仔猪的发育情况，如是否做过免疫和驱虫，以前有过何种疫病等。

③ 集市上或外地上门送来的仔猪　此法具有极大的风险，虽然价格便宜，但危险性大，建议养猪者最好不采用此种办法选购仔猪，如确无其他来源，应找有购买经验和了解当地疫情的人同去，以减少风险。

（7）选好饲养人员　有的猪场认为养育肥猪技术含量低，有个一般的饲养员就可以了，甚至任用养猪经验少、责任心不强的人员，此不不可取。应认真选择饲养人员，并对饲养员进行岗前培训。

4. 签订合同

经过调查等准备工作，最后确定一个厂家，开始签订合同，合同内容要突出重点，如价格、标准、赔偿、时间、运输等。

5. 加强运输管理

① 按路途长短和仔猪数量选择运输工具，做好车辆工具检查。

② 事先将运输车清扫干净，彻底消毒。

③ 根据购猪数量、体重，最好将车厢打成小隔，上面罩上网，冬季备好防寒物品和苫布等，车厢底铺上细砂或草。

④ 长途运输还要备些白菜等，防止猪口渴。

⑤ 运输时车速不能太快，一般保持在60～80千米/小时。刹车不能太急，否则会伤到仔猪。

⑥ 装运仔猪的密度不能太大，防止挤压和死亡现象的发生。

⑦ 各种手续要全，开好检疫证明、消毒证明等。

⑧ 尽量避开村屯密集的道路，途中不在村屯停留，避免传染疫病。

⑨ 隔1～2小时，停车检查猪只、车辆情况。

⑩ 运输前后2天在饮水或饲料中添加抗应激剂。

另外，选购仔猪应就近选购，挑选同窝猪，如附近有杂交繁殖猪场，应优先作为选购对象。就近购猪，节省运输费用，使仔猪少受运输之苦，又易了解猪的来源和病情，避免带入传染病。如果一次购买数头或几十头仔猪，最好按窝挑选，买回来按窝同圈饲养，这样可避免不同窝的猪混群后互相斗殴，影响生长发育。

五、快速育肥的饲养管理技术

（一）饲养

1. 日粮要求

日粮构成是否合理是影响猪生长育肥速度和经济效益的关键性因素。优良的日粮其能量、蛋白质和氨基酸、矿物质及维生素等营养素要能满足生长育肥猪的需要；适口性要好，粗纤维水平适当，保证消化良好，不拉稀，不便秘；饲粮要保证生长育肥猪能生产出优质的肉脂；饲粮的成本要低。

育肥猪若采用分期饲养方式，体重 60 千克以前为饲养前期，体重 60 千克以后为饲养后期。饲养前期的饲粮中的消化能含量为 12.55～13.39 兆焦/千克，粗蛋白含量为 16%～17%；饲养后期的饲粮中的消化能含量为 12.97～13.81 兆焦/千克，粗蛋白含量为 12%～14%。生长育肥猪的饲粮应以精饲料为主，适当搭配青、粗饲料，使饲粮中粗纤维含量控制在 6%～8%。

饲料配方应遵循的原则是合理地调配各种饲料的比例关系，避免生长育肥猪由于饲料中营养成分的不足而影响其生长潜力的发挥。避免频繁地更换饲料，保证育肥猪均匀地生长。总之，该阶段饲料配方的选择应在新的生理特征的基础上，以尽量少的饲料费用保证生长育肥猪发挥正常的生长潜力。

2. 饲料调制

饲料的科学合理调制，对于提高育肥猪增重速度和饲料利用率，节省生产成本有着重要作用。育肥猪的饲料调制一般要求缩小饲料容积，提高适口性和利用效率。对于精料应根据饲养标准规定的指标，饲料的营养价值，自身经济和猪的卫生条件，将多种饲料按一定比例组合成配合饲料；青饲料常切碎、打浆生喂，粗料可粉碎浸泡、发酵后适量饲喂。

（1）饲料粉碎和压片　玉米、高粱、大麦、小麦、稻谷等谷实饲料，都有一层硬种皮或兼有粗硬的颖壳，喂前粉碎或压片，可减少咀嚼消耗的能量，也有利于消化。粉碎的细度可分为细（颗粒直径1毫米以下）、中（颗粒直径1～1.84毫米）和粗（颗粒直径1.8～2.6毫米）三种。许多试验和实践证明，玉米等谷实粉碎的细度，以颗粒直径1.2～1.8毫米为好。肉猪吃起来爽口，采食量大，增重快，饲料利用率高。玉米粉碎过细，对食道和胃黏膜有损害。如在一项试验中，喂给粗粉玉米的猪，患胃黏膜糜烂和溃疡的猪相应为8%和3%；喂中度粉碎玉米的猪，患胃黏膜糜烂和溃疡的猪相应为14%和4%；而喂细磨玉米的猪，患胃黏膜糜烂和溃疡的猪相应为46%和15%。玉米粉碎过细，也会降低猪的采食量、增重和饲料利用率。据试验，喂给颗粒直径0.3～0.5毫米细粉配合饲料的肉猪，比喂给中等细度配合饲料的肉猪，延迟15天达到相同出栏体重。另一试验结果显示，吃颗粒直径1.2毫米配合饲料的肉猪日增重700～723克，而吃颗粒直径1.6毫米配合饲料的肉猪日增重758～780克。

谷实饲料的粉碎细度也不能绝对看待，当饲粮含有较多青粗饲料时，谷实粉碎得细一些并不影响适口性，也不致造成胃溃疡。用大麦、小麦喂肉猪时，用压片机压成片状比粉碎效果好。

青绿饲料、块根块茎类、青贮料及瓜类饲料，可切碎或打浆拌入配合精料中一起喂猪，减少咀嚼，缩小体积，增加采食量。甜菜在喂量较大时必须粉碎，而且以细为好，否则容易导致消化不良而拉稀。

干粗饲料一般都应粉碎，以细为好。能缩小体积，改善适口性和增加采食量。

（2）饲料生喂　玉米、高粱、大麦、小麦等谷实饲料及其加工副产物糠麸类，煮熟喂猪并不能提高其利用率，相反，煮熟会破坏其中的维生素，降低氨基酸的有效利用率。这类饲料由于煮熟过程的损失和营养物质的破坏，使其利用率比生喂降低10%，因此谷实饲料及其加工副产物最好生喂，不要煮成熟粥喂猪。生喂不仅效果好，而且可节省燃料和人工。

各种牧草、青草野菜、树叶、萝卜、甜菜、白菜、瓜类及水生植物等青绿多汁饲料，都应粉碎或打浆生喂，煮熟会破坏其中的维生素，处理不当还会造成亚硝酸盐中毒。

马铃薯、甘薯及其粉渣煮熟喂能明显提高利用率。大豆、蚕豆炒熟或煮熟饲喂比生喂利用率高。含有害成分的饲料如棉仁饼、菜籽饼、轻度变质的饲料（含有真菌、霉菌以及食堂剩菜、剩饭）、潲水，煮熟饲喂为好，能避免或减少猪中毒的可能性。

总之，喂猪常用的大多数饲料，都应当粉碎，配制成全价饲粮生喂，不仅饲养效果好，还能降低饲养成本，传统煮料喂猪的老习惯应当改变。

（3）饲料掺水量　配合好的干粉料，不掺水，直接装入自动饲槽喂猪，省工省事。只要保证充足饮水，用粉料饲喂肉猪可达到良好效果。饲喂干粉料要求的条件是猪栏内必须是硬地面（水泥或木板地面），否则抛撒到外面的饲料会造成浪费。

为了有利于肉猪采食，缩短饲喂时间，避免舍内有饲料粉尘，可将干粉料按1∶0.5或1∶1掺水，调成半干粉料或湿粉料，用槽子喂或在硬地面撒喂，另给饮水。料水的比例加大到1∶（1.5～2）时，即成浓粥料或稀粥料，虽不致影响饲养效果，但必须用槽子喂，费工费事。

饲喂时，不要在饲料中掺过多的水，当料水的比例超过1∶2.5时，就会减少猪各种消化液的分泌，同时冲淡消化液，降低各种消化酶的活性，影响饲料的消化吸收，降低增重和饲料利用率。饲粮含水过多（超过70%～75%），也影响饲料氮的利用率和体蛋白的沉积量，据试验，饲粮含水率提高到83%时，氮的利用率降低6.6%。另据试验表明，饲粮按1∶1掺水，肉猪每天体蛋白沉积量为135.6克；饲粮按1∶3掺水时，则每天体蛋白沉积量降为121.3克。所以，要改变喂稀料的传统习惯。料水的比例以1∶（0.5～2）以内、饲粮含水率在60%～70%以内为宜。从增重速度和饲料利用率来看，肉猪喂湿粉料或半干粉料优于干粉料。

3. 饲料的形态

饲料有颗粒料和粉状料等不同形态。多数试验结果表明，对肉猪喂颗粒料优于干粉料，日增重和饲料利用率均提高8%～10%。但也有一些试验表明，肉猪喂湿粉料的效果并不比颗粒料差，而且颗粒料的成本高于粉状料。颗粒料中谷实的粉碎程度要比干粉料细一些，颗粒直径在肉猪生长阶段为7～16毫米较好。

4. 饲喂方法

（1）育肥的饲养方式　有“自由采食”（不限量采食）和“定餐喂料”（限量采食）两种方式。自由采食是将饲粮装入自动饲槽，自动饲槽没有饲料就立即添加，保证自动饲槽中一直有料。自由采食省时省工，给料充足，猪的发育也比较整齐。但容易导致猪的“厌食”，造成饲料的浪费，不易观察猪群的异常变化（猪只不是同时采食，也不是同时睡觉）。定餐喂料就是按顿添料，每餐吃饱。定餐喂料可以提高猪的采食量，促进生长，缩短出栏时间。但工作量大，对饲养员要求高（要保证猪只充分喂养。充分喂养，就是让猪每餐吃饱、睡好，猪能吃多少就给它吃多少）。

（2）给料给水的饲喂方法　当肉猪采取舍内吃睡、舍外排粪、大群密集饲养方式时，可在舍内水泥地面上撒半干粉料或湿粉料，栏内设有足够水槽或自动饮水器。在小群栏内固定饲养时，要用槽饲喂或自动饲槽自由采食，另设水槽或饮水器，地面撒喂不合适，因饲料易与粪尿掺混，料损多。地面撒喂要保证有充足的采食时间，用槽子饲喂要保证每头猪有足够的槽位（至少 30 厘米），防止强夺弱食，同体确保供给充足清洁饮水。

（3）日喂次数　肉猪每天喂几次要根据猪的年龄和饲粮组成来掌握。断奶后的仔猪，由于消化系统不完善，胃肠容积小，消化能力差，对营养需要量多，应保证有较多的饲喂次数。小猪长到 30 千克以后，则可以适当减少饲喂次数，以每日 3 次为宜，即早、中、晚各 1 次，每次喂食时间的间隔应大致相同，每天最后一顿要安排在晚上 9 时左右。中猪和大猪阶段，胃肠容积扩大，消化能力增强，可适当减少饲喂次数。如果饲粮是精料型的，可每天饲喂 2～3 次；如果饲粮中包含较多的青饲料、干粗饲料或糟渣类饲料，则日喂 3～4 次。过多增加饲喂次数不仅浪费人工，还影响猪的休息与消化。每次饲喂的间隔，应尽量保持均衡，饲喂时间应选择在猪食欲旺盛的时候。例如，夏季日喂 2 次时，以上午 6 时和下午 18 时饲喂为宜。喂食时，先喂精饲料，后喂青饲料，并做到少喂勤添，一般每顿食分 3 次投料，让猪在半小时内吃完，饲槽不要剩料，然后每头猪喂青饲料 0.5～1.0 千克，青饲料洗干净不切碎，让猪咬吃咀嚼，把更多的唾液带入胃内，以利于饲料的消化。

每头猪每天的喂量，一般体重15～25千克的猪喂1.5千克，25～40千克的猪喂1.5～2千克，40千克以上的猪喂2.5千克以上。每顿喂量要基本保持均衡，可喂九分饱，使猪保持良好的食欲。饲料增减或换品种，要逐渐进行，使猪的消化机能逐渐适应。

5. 供给充足清洁的饮水

水是生物体细胞的重要组成部分，对调节体温和养分运输、消化、吸收及废物的排泄等起重要作用。育肥猪的饮水量随环境温度、体重和饲料采食量的变化而变化，在春、秋季，正常饮水量为采食饲料干重的4倍，占体重的16%左右，夏季约为6倍或体重的23%左右，冬季则可减半。供水方式宜采用自动饮水器或设置水槽。育肥猪的饮水应在饲喂以后进行，有条件的地方也可自由饮水，饮用水应保持清洁。在气温较低的季节，最好能供应30～40℃的温水，以免小猪饮用温度过低的冷水而出现胃肠疾病。

【育肥猪喂料技巧】 一是定餐饲喂。喂料量的估算，一般每天的喂料量是猪体重的3%～5%。比如，20千克的猪，按5%计算，那么一天大概要喂1千克料。以后每一个星期，在此基础上增加150克，这样慢慢添加，到了大猪80千克后，每天饲料的用量就按其体重的3%计算。当然这个估计方法也不是绝对的，要根据天气、猪群的健康状况来定。二是三餐喂料量不一样，提倡“早晚多，中午少”。一般晚餐占全天耗料量的40%，早餐占35%，中餐占25%。三是喂料要注意“先远后近”的原则，即添加饲料从远离饲料间的一端开始添料，保证每头猪采食量一致，以提高猪的整齐度。四是保证猪抢食。养肥猪就要让它多吃，吃得越多长得越快。怎么让猪多吃？得让它去抢。方法是每隔喂3～4天后可以减少一次喂料量，让猪有空腹感，下一顿再恢复正常料量。这样让猪始终处于一种“抢料”的状况，提高了猪的采食量，提高了其生长速度，便可提前出栏。

（二）一般管理

1. 合理分群

群饲可以提高采食量，加快生长速度，有效地提高猪舍设备利用率以及劳动生产率，降低养猪生产成本。但如果分群不合理，圈养密度过大，未及时调教，则会影响增重速度。所以，育肥猪应根据品种、体重和个体强弱，合理分群。同一群猪个体体重相差不宜太大，小猪阶段不宜超过4～5千克，中猪阶段不宜超过7～10千克，并保持定群之后的相对稳定，确因疾病或生长发育过程中拉大差别者，或者因强弱、体况过于悬殊的，应给予适当调整，在一般状况下，不应频繁调动。

（1）适宜的密度和圈养数量　研究表明，体重15～60千克的育肥猪所需面积为0.8～1米^2，60千克以上的育肥猪为1.4米^2；在集约化或规模化养猪场，猪群的密度较高，每头育肥猪占用面积较少。一个7～9米^{2}的圈舍，可饲养体重10～25千克的猪20～25头，饲养体重60千克以上的猪10～15头。

（2）分群的方法

① 原窝原圈饲养　猪是群居动物，来源不同的猪并群容易出现剧烈的咬斗，相互攻击，强行争食，严重影响肉猪的生长。原窝猪原圈饲养就是将哺乳期的同窝猪一块转入生长育肥舍的同一个圈内。这样在哺乳期已形成的群居序位，在生长育肥期保持不变，就可以避免咬斗等。

② 按杂交组合分群　不同杂交组合的杂种猪生活习性不同，对饲粮的要求不同，生长速度不同，上市的适宜体重也不同，如果同群饲养，不能充分发挥其各自特性，将影响育肥效果。例如，太湖猪等本地猪的杂种猪，其特点是采食量大，不挑食，食后少活动，贪睡，胆子小，稍有干扰就会影响其正常采食和休息。杜洛克、苏白和大约克夏的杂种猪，则表现强悍、好斗，食后活动时间较多。如果把这两类杂种猪分到同一群内育肥，则前者抢不上槽，影响采食和生长；后者霸槽，吃得过多，长得过肥，影响胴体质量。不同杂交组合的猪对饲粮组成的要求不同，本地猪的杂种猪饲喂高蛋白质饲粮是浪费，而引入品种的杂种猪饲喂低蛋白质饲粮又会影响其瘦肉型猪的瘦肉产量和肉品质量。把两者同时放在一群饲养，显然不能合理利用饲料，两者适宜上市体重不同，也会给管理上带来不便。因此，肉猪饲养时要按杂交组合分群，把同一杂交组合的仔猪分到同一群内饲养。这样，可避免因生活习性不同相互干扰采食和休息，喂给配制合理的饲粮，同一群内肉猪生长整齐，大

体同期出栏，便于管理。

③ 按体重大小、体质强弱分群　在一群猪中，体大强壮的个体一般在群内居高位次，体小软弱的个体居低位次，采食、饮水都受欺侮。体大强壮的个体可能长得过分肥胖，体小软弱的个体则发育落后，甚至变为僵猪。为避免这种强夺弱食的现象，饲养肉猪一开始就要按仔猪体重大小、体质强弱分别编群，病弱猪单独编群。

（3）分群时应注意的事项

① 留弱不留强，拆多不拆少，夜并昼不并。就是把处于不利争斗地位或较弱小的个体留在原圈，将较强的猪并进去；或将较少的群留在原圈，把猪多的群并进去；还可把两群猪合并后赶至另一圈，并在夜间并群。

② 分群后要保持猪群稳定。把不同窝的仔猪编到同一群中，在最初2～3天内会发生频繁地相互咬斗较量，大体要经过1周时间，才能排定群内的位次关系，建立起比较安定的群居秩序，采食、饮水、活动、卧睡各自按所处位次行事，群内个体间相互干扰和冲突明显减少。一般来说，每次猪群重组，建立新的序位，大体1周内很少增重。所以，除淘汰个别病残猪或另圈优厚饲养外，猪群要保持稳定。

③ 可以结合栏舍消毒，利用带有较强气味的药液（如澳费水、菌毒灭多）喷洒猪圈与猪的体表，减少咬斗。

④ 对于圈养密度的确定，应考虑育肥猪的体格大小、猪舍设备、气候条件、饲养方式等因素，每圈饲养猪的头数过多，圈养密度过大，都会影响到育肥效果。

2. 及时调教

调教猪只在固定地点排便、睡觉、进食和互不争食的习惯，不仅可简化日常管理工作，减轻劳动强度，还能保持猪舍的清洁干燥，打造舒适的居住环境。

要做好调教工作，首先要了解猪的生活习性和规律。猪喜欢睡卧，在适宜的圈养密度下，约有60%的时间躺卧或睡觉，猪一般喜躺卧于高处、平地，圈角黑暗处，垫草上，热天喜睡于风凉处，而冬天喜睡于温暖处；猪排粪有一定的地点，一般在洞口、门口、低处、湿处、圈角排便，并且往往是在喂食前后和睡觉刚起来时排便，此外，在进入新的环境，或受惊恐时排便较多。只要掌握这些习性，就能做好调教工作。调教成败的关键是要抓得早，猪群进入新圈立即开始调教，调教重点是抓好如下两项工作。

(1) 防止强夺弱食　在新合群和新调圈时，猪要建立新的群居秩序，为使所有猪都能均匀采食，除了要有足够的饲槽长度外，对喜争食的猪要勤赶，使不敢采食的猪能够采食到饲料，帮助建立群居秩序，达到均匀采食。

(2) 固定地点　使猪群采食、睡觉、排便定位，保持猪舍干燥清洁。能常运用守候、勤赶、积粪、垫草等方法单独或交错使用，进行调教，有经验的饲养员，在调入新猪时，把圈栏打扫干净，将猪要卧的地方铺上少量垫草，饲槽放上饲料，并在指定排便地点堆放少量粪便，然后将猪赶入，在近 2～3 天时间内，特别是白天，几乎所有时间都在猪舍守候、驱赶、调理。目的很明确，只要猪在新环境中按照人的要求，习惯了定点采食、睡觉、排便，那么饲养人员在这些猪出栏前，可减少很大的工作量，而且能正常保持猪舍卫生条件，对育肥猪的增重十分有益。因咬架、争斗所造成的损伤几乎没有。所以，这些看起来麻烦的工作，只要做好，还是十分合算的。

3. 做好卫生防疫和驱虫工作

(1) 保持猪舍卫生　猪舍卫生与防病有着密切的关系，必须做好猪舍的清洁卫生工作。

(2) 按防疫要求制订防疫计划，安排免疫程序　育肥猪的免疫安排如下。

① 1 日龄乳猪。需做猪瘟超前免疫的猪场，乳猪未吃初乳前立即接种猪瘟兔化弱毒疫苗，接种 1～2 小时后哺乳。春秋季节初生乳猪，后海穴注射猪传染性胃肠炎弱毒冻干苗 0.5 毫升。

② 3～5 日龄乳猪（母猪产前未免）。猪链球菌多价灭活油苗、猪伪狂犬病灭活苗（弱毒苗也可）或基因缺失苗各免疫 1 次。

③ 7 日龄乳猪（母猪产前未免）。免疫猪传染性萎缩性鼻炎。

④ 断奶前 20 日龄左右乳猪。猪瘟兔化弱毒疫苗免疫 1 次，若做过猪瘟超前免疫，此时不再免疫，直至 60 日龄再免。猪链球菌多价灭活油苗、猪伪狂犬病灭活油苗（弱毒苗也可）或基因缺失苗

各免疫1次，若3～5日龄乳猪已免疫，此时不再免疫，直至育肥猪出栏。

⑤ 30～35日龄仔猪。猪传染性萎缩性鼻炎、猪传染性胸膜肺炎油乳苗免疫一次。

⑥ 30～50日龄仔猪。仔猪副伤寒弱毒苗免疫1次，在该病常发地区可于20～30日龄首免，间隔5～8天再免疫1次。五号病疫苗1次。

⑦ 60日龄左右仔猪。用猪丹毒、猪肺疫二联苗免疫接种1次，在该病常发地区还应在90日龄再加强免疫接种1次，以后每半年免疫接种1次。做过猪瘟超前免疫的猪场，此时用猪瘟兔化弱毒疫苗免疫1次。

⑧ 60～70日龄小猪。进行猪瘟兔化弱毒疫苗第二次免疫，直至育肥猪出栏。

仔猪断奶时注射五号病疫苗，育肥中期再接种1次。

（3）驱虫　猪的寄生虫主要有蛔虫、姜片吸虫、疥螨等。通常在90日龄进行第一次驱虫，在135日龄左右进行第二次驱虫。驱虫常用驱虫净（四咪唑），每千克体重为20毫克；或用丙硫咪唑，每千克体重为100毫克，拌料一次喂服，驱虫效果良好。

4. 创造适宜的小气候环境

育肥猪舍应清洁干燥，空气新鲜，温度和湿度适宜，在适宜的环境中，猪躺卧安静、四肢伸展，表现得非常舒适，其增重和饲料利用率均高。猪的体重大小不同，所要求的适宜温度也不同。我国冬夏气温相差悬殊，如何因地制宜做好防寒防暑工作，对于提高育肥猪的增重速度和降低饲料消耗，是十分重要的。

在高温情况下，猪的食欲下降，采食量显著减少，增重下降。因此在炎热的夏天，每天可用水冲洗舍内地面降温，特别在酷暑阶段，可用淋浴洗猪，做法很简单，在猪舍上方吊一根一寸或二寸长的塑料水管，在管壁上扎细眼，通水后形成淋浴状，让育肥猪度过酷暑。并且此法还能排出舍内污物，保持猪体清洁。

冬季要注意防寒保暖，因为体况较差的幼猪怕冷，堆叠在一起互相挤压，往往出现压死压伤等现象。应把猪舍的保温和加强饲养管理工作结合起来，堵塞猪舍孔隙，防御寒风，特别要防止贼风吹袭，农户、专业户可多加垫草来保暖。一定规模的猪场，中午气温高时，可打开窗户排除潮气，并注意调教，以便经常保持舍内干燥。有条件的猪场，可用暖气提高猪舍温度。一般情况下刚赶入育肥的幼猪，最好用红外线灯、火炕、火炉来取暖。在饲养上，适当多喂干粉料，减少湿拌料的饲喂次数，不喂冷冻饲料，以防消耗体热，影响增重。光照的强弱对育肥的影响不大，因此，一般育肥猪舍光照只要便于饲养管理即可。

育肥猪的栏舍和猪体要经常保持清洁，防止发生皮肤病和其他疾病。

5. 防止育肥猪过度运动和惊恐

生长猪在育肥过程中，应防止过度运动，这不仅会过多地消耗体内的能量，还会影响生长，更严重的是容易催患一种应激综合征。

6. 注意观察猪群

细致观察每头猪的精神状态和各项活动，以便及时发现异常猪只。当猪安静时，听呼吸有无异常，如喘、咳等；观察有无咬尾现象；观察采食时有无异常，如呕吐、食欲不好、采食少等；观察粪便的颜色、状态是否异常，如下痢或便秘等。通过细致观察，可以及时发现问题，采取有效措施，防患于未然，减少损失。

7. 减少猪群应激

猪应激不仅影响生长，而且会降低机体抵抗力，应采取措施减少应激。

（1）饲料更换　饲料更换应有一个过渡期，当突然更换猪饲料时，会出现换料应激，造成猪的采食量下降、增重缓慢、消化不良或腹泻等。解决换料应激的常用办法是猪的原料配方和数量不要突然发生过大的变化。换料时，应用一周左右的时间梯度完成，前3天是使用70%的前料加30%新料，后3～4天使用30%的前料加70%新料，然后再全部过渡为新的饲料。

（2）转群　当猪被驱赶、捕捉或猪只转移到陌生的环境中去时就会出现转群应激。集约化养猪难以避免转群的过程，但转群时不要粗暴趋赶猪群，在转群前后3～5天内在日粮中补加些维生素、电解质等。

（3）增强抵抗力　应给猪补充足够的元素硒和维生素A、维生素D、维生素E，其不仅可以促进动物较快的增长，还可以使猪只在一定应激条件下保持好的生产性能，增强猪群的耐受性和抵抗力。给猪喂劣质饲料会大幅增加疾病和应激的发生。近年来的研究发现，硒和维生素E具有防应激抗氧化、防止心肌和骨骼的衰退及促进末梢血管血液循环的作用，同时，当猪受到应激后，对营养需求量大，对硒和维生素E的需要量提高。

（4）使用药物　在转群、移舍、免疫接种等生产环节中以及环境因素出现较大变化时可使用抗应激药物缓解和减弱应激反应。如缓解热应激可以使用维生素C、维生素E和碳酸氢钠等；解除应激性酸中毒，可用5%碳酸氢钠液静脉注射；纠正激素失调及避免应激因子引起临床过敏病症的药物选用皮质激系、水杨酸钠、巴比妥钠、维生素C、维生素E和抗生素等。

8. 做好记录

详细记录猪的变动情况以及采食、饮水、用药、防疫、环境变化等情况，有利于进行总结和核算。

（三）季节管理

春夏秋冬，气候变化很大，只有掌握客观规律，加强季节性饲养管理，才能有利于猪的生长发育。

1. 春季管理

春季气候温暖，青饲料幼嫩可口，是养猪的好季节。但春季空气湿度大，温暖潮湿的环境给病菌创造了大量繁殖的条件，加上早春气温忽高忽低，而猪刚刚越过冬季，体质较差，抵抗力较弱，容易感染疾病。因此，春季也是猪疾病多发季节，必须做好防病工作。

在冬末春初，对猪舍要进行一次清理消毒，搞好猪舍的卫生并保持猪舍通风透光、干燥舒适。寒潮来临时，要堵洞防风，避免猪受寒感冒。

消毒时可用新鲜生石灰按（1∶10）～（1∶15）的比例加水，搅拌成石灰乳，然后将石灰乳刷在猪舍的墙壁、地面、过道上即可。

春季还要注意给猪注射猪瘟、猪肺疫、猪丹毒等各种疫苗，以预防各种传染病的发生。

2. 夏季管理

夏季天气炎热，而猪汗腺不发达，尤其育肥猪皮下脂肪较厚，体内热量散发困难，使其耐热能力很差。到了盛夏，猪表现出焦躁不安，食量减少，生长缓慢，容易发病。因此，在夏季要注重做好防暑降温工作。

（1）搞好防暑降温

① 加强畜场绿化　绿化不仅可以美化环境，更能净化环境和改善环境小气候，有利于猪的健康和生长、生产。如茂密的树木可以遮挡强烈的阳光辐射（夏天可降低畜舍环境温度3～4℃，减轻热辐射80%），过滤空气中的微粒和微生物，叶面水分蒸发又可吸收大量热量。植物进行光合作用吸收二氧化碳而放出氧气，使场内有害气体减少25%，尘埃减少30%～66.5%，恶臭减少50%，噪声减少25%，空气中细菌数减少22%～79%。在畜场四周，特别是南边和西边多种一些高大的乔木，道路两边种植花草，猪舍中间种植一些植物；猪舍南侧、西侧种植爬壁植物或丝瓜、葫芦等植物，攀爬到屋顶、运动场顶棚，可以起到较好的遮阳作用。

② 加强猪舍的隔热防晒　一是加强隔热建设。猪舍屋顶、墙壁等采用隔热性能良好的材料（如泡沫塑料屋顶、泥巴屋顶等）、结构合理（如多层结构）。二是屋顶遮阳。猪舍屋顶上方1米左右高度安装遮光网（所有屋面形式均适合），可使舍内温度下降2～3℃。所有猪舍南面屋檐下安装遮光网，可避免阳光直射进舍内猪身上。这种网可挡住50%～100%的紫外线（遮光率为50%～100%）。可以在屋顶上面铺设30～40厘米厚的垫料（稻草、麦秆或玉米秸秆等）。用白漆或石灰水将屋顶涂白，增强屋顶大反射能力。

③ 加强猪舍通风　猪舍通风一方面可以加大气流流动，使猪只感到舒适，另一方面可以增加舍内空气中的氧含量。猪舍内安装必要有效的通风设备，定期对设备进行维修和保养，使设备正常运转，提高猪舍的空气对流速度，有利于缓解热应激。封闭舍或容易封闭的开放舍，可采用负压纵向通风，并在进气口安装湿帘，降温效果良好。不能封闭的猪舍，可采用正压通风即送风，加大舍内空

气流动，有利于缓解热应激。

④ 加强蒸发散热　生长、育肥猪舍一般均为全敞开式，猪可自由采食。生长、育肥猪所需的温度比种公猪、怀孕母猪要高，它可通过身体接触水泥地面而散发部分热量，必要的话，也可在小区域内安装喷水消暑设备。

(2) 科学饲养管理

① 调整饲粮营养浓度　高温可引起采食量下降、产热增加，因此，必须根据采食量减少情况，相应提高日粮营养浓度，特别是能量和维生素水平。如果营养浓度提高10%意味着采食量恢复10%。可以通过使用血球蛋白、鱼粉来提高日粮的蛋白质、赖氨酸水平；通过使用脂肪（添加5%左右）、膨化大豆来提高日粮的能量水平，并可减少猪体增热；可以降低或减少使用含粗纤维高的麸皮等原料，以减少猪体增热；可增加饲粮中维生素E（200毫克/千克）、维生素C（200～500毫克/千克）的含量和适量添加$NaHCO_3$（250毫克/千克），以提高猪的免疫力，增强抗热应激能力。

② 保证饲料新鲜，防止饲料发霉　夏季高温高湿的气候环境容易引起饲料发霉，因此，必须从源头上把好进料关，并将饲料保存在通风干燥的环境中，经常检查饲料的质量，保证饲料新鲜。如有必要可在饲料中添加霉菌毒素处理剂，如霉消安、白安明等；经常清理投料场地，防止投喂的饲料发霉变质。

③ 科学饲喂　一是改变料型。把干喂改为湿喂或采用颗粒饲料，增加猪的采食量。湿料可以增加采食量10%左右，但天热湿料容易变质，要现拌现喂，防止高温酸败变质，当餐没有吃完的饲料一定要清扫干净，不能与下一餐饲料混饲。饲养员应注意掌握投饲量，以免造成不必要的饲料浪费。二是调整饲喂时间，增加饲喂次数。早上提前至5:00～6:00喂料、下午推迟到18:00～19:00喂料，尽量避开天气炎热时投料，夜间（22:00～23:00）加喂一次，中午不喂料。

④ 保证清洁饮水　高温炎热天气，猪呼吸快，体内水分散失较大，饮水量明显增加，因此，要保证饮水充足不间断。水温较低的深井水或冰凉水有利于增加采食量，缓解热应激。饮用水应水质

良好，清洁卫生。

⑤ 降低猪群饲养密度　降低猪群密度，可避免拥挤，改善猪群空气质量，减少热应激。高温季节难养，常出现倒槽不吃食，影响生长。一般在高温季节未到之前将育肥猪出售，若不出售，应比平时降低10%～15%的饲养密度，每头猪占圈面积1～1.2米^2。喷水降温，采取早晚喂料，中午加喂青料或稀料。

(3) 严格兽医管理

① 注意环境卫生　夏季，猪体内外寄生虫及猪舍内外的蚊蝇等有害昆虫容易大量繁殖，因此必须保持环境卫生，勤清扫、冲洗，勤通风，清理地下沟渠积水，对产生的猪粪进行无害化处理，同时要对猪群定期驱虫。由于夏季高温多湿易发仔猪球虫病，应考虑对哺乳仔猪使用抗球虫药，如白球清、三字球虫粉等；猪舍内安装纱网门窗防蚊蝇侵扰，同时全场猪饲粮中添加蝇得净，按50克/吨饲粮添加混饲，连用1个月，同时结合使用加强蝇必净，能有效地控制猪场苍蝇。

② 猪舍的定期消毒措施　夏季有利于细菌的生长繁殖，猪舍的定期消毒工作是切断疫病传播途径，消灭传染源的好办法。因此，要认真做好栏舍、场地、用具、器械、排水沟渠、转猪台以及猪体等的消毒工作。

③ 加强猪群免疫接种　严格按照有关免疫程序注射各种疫苗，并做好记录，确保免疫到位。确保疫苗的采购、运输、保存过程规范，防止可能出现的疫苗冷链中断，避免疫苗质量下降或失效，稀释后的疫苗应放在冷藏箱中并在1小时内用完。

④ 做好防暑保健工作　天气炎热时，可应用开胃健脾、清热消暑的中草药协助猪群防暑，如大黄粉、大青叶、板蓝根、山桥、苍术、陈皮、槟榔、黄芩、大曲等配制成饲料添加剂，添加量为0.8%～1%，可缓解炎热环境对商品猪的影响，提高增重和饲料利用率等。

3. 秋季管理

秋季气温适宜，饲料充足，品质好，是猪生长发育的好季节。因此，应充分利用这个大好时机，做好饲料的储备和猪的育肥催肥工作。

4. 冬季管理

冬季是一年中气候最寒冷的季节。饲养管理不善容易影响育肥猪生长并诱发多种疾病。冬季要注意防寒保暖。

（1）防寒保暖

① 减少猪舍的热量散失　冬季到来时要检修畜舍，封闭开露部分。舍内可使用保温材料，如塑料布、彩条布等设置顶棚，窗户和门挂上棉帘。

② 减少畜体散热　堵塞墙体和门窗的缝隙、粪道口等，防止冷风直吹猪体。维护好饮水系统，避免淋湿猪体。

（2）科学饲养管理

① 营养调整　提高日粮能量浓度，肉猪添加1%～2%的动物油脂。仔猪和育肥猪后期日粮中添加2%～3%的大豆油，油脂还可改善饲料适口性。增加维生素添加量，维持黏膜系统完整性。

② 饲喂程序调整　早上早喂，晚上关灯前让猪吃饱吃好。

③ 供给洁净温暖的饮水　冬天让猪饮用温水，可以减少热量散失。

④ 保持适宜的饲养密度。

（3）加强卫生和隔离消毒　保持猪舍清洁卫生，注意适量通风换气，引种的隔离观察。在猪舍内勤清粪便，勤换垫草，并适当增加饲养密度，保证猪舍干燥、温暖。按照消毒程序严格消毒。

六、快速育肥的新方法和新技术

（一）断奶杂交猪三段快速育肥新技术

体重在15千克左右的断奶杂交猪，采用此三段快速育肥新技术，4个月体重就可达到100千克出栏的体重标准。

1. 饲料配方

见表6-11。

2. 饲养管理

（1）驱虫健胃　仔猪入栏前先进行驱虫，驱虫可用驱虫精涂擦猪的耳背，驱除猪体内的寄生虫。也可按每10千克仔猪体重内服敌百虫1克，拌入饲料中喂服。隔3天后用小苏打20克拌入少量

表 6-11 断奶杂交猪三段快速育肥的饲料配方

阶段	饲喂时间/天	仔猪体重	配方
Ⅰ	50	由 15 千克长到 30 千克	玉米 30%，麸皮 15%，红薯干 15%，菜饼 8%，鱼粉 1.5%，食盐 0.5%，细米糠 30%。每 100 千克基础饲料添加硫酸铜 20 克，硫酸亚铁 10 克，硫酸锌 10 克
Ⅱ	40	由 31 千克长到 50 千克	玉米 20%，麸皮 10%，薯干 20%，菜籽饼 10%，鱼粉 1%，豆饼 4%，细米糠 35%。每 100 千克基础饲料添加硫酸铜 26 克，硫酸亚铁 15 克，硫酸锌 10 克
Ⅲ	30	由 51 千克生长到 100 千克	玉米 25%，麸皮 15%，薯干 25%，菜籽饼 5%，鱼粉 2%，细米糠 27%，食盐 1%。每 100 千克基础饲料添加硫酸铜 25 克，硫酸亚铁 20 克，硫酸锌 15 克

的饲料饲喂，仔猪通过驱虫健胃后进入三段快速育肥。

（2）饲料发酵　将硫酸铜、硫酸铁、硫酸锌用温水溶解后均匀地洒在配合饲料中，加适量的水搅拌均匀，以手攥指缝见水不下滴为宜，然后装入缸中密封 1 夜后饲喂。采用这种发酵的饲料不但有酒香味，可有效地提高猪的食欲，而且饲料经过糖化后营养价值更高，从而有效地提高了饲料的有效利用率，降低了饲料成本，提高了饲养的经济效益。

（3）科学饲喂　经过发酵的饲料要进行生喂，饲喂 4 次/天：第 1 次早晨 6:30 饲喂，以后每间隔 4 小时饲喂 1 次，第四次在晚上 9:30 饲喂，饲喂量要随着猪体的增重不断增加。推荐的饲喂量为：仔猪体重 15～30 千克阶段，每天饲喂配合饲料 1.25 千克；31～50 千克阶段，每天饲喂 1.25～1.50 千克；50 千克以上阶段，每天饲喂 1.75 千克，青饲料的饲喂量不限。要少添勤喂，饲喂后饮清水。

当育肥日龄达到 4 个月时，育肥猪即可达到 100 千克出栏的体重标准。

（二）塑膜暖棚养猪

北方地区冬季漫长寒冷，没有保温措施，养猪白搭饲料不增重，给养猪业造成较大经济损失，而塑膜暖棚养猪解决了北方养猪生产的这一重大难题。

1. 塑膜暖棚猪舍的优点

有利于提高舍内温度。塑膜暖棚猪舍能充分利用太阳能，增加舍内的太阳辐射热，同时，塑膜可以将猪体散失的热量阻止在舍内，可以减少舍内热量散失，从而保证舍内温度；有利于通风换气。由于塑料棚舍内温度高，与棚外温差又较大，使变轻的热空气聚集在棚顶附近。当把设在棚顶部的排气口和设在圈门处的过气口打开时，根据热压换气原理，热空气（污染空气）由排气口排出，新鲜空气由进气口进入，这样不仅可以达到通风换气的目的，还可有效地调节舍内温度，降低舍内有害气体的含量，成本较低。

2. 塑膜暖棚建筑

（1）塑膜暖棚猪舍的地址选择　地址要选择在地势高燥、背风向阳、无高大建筑物遮蔽处。坐北向南或稍偏东南，交通方便，水源充足，水质良好，用电方便，远离主要公路干线，便于防疫。

（2）棚的入射角及塑膜的坡度　塑膜暖棚的入射角是指塑料薄膜的顶端与地面中央一点的连线和地面间的夹角，要大于或等于当地冬至正午时的太阳高度角。塑膜的坡度是指塑膜与地面之间的夹角，应控制在55～60度，这样可以获得较高的透光率。

（3）建筑材料的选择　修建塑膜暖棚的材料可因地制宜，就地取材。墙可用砖或石头等砌成，圈外设贮粪池。后坡棚顶可用木板、竹子、板皮、柳条等铺平，上面铺以废旧塑膜、编织袋、油毡等，再用黄泥掺麦草或锯末抹平，上面盖瓦或石棉瓦等。棚支架选用木材、竹子、钢筋、硬塑料等均可。棚杆间距以0.5～0.8米为宜。

（4）通风换气口的设置　塑膜暖棚猪舍的排气口应设在棚顶部的背风面，高出棚顶50厘米，排气孔顶部要设防风帽。猪舍进气口应设在南墙或东墙的底部，距地面5～10厘米。

3. 塑膜暖棚的管理

（1）适时扣棚和揭棚　东北地区适宜扣棚时间为10月下旬至翌年3月份。进入3月份外界气温逐渐回升，应逐渐扩大揭棚面积，切不可一次性揭掉，目的是防止畜禽发生感冒。

（2）做好保温工作　塑膜暖棚一般只盖一层塑膜，在北方寒冷季节里，保温还是不行的，为了提高塑棚的保温效果，还必须备有草席或尼龙保温布，将其一端固定在棚的顶端，白天卷起来固定在棚舍顶端，晚上覆盖在塑膜的表面，起到保温作用。同时还要经常巡视棚外有无破裂及漏洞，保持塑膜清洁，并经常清扫塑膜上的灰尘，以免影响透光率。

（3）适时通风换气　棚舍内中午温度最高，并且舍内外温差较大，因此，通风换气应在中午前后进行，每次换气时间以10～20分钟为宜，通风时间的长短，因猪只大小及有害气体和水汽的含量多少而定。

4. 饲养管理配套技术

（1）选择优良猪种　猪的生产性能高低首先取决于自身的遗传潜力，不同品种猪的遗传潜力大不相同。在生态养猪过程中必须实现良种化，最好是选用生长发育快、早熟、抗逆性强的杂交种，如杜×本、长×本、杜×长×本杂交猪等。

（2）合理喂饲

① 科学搭配饲粮　根据当地饲料资源、生长育肥猪的营养需要和饲养标准，确定其饲料种类并进行加工配合。应彻底改变那种有啥喂啥的传统方法，实行全价饲料喂养。

② 合理调制饲料　猪的饲料只有经过科学加工调制，才能提高饲料利用率。如颗粒料比粉料更能增加猪的食欲。

③ 供给充足的饮水，并保证清洁无污染。

（3）科学管理

① 合理分群　应根据猪的性别、体重、体质强弱等情况分群饲养，一般每群以10～15头为宜。

② 正确调教　调教在小猪一送入暖棚后就应开始，平时应与猪多接近，采取以食引诱、触摸抓痒、温和呼唤等方法进行调教。这样猪就会逐渐形成排泄、进食、睡觉三定位，减少污染。

③ 严格控制棚舍内的温、湿度　在10月末至11月初要及时扣好暖棚；在冬季最冷的几天中，当舍内温度低于10℃时，可适当生火加温。猪舍内饲养密度大，冲洗猪舍经常用到水，若不注意，容易造成猪舍内湿度过大。因此，排湿也是暖棚养猪的关键一

环。应采取适当通风措施，保持舍内60%～70%的相对湿度。

④ 保持适当的饲养密度　幼猪每头占0.3～0.5米^2，成年猪每头占1～1.2米^2，不能过于拥挤，一般每圈养10～12头猪较为合适，同时，要及时将棚圈内个体发育小的猪挑出来，另行饲养，每圈的猪体重不能超过标准太大。

⑤ 搞好卫生防疫，建立健全卫生防疫消毒制度　猪在入棚前，要将棚舍清扫干净，并对地面、墙壁进行彻底消毒，除用消毒药水喷洒地面和墙壁外，还可用甲醛熏蒸消毒，按每立方米容积用甲醛30毫升、高锰酸钾15克进行密闭熏蒸12～24小时。棚舍入口处增设石灰池，加强消毒，消毒液每周更换一次。圈舍每半个月用常规消毒药水进行一次消毒。另外，一般在断奶后20天进行一次驱虫，以后每隔2个月或体重每增加40千克驱虫一次。

幼猪入棚后，每天清扫粪便两次，以防粪便堆积发酵，产生有害气体，影响猪的生长发育。暖棚养猪一般每年进行春秋季防疫，注射各种疫苗，对育肥肉猪进行一次疫苗注射。育肥猪出栏后，彻底消毒。

⑥ 注意观察　一方面注意猪的食欲和行为；另一方面要注意观察粪便和卧息姿势。发现异常，应尽快进行诊治。

（4）适时出栏

① 品种不同，出栏时间不同　一般来说早熟品种应早出栏，而晚熟品种应晚出栏。

② 掌握增重规律，确定出栏时间　生长育肥猪随着体重的逐渐增大，其增重速度加快。当体重达到一定程度时，其增重速度缓慢，这时应及时出栏。

（三）发酵床生态养猪

发酵床零排放生态养猪就是用锯末、秸秆、稻壳、米糠、树叶等农林业生产下脚料配以专门的微生态制剂——益生菌来垫圈养猪，猪在垫料上生活，垫料里的特殊有益微生物能够迅速降解猪的粪尿排泄物。这样，不需要冲洗猪舍，从而没有任何废弃物排出猪场，猪出栏后，垫料清出圈舍就是优质有机肥。从而创造出一种零排放、无污染的生态养猪模式。

1. 发酵床生态养猪的特点

① 降低基建成本，提高土地利用率。省去了传统养猪模式中不可或缺的粪污处理系统（如沼气池等）投资，提高了土地的利用效率。

② 降低运营成本，节省人工；无需每天冲洗圈舍，节约用水，因无需冲洗圈舍，可节约用水90%以上。节省饲料，猪的粪便在发酵床上一般只需三天就会被微生物分解，粪便给微生物提供了丰富营养，促使有益菌不断繁殖，形成菌体蛋白，猪吃了这些菌体蛋白不但补充了营养，还能提高免疫力。另外，由于猪的饲料和饮水中也添加了微生态制剂，在胃肠道内存在有大量有益菌，这些有益菌中的一些纤维素酶、半纤维素酶类能够分解秸秆中的纤维素、半纤维素等，采用这种方法养殖，可以增加粗饲料的比例，减少精料用量，从而降低饲养成本。加之猪生活环境舒适，生长速度快，一般可提前10天出栏。根据生产实践，节省饲料在一般都在10%以上。降低药费成本，猪生活在发酵床上，更健康，不易生病，减少医药成本。节省能源，发酵床养猪冬暖夏凉，不用采用地暖、空调等设备，大大节约了能源。冬天发酵产生的热量可以让地表温度达到20℃左右，解决了圈舍保温问题；夏天，只是通过简单的圈舍通风和遮阴，就解决了圈舍炎热的问题。

③ 垫料和猪的粪尿混合发酵后，直接变成优质的有机肥。

④ 提高了猪肉品质，更有市场竞争优势。目前采用该方式养猪的企业，生猪收购价格比普通方式每千克高出0.4～1.0元，而在消费市场上，猪肝的价格是普通养殖方式的数倍。

2. 发酵床生态养猪的技术路线

见图6-1。

3. 发酵床生态养猪的操作要点

（1）猪舍的建设　发酵床养猪的猪舍可以在原建猪舍的基础上稍加改造，也可以用温室大棚。一般要求猪舍东西走向、坐北朝南，充分采光，通风良好。

（2）发酵床类型　发酵床分地下式发酵床和地上式发酵床两种。南方地下水位较高，一般采用地上式发酵床，地上式发酵床在地面上砌成，要求有一定深度，再填入已经制成的有机垫料。北方

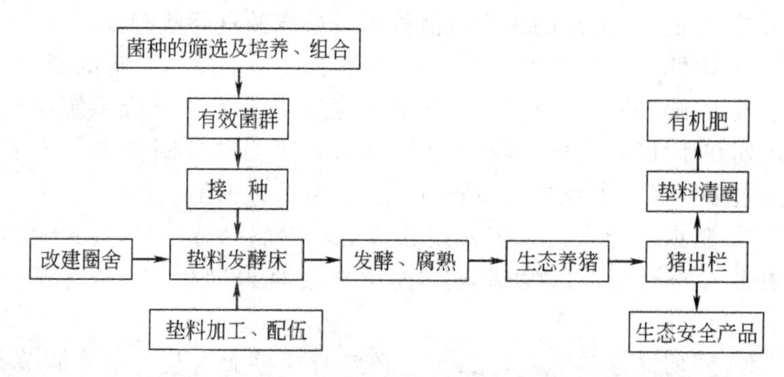

图 6-1　发酵床生态养猪的技术路线示意

地下水位较低，一般采用地下式发酵床，地下式发酵床要求向地面以下深挖 90～100 厘米，填满制成的有机垫料。

（3）垫料制作　发酵床主要由有机垫料组成，垫料的主要成分是稻壳、锯末、树皮木屑碎片、豆腐渣、酒糟、粉碎秸秆、干生牛粪等，占 90%，其他 10%是土和少量的粗盐。猪舍所填垫料总厚度约 90 厘米。条件好的可先铺 30～40 厘米深的木段、竹片，然后铺上锯屑、秸秆和稻壳等。秸秆可放在下面，然后再铺上锯末。土的用量为总材料的 10%左右，要求是没有用过化肥农药的干净泥土；盐用量为总材料的 0.3%；益生菌菌液每平方米用 2～10 千克。将菌液、稻壳、锯末等按一定比例混合，使总含水量达到 60%，保证有益菌大量繁殖。用手紧握材料，手指缝隙湿润，但不至于滴水。加入少量酒糟、稻壳、焦炭等发酵也很理想。材料准备好后，在猪进圈之前要预先发酵，使材料的温度达 50℃，以杀死病原菌。而 50℃的高温不会伤害而且有利于乳酸菌、酵母菌、光合作用细菌等益生菌的繁殖。猪进圈前要把床面材料搅翻以便使其散热。材料不同，发酵温度不一样。

（4）育肥猪的导入和发酵床管理　一般育肥猪导入时体重为 20 千克以上，导入后不需特殊管理。同一猪舍内的猪尽量体重接近，这样可以保证集中出栏，效率高。发酵床养猪总体来讲与常规养猪的日常管理相似，但也有些不同，其管理要点如下。

① 猪的饲养密度　根据发酵床的情况和季节，饲养密度不同。一般以每头猪占地 1.2～1.5 米^2 为宜，小猪可适当增加饲养密度。

如果管理细致，更高的密度也能维持发酵床的良好状态。

② 发酵床面的干湿　发酵床面不能过于干燥，一定的湿度有利于微生物繁殖，如果过于干燥还可能导致猪发生呼吸系统疾病，可定期在床面喷洒益生菌扩大液。床面湿度必须控制在60%左右，水分过多应打开通风口调节湿度，过湿部分及时清除。

③ 驱虫　导入前一定要用相应的药物驱除寄生虫，防止将寄生虫带入发酵床，以免猪在啃食菌丝时将虫卵再次带入体内而发病。

④ 密切注意益生菌的活性　必要时要再加入益生菌液调节益生菌的活性，以保证发酵能正常进行。猪舍要定期喷洒益生菌液。

⑤ 控制饲喂量　为利于猪拱翻地面，猪的饲料喂量应控制在正常量的80%。猪一般在固定的地方排粪、撒尿，当粪尿成堆时挖坑埋上即可。

⑥ 禁止化学药物　猪舍内禁止使用化学药品和抗生素类药物，防止杀灭和抑制益生菌，使得益生菌的活性降低。

⑦ 通风换气　圈舍内湿气大，必须注意通风换气。

（四）架子猪催肥措施

当架子猪体重达50千克以上即进入催肥期。催肥前首先要进行驱虫和健胃，因为架子猪阶段管理比较粗放，猪进食生饲料，拱吃泥土、脏物，尤其在放牧条件下，难免要感染蛔虫等寄生虫，在猪体内吸收大量营养，影响猪的育肥。驱虫药物可选用兽用敌百虫，每千克体重60～70毫克，拌入饲料中一次服完。在驱虫后3～5天，用大黄苏打片拌入饲料中饲喂，即按每10千克体重2片的标准，将大黄苏打片研成粉末，均分三餐拌入饲料，这样可增强胃肠蠕动，有助于消化。健胃后便开始增加饲粮营养，开始催肥。

催肥前一个月，饲料力求多样化，逐渐减少粗饲料的喂量，加喂含碳水化合物多的精饲料如玉米、糠麸、薯类等，并适当控制运动，以减少能量的消耗，利于脂肪的沉积。这时猪食欲旺盛，对饲料的利用率高，增重迅速，日增重一般达0.5千克以上。到了后一个月，因体内已沉积了较多的脂肪，胃肠容积缩小，采食量日渐减少，食欲下降，这时应调整饲粮配合，进一步增加精料用量，降低饲粮中青、粗饲料比例，并尽量选用适口性好、易消化的饲料，催肥猪饲粮配方参见表6-12；适当增加饲喂次数，少喂勤添，供给充足饮水，保持环境安静，注意冬季舍内保温，夏季通风凉爽，让其进食后充分休息，以利于脂肪沉积，达到催肥的目的。

表6-12　催肥猪饲粮配方

饲料种类	玉米	麦麸	大麦	豆粕	骨粉	食盐
配合比例/%	28.6	10.0	50.0	10.0	0.7	0.7

（五）添加剂快速育肥

添加剂的使用可以促进猪的消化，提高饲料的营养平衡性，减少疾病发生，从而促进生长和提高饲料转化率。规模化养猪情况下，由于使用的是全价平衡日粮，已经使用或添加一些必须的添加剂，再利用添加剂促生长的效果可能没有那么明显。对于养殖户，特别是自配料的养殖场（户）使用添加剂可能会取得较好效果。

1. 维生素和生物素

近年的研究表明，仔猪饲料中使用高剂量的维生素E，可增强猪的免疫力，降低断奶仔猪死亡率，并可预防仔猪水肿病的发生，减少仔猪断奶应激。实际应用时，维生素E的添加量为40～60克/吨。生物素主要作为一种辅酶，参与多种重要的新陈代谢，可促进仔猪生长，提高饲料转化率。目前市场出售的生物素含量一般为2%，添加量为30～50克/吨，可取得较好的饲养效果；用氯化胆碱作饲料添加剂，如用17%的胆碱水溶液，小猪日喂1.43克，肉猪喂0.86克；若用50%的胆碱粉末，小猪2克，肉猪0.2克。肉猪日增重可提高30%～64%。

2. 酶制剂

酶制剂在生产中应用广泛。由于仔猪胃肠道的消化功能较差，消化酶明显不足，因此，需要在仔猪饲料中添加酶制剂，以弥补仔猪消化生理的不足，提高饲料的利用率。酶制剂以淀粉酶、蛋白酶、脂肪酶和纤维素酶等复合酶较理想。据实验，在35日龄的断奶仔猪日粮中添加0.1%的复合酶，可提高日增重8%，饲料转化率提高35%以上。

3. 酸制剂

在仔猪饲料中添加柠檬酸、延胡索酸、甲酸钙等有机酸，可降低饲料和胃肠道的pH值，促进仔猪生长发育，改善饲料利用率，并可控制有害微生物的繁殖，有效防止仔猪疾病的发生。据报道，在仔猪饲料中添加1.5%～2%的延胡索酸，可提高仔猪日增重8%，采食量提高5.2%，饲料利用率提高4.4%。在仔猪日粮中添加1%～1.5%的甲酸钙，日增重可提高2.8%～4.9%，同时可明显降低仔猪痢疾的发病率；美国科技人员在5～10千克重的断奶仔猪饲料中添加130克/千克柠檬酸，既能改善饲料适口性，提高猪对营养物质的消化吸收能力和饲料报酬，还能促进猪的生长，使断奶仔猪日增重从189克提高到216克。资料报道，在粗蛋白为13.5%和代谢能为12.55兆焦/千克的肉猪饲粮中，加入0.55%～2.0%的醋，可提高增重11%～22%。

4. 微生态制剂

微生态制剂是一种新型的促生长剂，具有维持消化道菌种的动态平衡，抑制和排斥病原菌，如致疾性大肠杆菌、沙门菌等；增加乳酸，稳定消化道pH值水平，调节肠道内电解质的平衡，防止腹泻的发生，提高动物的免疫应激能力等功能。据报道，仔猪从出生后1～2天开始直接饲喂益生素，断奶仔猪成活率可提高4%～5%。而另据报道，添加微生态制剂可提高仔猪成活率7%，下痢率减少20%。实际应用时，可在仔猪饲料中添加益生素2～3千克/吨。

5. 中草药添加剂

可以促进肉猪增重的中草药种类较多，有单味的，也有多味配合的，可以根据实际情况选用。

常用的单味中药有苦参（猪出栏前1个月内，在饲料中搭配中药苦参，1个月的总用量为0.5千克/头）、艾粉（在饲粮中添加2%的艾粉，日增重可提高5%～8%）、泡桐花（将泡桐花及花粉粉碎晒干研末，饲料混合喂猪，在猪饲粮中添加5%，日增重提高21.44%）、松针粉（松针含有19种氨基酸及丰富的胡萝卜素、维生素、微量元素以及抗微生物的松针抗生素等，在猪饲料中添加

5%的松针粉，日增重可提高18%～30%）、苍术（采用过60目筛的细粉，于育肥时使用，按0.5%添料，连用数天）、常青素（内含有植物抗生素、植物生长素、蛋白质、维生素等40多种成分，在每百千克饲料中加入3～5克常青素，日增重可提高20%～30%）。

多味配合的有：山楂、苍术、陈皮、槟榔、神曲各10克，麦芽30克，川穹、甘草各6克，木通8克，混合研粉，与少量饲料混合，在早晨喂猪之前让猪吃完，每周1次。白芍25%、陈皮15%、何首乌30%、神曲20%、石菖蒲10%、山楂5%，研末混匀，在25千克以上猪的饲粮中添加1.5%，日增重提高26.4%。大麦芽40%、陈皮20%、白萝卜籽20%、神曲20%，粉碎混匀，在育肥猪饲粮中每天添加40克，日增重达1千克以上。贯众10克、神曲1克、元宝草100克、大伸筋100克、陈皮100克，配猪骨头750克，熬水拌饲料喂猪，每头每次服1剂，每月服2次。瘦猪育肥，可取山药、何首乌、贯众各一份，磨粉拌入饲粮内喂猪，每天喂100克。黄芪0.5克、钩藤1克、当归0.5克、麦芽1克、神曲1克、补骨脂1克，共粉碎过60目筛，按0.5%添加于料中。刺五加1克、桂皮1克、麦芽1克、钩吻0.5克、陈皮1克、甘草0.5克，共粉碎过60目筛，按0.3%添加于料中。补骨脂0.5克、女贞子0.5克、淫羊藿1克、山楂1克、当归0.5克、麦芽1克、甘草0.5克，共粉碎过60目筛，按0.5%添加于料中。黄芪0.5克、大蒜1克、小茴香1克、钩藤0.5克、神曲1克、甘草0.3克，共粉碎过60目筛，按0.3%添加于料中。何首乌1克、苍术1克、麦芽1克、陈皮1克、山楂1克、神曲1克、青蒿1克、大黄1克，共粉碎过60目筛，按0.4%添加于料中。何首乌1克、麦芽1克、黄精1克、贯众1克，共粉碎过60目筛，按0.5%添加于料中。肥猪散，取何首乌30%、白芍20%、陈皮15%、石菖蒲10%、神曲15%、山楂15%，晒干或烘干，粉碎混匀即成，按1.5%的比例拌料喂猪。贯众合剂，将贯众、仓术、陈皮、枳实、桑白、苏子各1千克晒干粉碎，加入酒曲1.5千克，充分搅拌均匀即成贯众合剂。为改善适口性，可加入合剂3倍剂量的炒熟黄豆粉。体重30～60千克的猪50克/(头·日)，体重60千克以上的

75克/(头·日)，拌入饲料中，最好在下午或晚上的最后一餐饲喂。

6. TF系列产品

TF系列产品是由北京天福莱生物科技有限公司和国家饲料工程技术研究中心共同研制的天然植物饲料添加剂产品。从数百种天然药用植物中筛选出黄芪、党参、金银花、桑叶、玄参、杜仲、迷叠香等数十种目标药用植物，根据这些药用植物中生物活性物质的分子结构特性，利用水提、醇提、酯提等方法定向提取出促生长因子、抗病因子和降胆固醇因子三大类生物活性物质。其有效成分主要为多糖、寡聚糖、绿原酸、类黄酮。这些有效成分进入动物机体后，吸收快，利用率高，解决了传统中草药产品吸收慢的问题。安全毒性试验表明，TF系列产品无毒副作用，安全性高。试验结果表明，饲料中分别添加0.10%和0.75%TF，仔猪的日增重分别提高10.5%和5.6%，每千克增重的饲料消耗分别减少了9.5%和3.0%，植物提取物TF完全可以替代常规的抗生素。

7. 调味剂

为了提高仔猪的采食量，改善饲料中的不良气味，增加适口性，在仔猪饲料中通常要添加调味剂，如美国乳猪香、乳猪宝等。据报道，在饲料中添加乳猪香和乳猪宝，仔猪日增重可提高10%～18%，采食量提高10%～15%。调味剂添加量一般为400～500克/吨。

第四节 育肥猪的出栏管理

出栏管理主要是确定适宜的出栏时间，肉猪多大体重出栏是生产者必须考虑的一个经济问题，不同的出栏体重和出栏时间直接影响养殖效益。确定出栏体重必须考虑如下方面。

一、考虑胴体体重和胴体瘦肉率

在一定的饲养管理条件下，肉猪长到一定体重时，就会达到增重高峰，如果继续饲养会影响饲料的转化率。不同的品种、类型和杂交组合，增重高峰出现的时间和高峰持续的时间有较大差异。通常我国地方品种或含有较多我国地方猪遗传基因的杂交品种以及小型品种，增重高峰期出现的早，增重高峰持续的时间较短，适宜的出栏体重相对较小；瘦肉型品种、配套系杂交猪、大型品种等，增重高峰出现的晚，高峰持续时间较长，出栏体重相对较大。另外，随着体重的增长，胴体的瘦肉率降低，出栏体重越大，胴体越肥，生产成本越高。

二、考虑不同的市场需求

养猪生产是为满足各类市场需要的商品生产，市场要求千差万别，如国际市场对肉猪的胴体组成要求很高，中国香港地区及东南亚市场活大猪以体重 90 千克、瘦肉率 58%以上为宜，活中猪体重不应超过 40 千克；供日本及欧美市场，瘦肉率要求 60%以上，体重以 110～120 千克为宜。国内市场情况较为复杂，在大中城市要求瘦肉率较高的胴体，且以本地猪为母本的二、三元杂交猪为主，出栏体重以 90～100 千克为宜；农村市场则因广大农民劳动强度大，喜爱较肥一些的胴体，出栏体重可更大些。

三、考虑经济效益

养猪的目的是获得经济效益，而养猪的经济效益高低受到猪种质量、生产成本和产品市场价格的影响。出栏体重越小，单位增重耗料越少，饲养成本越低，但其他成本的分摊额度变高，且售价等级也变低，很不经济；出栏体重过大，单位产品的非饲养成本分摊额度减少，但增重高峰过后，增重减慢，且后期增重的成分主要是脂肪，而脂肪沉积的能量消耗量大（据研究，沉积 1 千克脂肪所消耗的能量是生长同量瘦肉耗能量的 6 倍以上），这样，导致饲料利用率下降，饲养成本明显增高，同时由于胴体脂肪多，售价等级低，也不经济。

另外，活猪价格和苗猪价格也会影响到猪的出栏体重。如毛猪市场价格较高，仔猪短缺或价格过高时，大的出栏体重比小的出栏体重可以获得更好的经济效益。因此，饲养者必须综合诸因素，根据具体情况灵活确定适宜的出栏体重和出栏时间。生产中，杜、长、大三元杂交肉猪的出栏体重一般是 90～100 千克。

第五节 生产中常见问题及解决措施

一、僵猪的发生原因及脱僵措施

僵猪一般又叫“小老猪”，在猪生长发育的某一阶段，由于遭到某些不利因素的影响，使猪长期发育停滞，虽饲养时间较长，但体格小，被毛粗乱，极度消瘦，形成两头尖、中间粗的“刺滑猪”。这种猪吃料不长肉，给养猪生产带来很大的损失。

（一）原因

造成侵猪的原因一是由于母猪在妊娠期饲养不良，母体内的营养供给不能满足胎儿生长发育的需要，至使胎儿发育受阻，产出出生重很小的“胎僵”仔猪；二是由于母猪在泌乳期饲养不当，泌乳不足，或对仔猪管理不善，如初生弱小的仔猪长期吸吮干瘪的乳头，致使仔猪发生“奶僵”；三是由于仔猪长期患寄生虫病及代谢性疾病，形成“病僵”；四是由于仔猪断奶后饲料单一，营养不全，特别是缺乏蛋白质、矿物质和维生素，导致断奶后仔猪长期发育停滞而形成“食僵”。

（二）脱僵措施

形成侵猪的原因是多方面的，而且也是互有联系的，要防止僵猪的出现和使僵猪脱僵，必须采取以下综合措施。

① 加强母猪妊娠后期和泌乳期的饲养，保证仔猪在胎儿期能获得充分发育，在哺乳期能吃到较多营养丰富的乳汁。

② 合理给哺乳猪固定乳头，提早补料，提高仔猪断奶体重，以保证仔猪健康发育。

③ 做好仔猪的断奶工作，做到饲料、环境和饲养管理措施三个逐渐过渡，避免断奶仔猪产生各种应激反应。

④ 搞好环境卫生，保证母猪舍温暖、干燥，空气新鲜，阳光充足。做好各种疾病的预防工作，定期驱虫，减少疾病。

⑤ 僵猪的脱僵措施。发现僵猪，应及时分析致僵原因，排除

致僵因素，单独喂养，加强管理，有虫驱虫，有病治病，并改善营养，加喂饲料添加剂，促进机体生理机能的调整，恢复正常生长发育。一般情况下，在僵猪饲粮中，加喂0.75%～1.25%的土霉素碱，连喂7天，待发育正常后加0.4%，每月一次，连喂5天，适当增加动物性饲料和健胃药，以达到宽肠健胃、促进食欲、增加营养的目的，并配合使用复合维生素添加剂、微量元素添加剂、生长促进剂和催肥剂，促使僵猪脱僵，加速催肥。

二、育肥猪延期出栏的原因及解决措施

养猪生产过程中，育肥猪不能在有效生长天数内达到预期体重而延长育肥期，导致饲养成本增加，减少养殖利润。这种情况是由以下几个方面引起的，并要采取几点措施加以预防。

（一）原因分析

在长期的工作实践中，育肥猪延期出栏常由环境、品种、饲料、管理、疾病等因素而造成。

1. 品种方面

一般来说，良种猪出栏快，育肥期短，而本地猪或土洋结合育肥猪生长速度要慢一些，良种猪正常条件下在150～160日龄均能达到出栏体重100千克，而非良种猪由于性成熟、体成熟比较早，过早地沉积脂肪，后期生长速度减慢，不能按时出栏。有些猪场盲目引种，带来了不良影响，如猪生活力差、应激综合征、PSE劣质肉等，既减慢了生长速度，也影响了猪肉品质。

2. 营养方面

不同生长阶段的育肥猪所需营养是不同的，因此，要根据猪只的生长时期来确定饲料的营养。饲料质量低劣、营养不全、营养失调或吸收率低的饲料都会导致猪不能达到预期日增重。长期供给低蛋白质、钙磷比例失调、微量元素缺乏、维生素不足或营养被破坏的饲料都会引起猪营养不良，生长速度减缓、降低、停滞甚至呈现负增长。如仔猪在哺乳阶段未打好基础，导致后期生长速度减慢，易得病，究其原因为不能及时补料，诱食料质量差，严重影响其生长发育，致使仔猪体质较弱，生长缓慢；饲料中添加过多的不饱和

脂肪酸，特别是腐败脂肪酸导致维生素破坏；玉米含量过高、铜的含量过高，缺乏维生素A、维生素E、维生素B_1，均可诱发猪的胃溃疡、营养元素之间的拮抗作用和其他一些疾病。

3. 管理方面

饲养管理制度不健全或不严格执行所定制度，都会造成母猪产弱仔、哺乳仔猪不健壮、育肥猪不健康，影响生长。如初产母猪配种过早或母猪胎次过高都可能生产弱仔；环境卫生差、通风不良、温度过高或过低、消毒措施不严格、防疫体系不健全，常导致猪只发育不整齐、体质差、易得病。在冬季如果既无采暖设备也无保温措施，就容易导致舍内温度过低、圈舍潮湿阴冷，饲料冷冻；在夏季如果无降温设备和通风设施，就容易导致舍内温度过高，湿度过大，氨气过浓，粪尿得不到及时处理等，都会引起猪只消化系统或呼吸道疾病，影响育肥猪的生长发育。

4. 疫病方面

由于猪病种类和混合感染现象增多，养殖场出于对猪只的保健防病的目的，采取经常性投药，而导致猪群的抗药性增强，体内有益菌减少，影响营养元素的吸收。例如，磺胺类、呋喃类、红霉素类等影响钙质的吸收，引起体质弱，增长速度慢。相反，有些猪场存有侥幸心理，不注重整体卫生防疫和消毒，不重视疫苗预防，如蓝耳病、隐型猪瘟、气喘病、链球菌等疾病影响其生长甚至死亡。其他方面有季节因素、过多的应激、水源不足等。

（二）防治方法

（1）选好猪种　瘦肉型猪比兼用型和脂肪型猪对饲料的利用率高，而且增重快，育肥期短。尤其是父本，影响全场效益，优良的父本要表现出良好的产肉性能，饲料利用率、日增重、屠宰率、瘦肉率高，腿臀肌肉发达，背膘薄和性欲好等生产性能；母本的选择要表现出良好的繁殖性能，产仔多、泌乳力强、分娩指数高。山东省农业科学院畜牧发展中心的杜洛克猪窝产活仔数10.36头，25～100千克体重的猪平均日增重956克，料重比为2.67∶1；大约克夏猪窝产活仔数11.26头，25～100千克体重的猪平均日增重922克，料重比2.71∶1；长白猪窝产活仔数11.09头，25～100千克体重的猪平均日增重858克，料重比2.70∶1。优良的公猪和母猪品质，保证了仔猪和育肥猪的成活率、生长速度以及胴体瘦肉率，提高了经济效益。

(2) 营养物质　根据不同的生长阶段选择营养全面的饲料原料，按每种饲料原料所能提供的营养物质和每种营养物质的需要量来配制适宜、合理的日粮。优质的饲料原料要适口性好，消化率高，抗营养因子含量低。而优质的饲料营养则必需满足猪的生长需要，粗纤维水平适当，适口性好，保证消化良好，不便秘，不排稀粪，能够生产出优质的胴体，而且成本低。

(3) 日常管理　提高转群整齐度和转群窝重。猪场母猪1～2胎、3～5胎、6胎以后之间的比例以3∶6∶1较为合理，这种比例有利于提高猪场的产活仔数、强仔数、成活率，加强妊娠母猪和哺乳母猪的饲养管理，怀孕后期和哺乳期增大采食量，提高仔猪的出生重和母猪的泌乳力；哺乳仔猪尽快诱食、创造良好的生长条件，提高断奶重。

根据来源、品种、强弱、体重大小等合理分群，减少应激，遵循“留弱不留强，拆多不拆少，夜并昼不并”的原则；及时调教，尽快养成三点定位，保持合理群体规模和饲养密度，做好防暑降温和冬季保温、合理的通风换气、适宜的光照时间和强度等工作，为猪创造良好的生长条件。加强消毒工作，在转入育肥猪前猪舍应彻底冲洗消毒，空栏7天，转入后要坚持每7天消毒一次，消毒药每7天更换一次，降低猪舍内细菌病毒的含量。搞好防疫和驱虫工作，要坚持预防为主、治疗为辅的原则。仔猪在70日龄前要进行猪瘟、猪丹毒、仔猪副伤寒、气喘病、水肿病、蓝耳病等疾病的免疫接种。饲料配方，应根据不同季节选择不同的饲料配方，比如在夏季可降低玉米的含量，而在冬季则相反。猪只打架、惊吓、温度过高或过低、饲料和饮水不足等影响猪只生长的应激尽量避免。

虽然育肥期是养殖场的最后一环，但其潜在因素对育肥猪的影响也是很大的，因此在猪的品种、饲料、饲养管理、疫病防治方面都要提高认识，不能麻痹，否则得不偿失。

第七章 快速养猪猪病的防治技术

猪病的发生不仅直接影响到猪的健康和生产，而且危及公共安全。做好猪病的防治工作，减少和避免猪病的发生，是养猪生产中的一个重大问题，也是提高养猪效益的一大保证。

第一节 猪病综合防治措施

养猪业向集约化、规模化发展，猪的群体数量大，饲养密度高，致病因素增加，容易受到致病因素的侵袭，发病后危害严重，必须贯彻“防重于治”、“养防并重”的疾病防治原则，采取综合措施，控制疾病的发生。

一、加强隔离卫生

（一）科学选址

场址选择人烟稀少、远离人群集中的地方，降低人员流动造成的传播疾病风险；选择水源获取安全、方便的地段，水源为供人饮用的自来水或自备深井，井水经消毒处理后即可供猪群饮用；最好建在干燥、向阳、通风的山坡上，便于获取阳光和通风，及时排除雨水，防止潮湿滋生蚊蝇；远离高速公路，远离集贸市场或屠宰场，猪场周围5千米内没有其他猪场，1千米内没有牛、羊、猫、狗等动物；最好有天然屏障，如青山绿水环绕。

（二）合理布局

猪场应该分区或分点规划，规划为生活管理区、生产配套区（饲料加工车间、仓库、兽医化验室、清毒更衣室等）、生产区（猪舍），并且严格做到生产区和生活管理区分开，生产区周围应有防疫保护设施。猪场的布局，应按育种核心群—良种繁殖场——般繁殖场方向布置，育种核心群在上风向。生产区按配种怀孕舍、分娩舍、保育舍、育成舍、装猪台（位于生产区与外界交界的边缘处，是生产区与外界接触的窗口）从上风向下风方向排列。设立隔离舍，及时将病猪隔离至隔离舍，进行单独的护理与治疗，同时切断传播源，防止疾病进一步传播与蔓延。隔离舍选择在猪场生产核心的外延位置，位于猪场的边缘地带。

设立猪粪发酵池和污水处理区。将猪粪集中到发酵池进行热发酵处理，生产中产生的污水经管道排至污水处理区，收集发酵产生的沼气，用作猪舍保温、发电等能源。各生产区分别单独设立猪粪暂时存放点，定期用场内的拉粪车将其拉至发酵池。设立病死猪无害化处理区，位于生产区的外缘，病死猪尸体要统一深埋或无害化处理，防止污染环境。

（三）严格引种

到洁净的种猪场引种，引入后要进行为期 8 周的隔离观察饲养，确认未携带有传染病后方可入场。

（四）加强隔离

1. 场区周围设置隔离墙或防疫沟

场区最好有围墙和防疫沟，并且在围墙外种植荆棘类植物，形成防疫林带。场内各区之间也有隔离设施，生产区只留人员入口、饲料入口和出猪舍，减少与外界的直接联系。

2. 车辆消毒

猪场大门必须设立宽于门口、长于大型载货汽车车轮一周半的水泥结构的消毒池，并装有喷洒消毒设施。场内的车辆，只能在场内行驶，严禁驶出场外，每次使用完毕要进行清洗与消毒，并放置在指定地点。场外的车辆包括装人员的车、装饲料的车和装猪粪的车。在离猪场 1 千米以外的地点设立消毒点，对进入的车辆实施全方位的消毒，到达猪场的边缘再度进行消毒，并详细登记消毒记录与车辆信息。严禁场外的车辆驶入到生产区内部。在办公区设立停车点，消毒后的车辆放置在指定的停车位置。

3. 人员消毒

生活管理区和生产区之间的人员入口和饲料入口应以消毒池隔开，人员必须在更衣室沐浴、更衣、换鞋，经严格消毒后方可进入生产区，生产区的每栋猪舍门口必须设立消毒脚盆，生产人员经过脚盆再次消毒工作鞋后进入猪舍，生产人员不得互相“串舍”，各猪舍用具不得混用。严禁闲人进场，外来人员来访必须在值班室登记，把好防疫第一关。

4. 加强装猪台的卫生消毒工作

装猪台平常应关闭，严防外人和动物进入；禁止外人（特别是猪贩）上装猪台，卖猪时饲养人员不准接触运猪车；任何猪只一经赶至装猪台，不得再返回原猪舍；装猪后对装猪台进行严格消毒。

5. 加强饲料进入管理

饲料应由本场生产区外的饲料车运到饲料周转仓库，再由生产区内的车辆转运到每栋猪舍，严禁将饲料直接运入生产区内。生产区内的任何物品、工具（包括车辆），除特殊情况外不得离开生产区，任何物品进入生产区必须经过严格消毒，特别是饲料袋应先经熏蒸消毒后才能装料进入生产区。有条件的猪场最好使用饲料塔，以避免已污染的饲料袋引入疫病。

6. 采用全进全出的饲养制度

采取“全进全出”的饲养制度，“全进全出”的饲养制度是有效防止疾病传播的措施之一。“全进全出”使得猪场能够做到净场和充分的消毒，切断了疾病传播的途径，从而避免患病猪只或病原携带者将病原传染给日龄较小的猪群。

7. 加强工作人员的管理

全场工作人员禁止兼任其他畜牧场的饲养、技术工作和屠宰贩卖工作。保证生产区与外界环境有良好的隔离状态，全面预防外界病原侵入猪场内。休假返场的生产人员必须在生活管理区隔离二天后，方可进入生产区工作，猪场后勤人员应尽量避免进入生产区。同时，场内生活区严禁饲养畜禽。尽量避免猪、狗、禽鸟进入生产区。生产区内的肉食品要由场内供给，严禁从场外带入偶蹄兽的肉类及其制品。

（五）搞好卫生

1. 保持猪舍和猪舍周围环境卫生

及时清理猪舍的污物、污水和垃圾，定期打扫猪舍和设备用具的灰尘，每天进行适量的通风，保持猪舍清洁卫生；不在猪舍周围和道路上堆放废弃物和垃圾。

2. 保持饲料和饮水卫生

饲料不霉变，不被病原污染，饲喂用具勤清洁消毒；饮用水符合卫生标准，水质良好，饮水用具要清洁，饮水系统要定期消毒。

3. 废弃物要无害化处理

粪便堆放要远离猪舍，最好设置专门的储粪场，对粪便进行无害化处理，如堆积发酵、生产沼气或烘干等处理。病死猪不要随意出售或乱扔乱放，防止传播疾病。

4. 防害灭鼠

昆虫可以传播疫病，要保持舍内干燥和清洁，夏季使用化学杀虫剂防止昆虫滋生繁殖；老鼠不仅可以传播疫病，而且可以污染和消耗大量的饲料，危害极大，必须注意灭鼠。每2～3个月进行一次彻底灭鼠。

二、科学的饲养管理

科学的饲养管理可以增强猪群的抵抗力和适应力，从而提高猪体的抗病力。

（一）满足营养需要

猪体摄取的营养成分和含量不仅影响生产性能，更会影响健康。营养不足不仅引起营养缺乏症，而且影响免疫系统的正常运转，导致机体的免疫机能低下，所以要供给全价平衡日粮，保证营养全面充足。选用优质饲料原料是保证供给猪群全价营养日粮、防止营养代谢病和霉菌毒素中毒病发生的前提条件。大型集约化养猪场可将所进原料或成品料分析化验之后，再依据实际含量进行饲料的配合，严防购入掺假、发霉等不合格的饲料，造成不必要的经济损失。小型养猪场和养猪专业户最好从信誉高、有质量保证的大型饲料企业采购饲料。自己配料的养殖户，最好能将所用原料送质检部门化验后再用，以免造成不可挽回的损失；按照猪群不同时期各个阶段的营养需要量，科学设计配方，合理地加工调制，保证日粮的全价性和平衡性；重视饲料的贮存，防止饲料腐败变质和污染。

（二）供给充足卫生的饮水

保持水质良好和供水充足，维持健康和生产。

（三）保持适宜的环境条件

根据季节气候的差异，做好小气候环境的控制，适当调整饲养密度，加强通风，改善猪舍的空气环境。做好防暑降温、防寒保温、卫生清洁工作，使猪群生活在一个舒适、安静、干燥、卫生的环境中。

（四）实行标准化饲养

着重抓好母猪进产房前和分娩前的猪体消毒、初生仔猪吃好初奶、固定乳头和饮水开食的正确调教、断奶和保育期饲料的过渡等几个问题，减少应激，防止母猪 MMA 综合病、仔猪断奶综合征等病的发生。

（五）减少应激发生

避免或减轻应激，定期药物预防或疫苗接种。多种因素均可对猪群造成应激，其中包括捕捉、转群、断尾、免疫接种、运输、饲料转换、饲料营养不平衡或营养缺乏、无规律的供水供料等生产管理因素，以及温度过高或过低、湿度过大或过小、不适宜的光照、突然的音响等环境因素。实践中应尽可能通过加强饲养管理和改善环境条件，避免和减轻以上两类应激因素对猪群的影响，防止应激造成猪群免疫效果不佳、生产性能和抗病能力降低。为了减弱应激，可在应激发生的前后两天在饲料或饮水中加入维生素 C、维生素 E 和电解多维以及镇静剂等。

三、严格消毒

消毒是指用化学或物理的方法杀灭或清除传播媒介上的病原微生物，使之达到无传播感染水平的处理，即不在有传播感染的危险。猪场消毒就是将养殖环境、养殖器具、动物体表、进入的人员或物品、动物产品等存在的微生物全部或部分杀灭或清除掉的方法。消毒的目的在于消灭被病原微生物污染的场内环境、畜体表面及设备器具上的病原体，切断传播途径，防止疾病的发生或蔓延。因此，消毒是保证猪群健康和正常生产的重要技术措施。

（一）消毒的方法

猪场常用的有机械性清除（如清扫、铲刮、冲洗等机械方法和适当通风）、物理消毒（如紫外线和火焰、煮沸与蒸汽等高温消毒）、化学药物消毒和生物消毒等消毒方法。

（二）化学消毒的方法

化学消毒方法是利用化学药物杀灭病原微生物以达到预防感染和传染病的传播和流行的方法。此法最常用于养殖生产，常用的有浸泡法、喷洒法、熏蒸法和气雾法。

1. 浸泡法

主要用于消毒器械、用具、衣物等。一般洗涤干净后再行浸泡，药液要浸过物体，浸泡时间以长些为好，水温以高些为好。在猪舍进门处消毒槽内，可用浸泡药物的草垫或草袋对人员的靴鞋进行消毒。

2. 喷洒法

喷洒地面、墙壁、舍内固定设备等，可用细眼喷壶；对舍内空间消毒，则用喷雾器。喷洒要全面，药液要喷到物体的各个部位。一般喷洒地面，每平方米面积需要 2 升药液；喷墙壁、顶棚，每平方米要 1 升。

3. 熏蒸法

适用于可以密闭的猪舍。这种方法简便、省事，对房屋结构无损，消毒全面，猪场常用。常用的药物有福尔马林（40%的甲醛水溶液)、过氧乙酸水溶液。为加速蒸发，常利用高锰酸钾的氧化作用。实际操作中要严格遵守下面几点：畜舍及设备必须清洗干净，因为气体不能渗透到猪粪和污物中去，所以不能发挥应有的效力；畜舍要密封，不能漏气，应将进出气口、门窗和排气扇等的缝隙糊严。

4. 气雾法

气雾粒子是悬浮在空气中的气体与液体的微粒，直径小于200纳米，分子量极轻，能悬浮在空气中较长时间，可到处飘移穿透到畜舍内的周围及其空隙。气雾是消毒液从气雾发生器中喷射出的雾状微粒，是消灭气携病原微生物的理想办法。全面消毒猪舍空间，每立方米用5%过氧乙酸溶液2.5毫升喷雾。

(三) 猪场的消毒程序

1. 猪场入口消毒

(1) 管理区入口的消毒　每天门口大消毒一次；进入场区的物品需消毒（喷雾、紫外线照射或熏蒸消毒）后才能存放；入口必须设置车辆消毒池，车辆消毒池的长度为进出车辆车轮1.5个周长以上。消毒池上方最好建有顶棚，防止日晒雨淋。消毒池内放入2%～4%的氢氧化钠溶液，每周更换3次。北方地区冬季严寒，可用石灰粉代替消毒液。设置喷雾装置，喷雾消毒液可采用0.1%百毒杀溶液、0.1%新洁尔灭或0.5%过氧乙酸。进入车辆经过车辆消毒池消毒车轮，使用喷雾装置喷雾车体等；进入管理区的人员要填写入场记录表，更换衣服，强制消毒后方可进入。

(2) 生产区入口的消毒　为了便于实施消毒，切断传播途径，须在养殖场大门的一侧和生产区设更衣室、消毒室和淋浴室（见图7-1)，供外来人员和生产人员更衣、消毒；车辆严禁入内，必须进入的车辆待冲洗干净、消毒后，同时司机必须下车洗澡消毒后方可开车入内；进入生产区的人员应消毒；非生产区物品不准进入生产区，必须进入的须经严格消毒后方可进入。

(3) 猪舍门口的消毒　所有员工进入猪舍必须遵守消毒程序：换上猪舍的工作服，喷雾消毒，然后更换水鞋，脚踏消毒盆（或消毒池，盆中消毒剂每天更换1次)，用消毒剂（洗手盆中的消毒剂

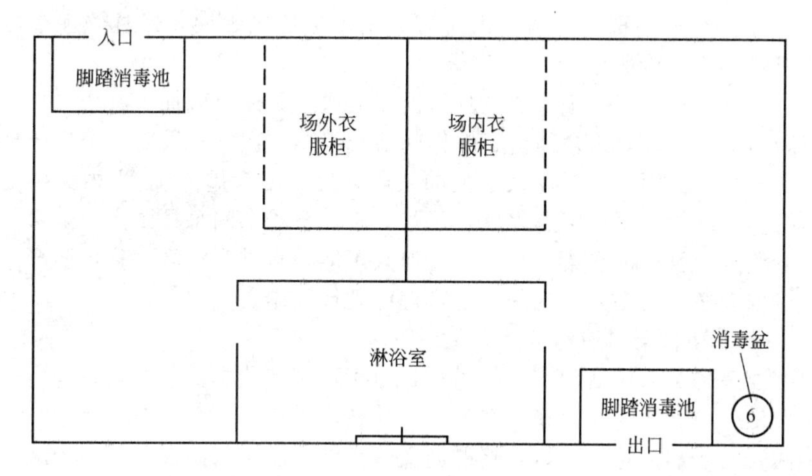

图 7-1　淋浴消毒室布局示意

每天要更换 2 次）洗手后（洗手后不要立即冲洗）才能进入猪舍；生产区物品进入猪舍必须经过两种以上的消毒剂消毒后方可入内；每日对猪舍门口消毒 1 次。

2. 场区环境消毒

（1）生活区的消毒　建立外源性病原微生物的净化区域。在猪场生活区门口经过简单消毒后，进入生活区的人员和物品需要在生活区消毒和净化，生活区的消毒是控制疫病传播最有效的做法之一。生活区消毒的常规做法有：生活区的所有房间每天用消毒液喷洒消毒一次；每月对所有房间甲醛熏蒸消毒一次；对生活区的道路每周进行两次环境大消毒；外出归来的人员所带东西存放在外更衣柜内，必需带入者需经主管批准；所穿衣服，先熏蒸消毒，再在生活区清洗后存放在外更衣柜中；入场物品需经两种以上消毒液消毒；在生活区外面处理蔬菜，只把洁净的蔬菜带入生活区内处理，制定严格的伙房和餐厅消毒程序。仓库只有外面有门，每进物品都需用甲醛熏蒸消毒一次。生活区与生产区只能通过消毒间进入，其他门口全部封闭。

（2）生产区的消毒　猪场内消毒的目的是最大限度地消灭本场病原微生物的存在，制定场区内卫生防疫消毒制度，并严格按要求去执行。同时要在大风、大雾、大雨过后对猪舍和周围环境进行

1～2次严格消毒。生产区内所有人员不准走土地面，以杜绝泥土中病原体的传播。

每天对生产区主干道、厕所消毒一次，可用火碱加生石灰水喷洒消毒；每天对猪舍门口、操作间清扫消毒一次；每周对整个生产区进行2次消毒，减少杂草上的灰尘。确保猪舍周围15米内无杂物和过高的杂草；定期灭鼠，每月一次，育雏期间每月2次；确保生产区内没有污水集中之处，任何人不能私自进入污区；猪场要严格划分净区与污区，这是猪场管理的硬性措施。

3. 猪舍清洁消毒

猪舍是猪生活和生产的场所，由于环境和猪本身的影响，舍内容易存在和滋生微生物。在猪淘汰、转出后或入舍前，对猪舍进行彻底的清洁消毒，为将入猪群创造一个洁净卫生的条件，有利于减少疾病发生。

（1）猪群转出后猪舍的消毒

① 清洁　猪转出后，将能够移出的设备移出，清理、清扫和冲洗猪舍。

② 消毒药物消毒　猪舍清洁干燥后，用5％～8％的火碱溶液喷洒地面、墙壁、屋顶、笼具、饲槽等2～3次，用清水洗刷饲槽和饮水器。其他不易用水冲洗和火碱消毒的设备可用其他消毒液涂擦。

③ 移出设备的消毒　猪舍内移出的设备用具放到指定地点，先清洗再消毒。如果能够放入消毒池内浸泡的，最好放在3％～5％的火碱溶液或3％～5％的福尔马林溶液中浸泡3～5小时；不能放入池内的，可以使用3％～5％的火碱溶液彻底全面喷洒。消毒2～3小时后，用清水清洗，放在阳光下暴晒备用。

④ 熏蒸消毒　能够密闭的畜禽舍，特别是幼畜舍，将移出的设备和或许要用的设备用具移入舍内，密闭熏蒸后待用。熏蒸常用的药物用量与作用时间，随甲醛气体产生的方法及病原微生物的种类不同而有差异。在室温为18～20℃，相对湿度为70％～90％时，处理剂量见表7-1。

操作程序如下。

第一步：封闭猪舍的窗和所有缝隙。如果使用的是能够关闭的

表 7-1　甲醛熏蒸消毒时的处理剂量

产生甲醛蒸气的方法	微生物类型	使用药物与剂量	作用时间/小时
福尔马林加热法	细菌繁殖体	福尔马林 12.5～25 毫升/米^3	12～24
	细菌芽孢	福尔马林 25～50 毫升/米^3	12～24
福尔马林高锰酸钾法	细菌繁殖体	福尔马林 42 毫升/米^3、高锰酸钾 21 克/米^3	12～12
福尔马林漂白粉法	细菌繁殖体	福尔马林 20 毫升/米^3、漂白粉 20 克/米^3	12～24
多聚甲醛加热法	细菌芽孢	多聚甲醛 10～20 克/米^3	12～24
醛氯消毒合剂	细菌繁殖体	3 克/米^3	1
微囊醛氯消毒合剂	细菌繁殖体	3 克/米^3	1

玻璃窗，可以关闭窗户，用纸条把缝隙粘贴起来，防止漏气。如果是不能关闭的窗户，可以使用塑料布封闭整个窗户。

第二步：准确计算药物用量。根据猪舍的空间分别计算好福尔马林和高锰酸钾的用量。参考表 7-1。如为新的没有使用过的猪舍药物浓度可小一些；使用过的猪舍药物浓度要大一些。

第三步：熏蒸操作。选择的容器一般是瓦制的或陶瓷的，禁用塑料的（反应腐蚀性较大，温度较高，容易引起火灾）。容器容积是药液量的 8～10 倍（熏蒸时，两种药物反应剧烈，因此盛装药品的容器尽量大一些，否则药物流到容器外，反应不充分），猪舍面积大时可以多放几个容器。把高锰酸钾放入容器内，将福尔马林溶液缓缓倒入，迅速撤离，封闭好门。熏蒸后可以检查药物反应情况，若残渣是一些微湿的褐色粉末，则表明反应良好；若残渣呈紫色，则表明福尔马林量不足或药效降低；若残渣太湿，则表明高锰酸钾量不足或药效降低。

第四步：熏蒸的最佳条件。熏蒸效果最佳的环境温度是 24℃以上，相对湿度 75%～80%，熏蒸时间 24～48 小时。熏蒸后打开门窗通风换气 1～2 天，使其中的甲醛气体逸出。不立即使用的可以不打开门窗，待使用前再打开门窗通风。

第五步：停留指定时间后，打开通风器，如有必要，升温至 15℃，先开出气阀后开进气阀。可喷洒 25%的氨水溶液来中和残留的甲醛，而通过开门来逸净甲醛则有可能使不期望的物质进入。

（2）带猪消毒

① 一般性带猪消毒　定期进行带猪消毒，有利于减少环境中的病原微生物。猪体消毒常用喷雾消毒法，即将消毒药液用压缩空气雾化后，喷到畜体表上，达到消毒目的。本法既可减少畜体及环境中的病原微生物，净化环境，又可降低舍内尘埃，夏季还有降温作用。常用的药物有0.15%～0.2%的强力消杀灵或百菌灭、0.2%～0.25%益康溶液、0.2%～0.3%过氧乙酸，每立方米空间用药20～40毫升，也可用0.2%的次氯酸钠溶液或0.1%新洁尔灭溶液。消毒时从畜舍的一端开始，边喷雾边匀速走动，使舍内各处喷雾量均匀。带畜消毒在疫病流行时，可作为综合防治措施之一，及时进行消毒对扑灭疫病起到一定作用。0.5%以下浓度的过氧乙酸对人畜无害，为了减少对工作人员的刺激，在消毒时可佩戴口罩。

本消毒方法全年均可使用，一般情况下每周消毒1～2次，春秋疫情常发季节，每周消毒3次，在有疫情发生时，每天消毒1～2次。带猪消毒时可选择用3～5种消毒药交替进行使用。

② 猪体保健消毒　妊娠母猪在分娩前7天，最好用热毛巾对全身皮肤进行清洁，然后用0.1%高锰酸钾水擦洗全身，在临产前3天再消毒1次，重点要擦洗会阴部和乳头，保证仔猪在出生后和哺乳期间免受病原微生物的感染。

哺乳期母猪的乳房要定期清洗和消毒，如果有腹泻等病发生，可用带动物消毒药进行消毒，一般每隔7天消毒1次，严重发病的可按照污染猪场的状况进行消毒处理。

新生仔猪，在分娩后用热毛巾对全身皮肤进行擦洗，要保证舍内温度（应在25℃以上），然后用0.1%高锰酸钾水擦洗全身，再用毛巾擦干。

4. 人员的消毒

人们的衣服、鞋子可被细菌或病毒等病原微生物污染，成为传播疫病的媒介。养殖场要有针对性地建立防范对策和消毒措施，防控进场人员，特别是外来人员传播疫病。要限制与生产无关的人员进入生产区。经批准同意进入者，必须在入门处经喷雾消毒，再更换场方专用的工作服后方准进入，但不准进入生产区。此外，养殖场要谢绝参观，必要时安排在适当距离之外，在隔离条件下参观。

生产人员进入生产区时，要更换工作服（衣、裤、靴、帽等），进行淋浴、消毒，并在工作前后洗手消毒。消毒程序：脱鞋—进入外更衣室脱衣服—强制消毒—淋浴 10 分钟以上—进入内更衣室换生产区衣服—进入生产区。

脚踏消毒池消毒是国内外养殖场用得最多的消毒方法，但对消毒池的使用和管理很不科学，影响了消毒效果。消毒池中有机物含量、消毒液的浓度、消毒时间长短、更换消毒液的时间间隔、消毒前用刷子刷鞋子等对消毒效果的影响很大。实际操作中要注意：①消毒液要有一定的浓度（如用 2%～3%火碱溶液）；②工作鞋在消毒液中浸泡时间至少达 1 分钟；③工作人员在通过消毒池之前先把工作鞋上的粪便刷洗干净，否则不能彻底杀菌；④消毒池要有足够深度，最好达 15 厘米深，使鞋子全面接触消毒液；⑤消毒液要勤更换，一般大单位（工作人员 45 人以上）最好每天更换一次消毒液，小单位可每 7 天更换一次。

衣服消毒要从上到下，普遍进行喷雾，使衣服达到潮湿的程度。用过的工作服，先用消毒液浸泡，然后进行水洗。用于工作服的消毒剂，应选用杀菌、杀病毒力强，对衣服无损伤，对皮肤无刺激的消毒剂。不宜使用易着色、有臭味的消毒剂。通常可使用季铵盐类消毒剂、碱类消毒剂及过氧乙酸等做浸泡消毒，或用福尔马林做熏蒸消毒（每立方米空间用 42 毫升福尔马林熏蒸消毒 20 分钟）。工作服、靴和更衣室定期消毒。

工作人员在接触猪体、饲料、用具等之前，须洗手，并用 1∶1000 的新洁尔灭溶液浸泡消毒 3～5 分钟。

5. 设备的消毒

运输饲料、产品等的车辆，是养殖场经常出入的运输工具。这类车辆与出入的人员比较，不但面积大，而且所携带的病原微生物也多，因此对车辆更有必要进行消毒。为了便于消毒，大、中型养殖场可在大门口设置与门同等宽的车辆消毒池和喷雾消毒装置。消毒槽（池）内铺草垫浸以消毒液，供车辆通过时进行轮胎消毒。有的在门口撒干石灰，那是起不到消毒作用的。车辆消毒应选用对车体涂层和金属部件无损伤的消毒剂，具有强酸性的消毒剂，不适合用于车辆消毒。消毒槽（池）的消毒剂，最好选用耐有机物、耐日光、不易挥发、杀菌谱广、杀菌力强的消毒剂，并按时更换，以保持消毒效果。车辆消毒一般可使用博灭特、百毒杀、强力消毒王、优氯净、过氧乙酸、苛性钠、抗毒威及农福等。

装运产品、动物的笼、箱等容器以及其他用具，都可成为传播疫病的媒介。因此，对由场外运入的容器与其他用具，必须做好消毒工作。为防疫需要，应在养殖场入口附近（和猪舍有一定距离），设置容器消毒室，对由场外运入的容器及其他用具等，进行严格消毒。消毒时注意勿使消毒废水流向畜禽舍，应将其排入排水沟。

定期对保温箱、补料槽、饲料车、料箱、针管等进行消毒。一般是将用具冲洗干净后，再用0.1%～0.15%的百菌灭、0.2%的益康溶液、0.1%的强力消毒灵溶液、0.25%络合碘溶液、0.1%新洁尔灭或0.2%～0.5%过氧乙酸喷洒消毒，然后放在密闭的室内进行福尔马林熏蒸。

6. 饮水消毒

（1）饮水系统的消毒　对于封闭的乳头饮水系统而言，可通过松开部分的连接点来确认其内部的污物。污物可粗略地分为有机物（如细菌、藻类或霉菌）和无机物（如盐类或钙化物）。可用碱性化合物或过氧化氢去除前者和用酸性化合物去除后者，但这些化合物都具有腐蚀性。确认主管道及其分支管道均被冲洗干净。

① 封闭的乳头或杯形饮水系统的消毒　先高压冲洗，再将清洁液灌满整个系统，并通过闻每个连接点的化学药液气味或测定其pH值来确认是否被充满。浸泡24小时以上，充分发挥化学药液的作用后，排空系统，并用净水彻底冲洗。

② 开放的圆形和杯形饮水系统的消毒　用清洁液浸泡2～6小时，将钙化物溶解后再冲洗干净，如果钙质过多，则须刷洗。将带乳头的管道灌满消毒药，浸泡一定时间后冲洗干净并检查是否残留有消毒药；而开放的部分则可在浸泡消毒液后冲洗干净。

（2）饮用水的消毒　猪的饮水应清洁无毒、无病原菌，符合人的饮用水标准。生产中使用干净的自来水或深井水，但水容易受到污染，需要定期进行消毒。临床上常见的饮水消毒剂多为氯制剂、碘制剂和复合季铵盐类等。消毒药可以直接加入蓄水池或水箱中，用药量应以最远端饮水器或水槽中的有效浓度达该类消毒药的最适饮水浓度为宜。猪喝的是经过消毒的水而不是喝消毒药水，任意加大水中消毒药物的浓度或长期使用，除可引起急性中毒外，还可杀死或抑制肠道内的正常菌群而影响饲料的消化吸收，对猪健康造成危害，另外影响疫苗防疫效果。饮水消毒应该是预防性的，而不是治疗性的，因此用消毒剂饮水要谨慎行事。

7. 垫料消毒

对于猪场的垫料，可以通过阳光照射的方法进行，这是一种最经济、简单的方法，将垫草等放在烈日下，暴晒2～3小时，能杀灭多种病原微生物。对于少量的垫草，可直接用紫外线等照射1～2小时，以杀灭大部分微生物。

8. 粪便的消毒

患传染病和寄生虫病病畜的粪便的消毒方法有多种，如焚烧法、化学药品消毒法、掩埋法和生物热消毒法等。实践中最常用的是生物热消毒法，此法能使非芽孢病原微生物污染的粪便变为无害，且不丧失肥料的应用价值。为防止病原污染，用含2%～5%有效氯的漂白粉溶液、20%石灰乳或0.2%强力杀灭灵或百菌灭等喷洒粪便消毒即可。

猪粪便的生物热消毒常用发酵池法，此法适用于大量饲养畜禽的农牧场。在距农场200～250米以外无居民、河流、水井的地方挖2个或2个以上的发酵池（池的数量和大小取决于每天运出的粪便数量），池可筑成方形或圆形，池的边缘与池底用砖砌后再抹以水泥，使其不透水。如果土质干枯、地下水位低，可以不用砖和水泥。使用时先在池底倒一层干粪，然后将每天清除出的粪便垫草等倒入池内，直到快满时，再在粪便表面铺一层干粪或杂草，上面盖一层泥土封好。如条件许可，可用木板盖上，以利于发酵和保持卫生。粪便经上述方法处理后，经过1～3个月即可掏出作为肥料。在此期间，每天所积的粪便可倒入另外的发酵池，如此轮换使用。见图7-2。

9. 畜禽尸体的消毒

畜禽的尸体含有较多的病原微生物，也容易分解腐败，散发恶

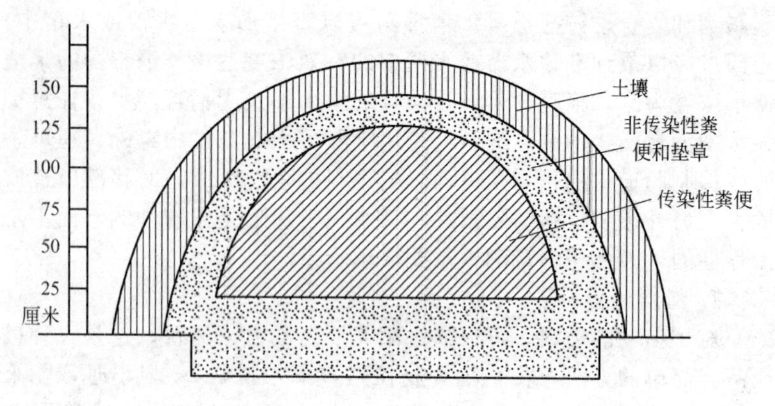

图 7-2　粪便生物热消毒的堆粪法

臭，污染环境。特别是发生传染病的病死畜禽的尸体，处理不善，其病原微生物会污染大气、水源和土壤，造成疾病的传播与蔓延。因此，必须及时地无害化处理病死畜禽尸体，坚决不能图一己私利而出售。处理消毒方法见前面场区环境控制。

10. 兽医器械及用品的消毒

兽医诊疗室是养殖场的一个重要场所，在此进行疾病的诊断、病畜的处理等，其消毒包括诊疗室的消毒和医疗器具消毒两个方面。诊疗室的消毒包括诊断室、注射室、手术室、处置室和治疗室的消毒以及兽医人员的消毒，其消毒必须是经常性的和常规性的，如诊室内空气消毒和空气净化可以采用过滤、紫外线照射（诊室内安装紫外线灯，每立方米 2～3 瓦）、熏蒸等方法；诊室内的地面、墙壁、棚顶可用 0.3%～0.5%的过氧乙酸溶液或 5%的氢氧化钠溶液喷洒消毒。兽医诊疗室的废弃物和污水也要处理消毒，废弃物和污水数量少时，可与粪便一起堆积采用生物发酵消毒处理；量大时，则使用化学消毒剂（如 15%～20%的漂白粉搅拌，作用 3～5 小时消毒处理）消毒。

兽医诊疗器械及用品是直接与畜禽接触的物品。用前和用后都必须按要求进行严格的消毒。根据器械及用品的种类和使用范围不同，其消毒方法和要求也不一样。一般对进入畜禽体内或与黏膜接触的诊疗器械，如手术器械、注射器及针头、胃导管、导尿管等，必须经过严格的消毒灭菌；对不进入动物组织内也不与黏膜接触的器具，一般要求去除细菌的繁殖体及亲脂类病毒。各种诊疗器械及用品的消毒方法见表7-2。

表7-2　各种诊疗器械及用品的消毒方法

消毒对象	消毒药物及方法
体温计	先用1%过氧乙酸溶液浸泡5分钟，然后放入1%过氧乙酸溶液中浸泡30分钟
注射器	0.2%过氧乙酸溶液浸泡30分钟，清洗，煮沸或高压蒸汽灭菌。注意：针头用肥皂水煮沸消毒15分钟后，洗净，消毒后备用；煮沸时间从水沸腾时算起，消毒物应全部浸入水中
各种塑料接管	将各种接管分类浸入0.2%过氧乙酸溶液中，浸泡30分钟后用清水冲净；接管用肥皂水刷洗，清水冲净，烘干后分类高压灭菌
药杯、换药碗(搪瓷类)	将药杯用清水冲净残留药液，然后浸泡在1∶1000新洁尔灭溶液中1小时；将换药碗用肥皂水煮沸消毒15分钟；然后将药杯与换药碗分别用清水刷洗冲净后，煮沸消毒15分钟或高压灭菌(如药杯系玻璃类或塑料类，可用0.2%过氧乙酸浸泡2次，每次30分钟后清洗烘干)。注意：药杯与换药碗不能放在同一容器内煮沸或浸泡。若用后的药碗染有各种药液颜色，应煮沸消毒后用去污粉擦净、清洗，揩干后再浸泡；冲洗药杯内残留药液下来的水须经处理后再弃去
托盘、方盘、弯盘(搪瓷类)	将其分别浸泡在1%漂白粉清液中1小时，再用肥皂水刷洗、清水冲净后备用；漂白粉清液每2周更换1次，夏季每周更换1次
污物敷料桶	将桶内污物倒出后，用0.2%过氧乙酸溶液喷雾消毒，放置30分钟；用碱水或肥皂水将桶刷洗干净，用清水洗净后备用(注意：污物敷料桶每周消毒1次；桶内倒出的污物、敷料须消毒处理后回收或焚烧处理)
污染的镊子、止血钳等金属器材	放入1%肥皂水中煮沸消毒15分钟，用清水将其冲净后，再煮沸15分钟或高压灭菌后备用
锋利器械(刀片及剪、针头等)	浸泡在1∶1000新洁尔灭水溶液中1小时，再用肥皂水刷洗，清水冲净，揩干后浸泡于1∶1000新洁尔灭溶液的消毒盒中备用。注意：被脓、血污染的镊子、钳子或锐利器械应先用清水刷洗干净，再进行消毒；洗刷下的脓、血水按每1000毫升加入过氧乙酸原液10毫升计算(即1%浓度)，消毒30分钟后才能弃掉；器械使用前，应用0.85%灭菌生理盐水淋洗

续表

消毒对象	消毒药物及方法
开口器	将开口器浸入1%过氧乙酸溶液中，30分钟后用清水冲洗；再用肥皂水刷洗，清水冲净，揩干后煮沸15分钟或高压灭菌(注意:应全部浸入消毒液中)
硅胶管	将硅胶管拆去针头，浸泡在0.2%过氧乙酸溶液中，30分钟后用清水冲净；再用肥皂水冲洗管腔后，用清水冲洗，揩干(注意:拆下的针头按注射器针头消毒处理)
手套	将手套浸泡在0.2%过氧乙酸溶液中，30分钟后用清水冲洗；再将手套用肥皂水清洗，清水漂净后晾干(注意:手套应浸没于过氧乙酸溶液中，不能浮于药液表面)
橡皮管、投药瓶	用浸有0.2%过氧乙酸的抹布擦洗物件表面；用肥皂水刷洗、清水冲净后备用
导尿管、肛管、胃导管等	将物件分类浸入1%过氧乙酸溶液中，浸泡30分钟后用清水冲洗；再将上述物品用肥皂水刷洗，清水冲净后，分类煮沸15分钟或高压灭菌后备用(注意:物件上的胶布痕迹可用乙醚或乙醇擦除)
输液、输血皮管	将皮管针头拆去后，用清水冲净皮管残留液体，再浸泡在清水中；再将皮管用肥皂水反复揉搓、清水冲净，揩干后，高压灭菌备用。拆下的针头按注射针头消毒处理
手术衣、帽、口罩等	将其分别浸泡在0.2%过氧乙酸溶液中30分钟，用清水冲洗；肥皂水搓洗，清水洗净晒干，高压灭菌备用(注意:口罩应与其他物品分开洗涤)
创巾、敷料等	污染血液的，先放在冷水或5%氨水内浸泡数小时，然后在肥皂水中搓洗，最后用清水漂净；污染碘酊的，用2%硫代硫酸钠溶液浸泡1小时，清水漂洗、拧干，浸于0.5%氨水中，再用清水漂净；经清洗后的创巾、敷料分包，高压灭菌备用。被传染性物质污染时，应先消毒后洗涤，再灭菌
运输车辆、其他工具车或小推车	每月定期用去污粉或肥皂粉将推车擦洗干净；污染的工具车类，应及时用浸有0.2%过氧乙酸的抹布擦洗；30分钟后再用清水冲净。推车等工具类应经常保持整洁，清洁与污染的车辆应互相分开

四、猪场的免疫接种

目前，传染性疾病仍是我国养猪业的主要威胁，而免疫接种仍是预防传染病的有效手段。免疫接种通常是使用疫苗和菌苗等生物制剂作为抗原接种于猪体内，激发抗体产生特异性免疫力。

(一) 常用的生物制品

见表7-3。

表7-3　猪常用的生物制品

名称	作用	使用和保存方法
猪瘟兔化弱毒疫苗	猪瘟预防接种，四天后产生免疫力，免疫期9个月	每头猪臀部或耳根肌内注射1毫升；保存温度4℃，避免阳光照射
猪瘟兔化毒疫牛体反应苗	猪瘟预防接种，四天后产生免疫力，免疫期1年	每头猪股内、臀部或耳根肌内或皮下注射1毫升；4℃保存不超过6个月，－20℃保存不超过1年。避免阳光照射
猪瘟、猪肺疫、猪丹毒三联苗	猪瘟、猪肺疫、猪丹毒的预防接种，猪瘟免疫期1年，猪丹毒和猪肺疫为6个月	按规定剂量用生理盐水稀释后，每头肌内注射1毫升。－15℃保存期为12个月，0～8℃为6个月
猪伪狂犬病弱毒苗	猪伪狂犬病预防和紧急接种。免疫后6天能产生坚强的免疫力，免疫期1年	按规定剂量用生理盐水稀释后，每头肌内注射1毫升。－20℃保存期为1.5年，0～8℃为半年，10～15℃为15天
猪细小病毒氢氧化铝胶疫苗	细小病毒病的预防。免疫期1年	母猪每次配种前2～4周内颈部肌内注射2毫升。避免冻结和阳光照射，4～8℃有效期为6个月
猪传染性萎缩性鼻炎油佐剂二联灭活疫苗	预防支气管败血波氏杆菌和产毒性多杀性巴氏杆菌感染引起的萎缩性鼻炎。免疫期6个月	母猪产前4周接种，颈部皮下注射2毫升，新引进的后备母猪立即注射1毫升。4℃保存1年，室温保存1个月
猪传染性胃肠炎、猪轮状病毒二联弱毒疫苗	预防猪传染性胃肠炎、猪轮状病毒性腹泻。免疫期为一胎次	用生理盐水稀释，母猪于分娩前5～6周各肌内注射1毫升。4℃的阴暗处保存1年，其他注意事项可参见说明

续表

名称	作用	使用和保存方法
猪传染性胃肠炎与猪流行性腹泻二联灭活疫苗	预防猪传染性胃肠炎和猪流行性腹泻两种病毒引起的腹泻。接种后15天开始产生免疫力，免疫期为6个月	一般于产前20～30天后海穴注射接种4毫升；避免高温和阳光照射，2～8℃保存，不可冻结，保存期1年
口蹄疫疫苗	预防口蹄疫病毒引起的相关疾病。免疫期2个月	每头猪2毫升，2周后再免疫一次。疫苗在2～8℃保存，不可冻结，保存期1年
猪气喘病弱毒冻干活菌苗	预防猪气喘病；免疫期1年	种猪、后备猪每年春、秋各一次免疫，仔猪15日龄至断奶首免，3～4月龄种猪二免。胸腔注射，4毫升/头
猪链球菌氢氧化铝胶菌苗	预防链球菌病；免疫期6个月	60日龄首免，以后每年春秋免疫一次，3毫升/头
传染性胸膜肺炎灭活油佐剂苗	预防传染性胸膜肺炎	2～3月龄猪间隔2周2次接种
猪肺疫弱毒冻干苗	预防猪肺疫；免疫期6个月	仔猪70日龄初免，1头份/头；成年猪每年春秋各免疫一次
繁殖呼吸道综合征冻干苗	预防繁殖呼吸道综合征	3周龄仔猪初次接种，种母猪配种前2周再次接种。大猪2毫升/头，小猪1毫升/头
抗猪瘟血清	猪瘟的紧急预防和治疗，注射后立即起效。必要时12～24小时再注射一次，免疫期为14天	采用皮下或静脉注射，预防剂量为1毫升/千克体重，治疗加倍。本制品在2～15℃条件下保存3年

（二）猪群的免疫参考程序

见表7-4～表7-7。

表7-4　商品猪的参考免疫程序

免疫时间	使用疫苗	免疫剂量和方式
1日龄	猪瘟弱毒疫苗①	1头份肌内注射
7日龄	猪喘气病灭活疫苗②	1头份胸腔注射

续表

免疫时间	使用疫苗	免疫剂量和方式
20日龄	猪瘟弱毒疫苗	2头份肌内注射
21日龄	猪喘气病灭活疫苗②	1头份胸腔注射
23～25日龄	高致病性猪蓝耳病灭活疫苗	1头份肌内注射
	猪传染性胸膜肺炎灭活疫苗②	1头份肌内注射
	链球菌Ⅱ型灭活疫苗②	1头份肌内注射
28～35日龄	口蹄疫灭活疫苗	1头份肌内注射
	猪丹毒疫苗、猪肺疫疫苗或猪丹毒-猪肺疫二联苗②	1头份肌内注射
	仔猪副伤寒弱毒疫苗②	1头份肌内注射
	传染性萎缩性鼻炎灭活疫苗②	1头份颈部皮下注射
55日龄	猪伪狂犬基因缺失弱毒疫苗	1头份肌内注射
	传染性萎缩性鼻炎灭活疫苗②	1头份颈部皮下注射
60日龄	口蹄疫灭活疫苗	2头份肌内注射
	猪瘟弱毒疫苗	2头份肌内注射
70日龄	猪丹毒疫苗、猪肺疫疫苗或猪丹毒-猪肺疫二联苗②	2头份肌内注射

① 在母猪带毒严重，垂直感染引发哺乳仔猪猪瘟的猪场实施。

② 根据本地疫病流行情况可选择进行免疫。

注：猪瘟弱毒疫苗建议使用脾淋疫苗。

表7-5　种母猪参考免疫程序

免疫时间	使用疫苗	免疫剂量和方式
每隔4～6个月	口蹄疫灭活疫苗	2头份肌内注射
初产母猪配种前	猪瘟弱毒疫苗	2头份肌内注射
	高致病性猪蓝耳病灭活疫苗	1头份肌内注射
	猪细小病毒灭活疫苗	1头份颈部肌内注射
	猪伪狂犬基因缺失弱毒疫苗	1头份肌内注射
经产母猪配种前	猪瘟弱毒疫苗	2头份肌内注射
	高致病性猪蓝耳病灭活疫苗	1头份肌内注射

续表

免疫时间	使用疫苗	免疫剂量和方式
产前4～6周	猪伪狂犬基因缺失弱毒疫苗	1头份肌内注射
	大肠杆菌双价基因工程苗[1]	1头份肌内注射
	猪传染性胃肠炎、流行性腹泻二联苗[1]	1头份后海穴注射

① 根据本地疫病流行情况可选择进行免疫。

注：1. 种猪70日龄前免疫程序同商品猪。

2. 乙型脑炎流行或受威胁地区，每年3～5月份（蚊虫出现前1～2个月），使用乙型脑炎疫苗间隔一个月免疫两次。

3. 猪瘟弱毒疫苗建议使用脾淋疫苗。

表7-6 种公猪参考免疫程序

免疫时间	使用疫苗	免疫剂量和方式
每隔4～6个月	口蹄疫灭活疫苗	2头份肌内注射
每隔6个月	猪瘟弱毒疫苗	2头份肌内注射
	高致病性猪蓝耳病灭活疫苗	1头份肌内注射
	猪伪狂犬基因缺失弱毒疫苗	1头份肌内注射

注：1. 种猪70日龄前免疫程序同商品猪。

2. 乙型脑炎流行或受威胁地区，每年3～5月份（蚊虫出现前1～2个月），使用乙型脑炎疫苗间隔一个月免疫两次。

3. 猪瘟弱毒疫苗建议使用脾淋疫苗。

表7-7 猪群的免疫参考程序

阶段	免疫时间	疫苗种类	免疫剂量和方式	
仔猪	15日龄	猪喘气病灭活苗或弱毒苗	1头份，胸腔注射	
	20日龄	猪瘟活细胞苗	2头份，肌内注射	
	30日龄	仔猪副伤寒弱毒苗	1头份，肌内注射	
		猪喘气病灭活苗或弱毒苗	1头份，胸腔注射	
	60日龄	猪瘟、猪肺疫、猪丹毒三联苗	2头份，肌内注射	
后备种猪	6月龄到配种前1个月	猪细小病毒弱毒疫苗	1头份，肌内注射	
	母猪配种前1周	猪瘟、猪肺疫、猪丹毒三联苗	2头份，肌内注射	2次/年
繁殖种公母猪	公猪每年4月、10月	猪喘气病灭活苗或弱毒苗	2头份，肌内注射	2次/年
	母猪配种前1个月	猪乙型脑炎弱毒苗	1头份，肌内注射	建议
	产前40天、15天	仔猪大肠杆菌三价灭活苗	1头份，肌内注射	建议
	产前40天	猪伪狂犬病灭活苗	1头份，肌内注射	建议

注：商品猪群按70日龄前的免疫程序进行。

（三）疫苗接种前后的注意事项

1. 疫苗使用前要检查

使用前要检查药品的名称、厂家、批号、有效期、物理性状、贮存条件等是否与说明书相符。仔细查阅使用说明书与瓶签是否相符，明确装置、稀释液、每头剂量、使用方法及有关注意事项，并严格遵守，以免影响效果。对过期、无批号、油乳剂破乳、失真空及颜色异常或不明来源的疫苗禁止使用。

2. 免疫操作要规范

① 预防注射过程应严格消毒，注射器、针头应洗净煮沸15～30分钟备用，每注射一头猪更换一枚针头，防止传染。吸药时，绝不能用已给动物注射过的针头吸取，可用一个灭菌针头，插在瓶塞上不拔出、裹以挤干的酒精棉花专供吸药用，吸出的药液不应再回注瓶内。

② 液体在使用前应充分摇匀，每次吸苗前再充分振摇。冻干苗加稀释液后应轻轻振摇均匀。

③ 要根据猪的大小和注射剂量多少，选用相应的针管和针头。针管可用10毫升或20毫升的金属注射器或连续注射器，针头可用长38～44毫米12号的；新生仔猪猪瘟免疫可用2毫升或5毫升的注射器，针头为20毫米长的9号针头。注射时要一猪一个针头，要一猪一标记，以免漏注；注射器刻度要清晰，不滑杆、不漏液；注射的剂量要准确，不漏注、不白注；进针要稳，拔针宜速，不得打“飞针”，以确保苗液真正足量地注射于肌内。

④ 接种部位以5%碘酊消毒为宜，以免影响疫苗活性。免疫弱毒菌苗前后7天不得使用抗生素和磺胺类等抗菌抑菌药物。

⑤ 注射时要适当保定，保育舍、育肥舍的猪，可用焊接的铁栏挡在墙角处等相对稳定后再注射。哺乳仔猪和保育仔猪需要抓逮时，要注意轻抓轻放。避免过分驱赶，以减缓应激。

⑥ 注射部位要准确。肌内注射部位，有颈部、臀部和后腿内侧等供选择，皮下注射在耳后或股内侧皮下疏松结缔组织部位，避免注射到脂肪组织内。需要交巢穴和胸腔注射的更需摸准部位。

⑦ 接种时间应安排在猪群喂料前空腹时进行，高温季节应在

早晚注射。

⑧ 注射时动作要快捷、熟练，做到“稳、准、足”，避免飞针、针折、苗洒。苗量不足的立即补注。

⑨ 怀孕母猪免疫操作要小心谨慎，产前15天内和怀孕前期尽量减少使用各种疫苗。

⑩ 疫苗不得混用（标记允许混用的除外），一般两种疫苗的接种时间，至少间隔5～7天。

⑪ 失效、作废的疫苗，用过的疫苗瓶，稀释后的剩余疫苗等，必须妥善处理。处理方式包括用消毒剂浸泡、煮沸、烧毁、深埋等。

3. 免疫前后细管理

① 防疫前的3～5天可以使用抗应激药物、免疫增强保护剂，以提高免疫效果。

② 在使用活病毒苗时，用苗前后严禁使用抗病毒药物；用活菌苗时，防疫前后10天内不能使用抗生素、磺胺类等抗菌、抑菌药物及激素类药物。

③ 及时认真填写免疫接种记录，包括疫苗名称、免疫日期、舍别、猪别、日龄、免疫头数、免疫剂量、疫苗性质、生产厂家、有效期、批号、接种人等。每批疫苗最好存放1～2瓶，以备出现问题时查询。

④ 有的疫苗接种后会引起过敏反应，需详细观察1～2日，尤其接种后2小时内更应严密监视，遇有过敏反应者，注射肾上腺素或地塞米松等抗过敏解救药。

⑤ 有的猪打过疫苗后应激反应较大，表现为采食量降低，甚至不吃食或体温升高，应饮用电解质水或口服补液盐或熬制的中药液。尤其是保育舍仔猪免疫接种后采取以上措施能减缓应激。

⑥ 接种疫苗后，活苗经7～14天、灭活苗经14～21天才能使机体获得免疫保护，这期间要加强饲养管理，尽量减少应激因素，加强环境控制，防止饲料霉变，搞好清洁卫生，避免强毒感染。

⑦ 如果发生严重反应或怀疑疫苗有问题而引起死亡，应尽快向生产厂家反应或冷藏包装同批次的制品2瓶寄回厂家，以便查找原因。

五、药物防治

猪群保健就是在猪容易发病的几个关键时期，提前用药物预防，降低猪场的发病率。这比发病后再治，既省钱省力，又可避免影响猪的生长或生产，收到事半功倍的效果。药物保健要大力提倡使用细胞因子产品、中药制剂、微生态制剂及酶类制剂等，尽可能少用抗生素类药物，以避免出现耐药性、药物残留及不良反应的发生，影响动物性食品的质量，危害公共卫生的安全。

（一）药物保健方案

1. 哺乳仔猪的药物保健方案

见表7-8。

表7-8 哺乳仔猪的药物保健方案

时间	保健方案
仔猪出生后1～4日龄	1日龄、4日龄每头各肌注排疫肽（高免球蛋白）1次，每次每头0.25毫升；或者肌注倍康肽（猪白细胞介素-4，三仪公司研发），每次每头0.25毫升，可增强免疫力，提高抗病力。1～3日龄，每天口服畜禽生命宝（蜡样芽孢杆菌活菌）1次，每次每头0.5毫升；或于仔猪出生后，吃初乳之前用吐痢宝（嗜酸乳杆菌口服液，三仪公司研发），每头喷嘴1毫升，出生后20～24小时，每头再喷嘴2毫升
	仔猪出生后，吃初乳之前，每头口服庆大霉素6万国际单位，8日龄时再口服8万国际单位
	1日龄，每头肌注长效土霉素0.5毫升；仔猪2日龄，用伪狂犬病双基因缺失活疫苗滴鼻，每个鼻孔0.5毫升
	仔猪3日龄时，每头肌注牲血素1毫升及0.1%亚硒酸钠-维生素E注射液0.5毫升；或者肌注铁制剂1毫升，可防止缺铁性贫血、缺硒及预防腹泻的发生
仔猪7日龄	7日龄，每头肌注长效土霉素0.5毫升
	补料开食，可于1吨饲料中添加金维肽C211或益生肽C211（乳猪专用微生态制剂）500克，饲喂10天，可促进消化机能，调节菌群平衡，提高饲料吸收和利用率，促进生长，增强免疫力，提高抗病力，改善饲养生态环境

续表

时间	保健方案
21日龄	每头肌注长效土霉素0.5毫升
仔猪断奶前3天	每头肌注转移因子或倍健(免疫核糖核酸)0.25毫升,可有效地防止断奶时可能发生的断奶应激、营养应激、饲料应激及环境应激等
仔猪断奶前后各7天	1000千克饲料中添加喘速治(泰乐菌素、强力霉素、微囊包被的干扰素、排疫肽)500克,加黄芪多糖粉500克、溶菌酶100克,或氟康王(氟苯尼考、微囊包被的细胞因子)400克,加黄芪多糖粉500克、溶菌酶100克,连续饲喂14天;或于1吨饲料中添加80%支原净120克,强力霉素150克,阿莫西林200克,黄芪多糖粉500克,连续饲喂14天。可有效地预防断奶应激诱发的断奶后仔猪发生的多种疫病。或饮水加药,饮用电解多维加葡萄糖、黄芪多糖、溶菌酶,饮用12天

2. 保育仔猪的药物保健

由于当前保育仔猪发病多表现为多种病原混合感染与继发感染，使病情复杂化，因此，进行药物保健时要侧重提高其机体的免疫力和抗病力，做到抗病毒与抗细菌和抗应激同时并举，方可收到良好的预防效果。

① 上述哺乳仔猪断奶前后的药物预防方案可延续于保育期间实施，并能获得良好的预防效果。

② 于1吨饲料中添加猪用抗菌肽（抗菌活性肽，大连三仪动物药品公司研发）500克，加板蓝根粉600克、防风300克，连续饲喂12天。

③ 于1吨饲料中添加6%替米考星1000克、强力霉素200克、黄芪多糖粉500克、溶菌酶120克，连续饲喂7天。

④ 保育仔猪转群前口服丙硫苯咪唑，每千克体重10～20毫克，驱除体内寄生虫1次。

3. 育肥猪的药物保健

① 于1吨饲料中添加氟康王（含氟苯尼考和微囊包被的细胞因子）800克、黄芪多糖粉600克、溶菌酶140克，连续饲喂12天。

② 于1吨饲料中添加利高霉素800克、阿莫西林200克、板蓝根粉600克、溶菌酶140克，连续饲喂12天。

③ 于1吨饲料中添加氟康王800克、强力霉素300克、黄芪多糖粉600克，连续饲喂12天。

④ 于1吨饲料中添加土霉素粉600克、黄芪2000克、板蓝根2000克、防风300克、甘草200克，连续饲喂12天。

⑤ 育肥中期于1吨饲料中添加2克阿维菌素或伊维菌素，连喂7天，间隔10天后再喂7天，驱虫1次。

⑥ 药物保健每月进行1次，每次12天，育肥猪出栏前30天停止加药；在药物保健的间隔时间内可在饲料中加益生肽C231或维泰C231（产酶芽孢杆菌、肠球菌、乳酸菌及促生长因子等），每吨饲料中加200克，可连续饲喂。

4. 后备母猪的药物保健

① 后备母猪在整个饲养过程中常见多发的疫病与育肥猪基本相似，因此，后备母猪平时的药物保健可每月进行1次，每次12天，其保健方案可参照育肥猪的药物保健方案实施。

② 后备母猪配种前30天驱虫1次，用“通灭”或“全灭”，每33千克体重肌注1毫升。

③ 配种前25天开始进行药物保健，有利于净化后备母猪体内的病原体，确保初配受胎率高，妊娠期母猪健康和胎儿正常生长发育。可于1吨饲料中添加喘速治600克、黄芪多糖粉600克、板蓝根粉600克、溶菌酶140克，连续饲喂12天。

5. 生产母猪的药物保健

母猪妊娠期间尽可能少用或短时间内应用化学药物进行保健。使用生物工程制剂（细胞因子产品）及某些中药制剂可能会比较安全。

① 于1吨饲料中添加抗菌肽（抗菌活性肽，大连三仪动物药品公司研发）500克，加黄芪多糖粉600克、溶菌酶140克，连续饲喂7天，每月1次即可。

② 母猪产前、产后各7天，于1吨饲料中添加喘速治600克或者氟康王500克，加黄芪多糖粉600克、板蓝根粉600克，连续饲喂14天；也可于1吨饲料中加氟康王800克、强力霉素280克、黄芪多糖粉600克、溶菌酶140克，连续饲喂14天；还可于1吨饲料中加滕骏加康（含免疫增强剂）500克、强力霉素300克，连

续饲喂 14 天。

生产母猪产前与产后进行药物保健后，临产时其他药物可免用。药物保健净化了母猪体内的病原体，母猪产仔后很少发生子宫内膜炎、阴道炎及乳腺炎，乳水充足，产下的仔猪健康，成活率高。

6. 种公猪的药物保健

种公猪每月连续 5 天在饲料中添加 150 克/吨饲料环丙沙星。

（二）寄生虫病的用药方案

目前猪场常见的体内寄生虫主要为肠道线虫（如蛔虫、结节虫、兰氏类圆线虫和鞭虫等），体外寄生虫主要为疥螨、血虱等。防控方案见表 7-9。

表 7-9 寄生虫病的防控方案

类型	方案
仔猪	每吨饲料中加伊维速克粉 1 千克混匀，连续用药 7～10 天；或仔猪断奶转群时注射长效伊维速克注射液（颈部皮下注射或肌内注射）一次
中猪	每吨饲料中加伊维速克粉 1.5 千克混匀，连续用药 7～10 天；或架子猪进栏当日注射长效伊维速克注射液（颈部皮下注射或肌内注射）一次
母猪	每吨饲料中加伊维速克 3 千克混匀，连续用药 7～10 天；或待产母猪分娩前 7～14 天注射一次长效伊维速克注射液（颈部皮下注射或肌内注射）
公猪	种公猪每年至少注射两次长效伊维速克注射液（颈部皮下注射或肌内注射）

第二节 常见猪病防治

一、猪瘟

猪瘟（HC）俗称“烂肠瘟”，是由猪瘟病毒引起的一种急性、热性、接触性传染病。

（一）病原

猪瘟病毒属于黄病毒科瘟病毒属，为单股 RNA 病毒。在自然干燥过程中病毒迅速死亡，在腐败尸体中存活 2～3 天。被猪瘟病毒污染的环境，如保持干燥，经1～3周失去传染性。冰冻条件下，猪瘟病毒的毒力可保持数日。-25℃保持一年以上。在冷冻病猪肉中，病毒可存活数周至数月。腌制或熏制的病猪肉中，病毒可存活半年以上。腐败易使病毒失活，如血液及尸体中的病毒，由于腐败作用，2～3天失活。病猪的粪尿在堆积发酵后，数日失去传染力。含病毒的组织和血液，加0.5%石炭酸与50%甘油后，在室温下保存数周，病毒仍然存活，适用于病料的送检。

猪瘟病毒对消毒药的抵抗力较强。对污染圈舍、用具、食槽等最有效的消毒剂是2%～4%烧碱、5%～10%漂白粉、0.1%过氧乙酸、1∶200强力消毒灵、1∶200菌毒灭Ⅱ型等。在寒冷的冬季，为防止烧碱溶液结冰，可加入5%食盐。

（二）流行病学

不同年龄、品种、性别的猪均易感，一年四季都可发生。病猪是主要传染源，病毒存在于各器官组织、粪、尿和分泌物中，易感猪采食了被病毒污染的饲料、饮水，接触了病猪和猪肉，以及污染的设备用具，或吸入含有大量病毒的飞沫和尘埃后，都可感染发病。此外，畜禽、鼠类、鸟类和昆虫也能机械性带毒，促使本病的发生和流行；发生过猪瘟场地上的蚯蚓，病猪体内的肺丝虫均含有猪瘟病毒，也会引起感染。处于潜伏期和康复期的猪，虽无临床症状，但可排毒，这是最危险的传染源，要注意隔离防范。流行特点是先有一头至数头猪发病，经一周左右，大批猪随后发病。

（三）临床症状

潜伏期一般为7～9天，最长21天，最短2天。

1. 最急性型

此型少见，常发生在流行初期。病猪无明显的临床症状，突然死亡。病程稍长的，体温升高到41～42℃，食欲废绝，精神委顿，眼和鼻黏膜潮红，皮肤发紫、出血，极度衰弱，病程1～2天。

2. 急性型

这是常见的一种类型。病猪食欲减少，精神沉郁，常挤卧在一起或钻入垫草中。行走缓慢无力，步态不稳。眼结膜潮红，眼角有多量黏脓性分泌物，有时将上下眼睑粘在一起。鼻孔流出黏脓性分泌物。耳后、四肢、腹下、会阴等处的皮肤，有大小不等、数量不一的紫红色斑点，指压不退色。公猪包皮积尿，挤压时，流出白色、混浊、恶臭的尿液。粪便恶臭，附有或混有黏液和潜血。体温40.5～41.5℃。幼猪出现磨牙、站立不稳、阵发性痉挛等神经紊乱症状。病程1～2周。后期卧地不起，勉强站立时，后肢软弱无力，步态踉跄，常并发肺炎和肠炎。

3. 慢性型

病程一个月以上。病猪食欲时好时坏，体温时高时低，便秘与腹泻交替发生，皮肤有出血斑或坏死斑点。全身衰弱无力，消瘦贫血，行走无力，个别猪逐渐康复。

非典型猪瘟是近年来国内外发生较普遍的一种猪瘟病型，据报道这种类型的猪瘟是由低毒力的猪瘟病毒引起的。其主要临床特征是缺乏典型猪瘟的临床表现，病猪体温微烧或中烧，大多在腹下有轻度的瘀血或四肢发绀。有的自愈后出现干耳和干尾，甚至皮肤出现干性坏疽而脱落。这种类型的猪瘟病程1～2个月不等，甚至更长。有的猪有肺部感染和神经症状。新生仔猪常引起大量死亡。自愈猪变为侏儒猪或僵猪。

（四）病理变化

最急性型常无明显病变，仅能看到肾、淋巴结、浆膜、黏膜的小点出血。

急性型死亡的病猪，主要呈现典型的败血症变化。全身淋巴结肿大，呈紫红色，切面周边出血，或红白相间，呈现大理石样病变。肾脏不肿大，土黄色，被膜下散在数量不等的小出血点。膀胱黏膜有针尖大小出血点。脾脏不肿大，边缘有暗紫色的出血性梗死，有时可见脾脏被膜上有小米粒至绿豆大小紫红色凸出物。皮肤、喉头黏膜、心外膜、肠浆膜等有大小不一、数量不等的出血斑点。盲、结肠黏膜出血，形成纽扣状溃疡。

慢性型，除具有急性型的剖检病变之外，较典型的病变是回盲口、盲肠和结肠的黏膜上形成大小不一的圆形纽扣状溃疡。该溃疡呈同心圆轮状纤维素性坏死，突出于肠黏膜表面，褐色或黑色，中央凹陷。

（五）防制

1. 预防措施

（1）加强隔离消毒　坚持自繁自养，减少猪只流动，防止疫病发生。如需从外单位引入种猪时，应从健康无病的猪场引进。在场外隔离一个月以上，并进行猪瘟疫苗注射，经观察确实无病，才可混入原猪群饲养；对污染的猪舍、运动场和用具进行彻底清洗消毒。清洗、消毒处理后的病猪圈，须空 15 天后，才能放入健康猪饲养。

（2）切实做好预防接种工作　在本病流行的猪场和地区可实行以下免疫方法。①超前免疫：在仔猪出生后及未吃初乳前，肌注 2 头份（300 个免疫剂量）猪瘟兔化弱毒疫苗，1～1.5 小时后，再让仔猪吃母乳。35 日龄前后强化免疫 4 头份，免疫期可达 1 年以上。②大剂量免疫：种公猪每年春秋两次免疫，每头每次肌注 4 头份（600 个免疫剂量）猪瘟兔化弱毒疫苗。仔猪离乳后，给母猪肌注 4～6 头份猪瘟兔化弱毒疫苗。仔猪在 25～30 日龄时肌注 2 头份猪瘟兔化弱毒疫苗，60～65 日龄时肌注 4 头份猪瘟兔化弱毒疫苗。

在无猪瘟流行的地区，可按常规的春秋两季防疫注射和 2～4 头份剂量进行，要做到头头注射，个个免疫，并做好春秋季未注射猪只的补针工作。

2. 发病后的措施

（1）紧急接种　对疫区、疫场未发病的猪只，用 4 头份猪瘟兔化弱毒疫苗进行紧急接种，5～7 天产生免疫力。经验证明，采取紧急接种的方法，能有效地制止新的病猪出现，缩短流行过程，减少经济损失，是防治猪瘟流行的切实可行的积极措施。

（2）治疗　常用于优良的种猪或温和型猪瘟。

① 抗猪瘟高免血清，1 毫升/千克体重，肌注或静注。

② 苗源抗猪瘟血清，2～3 毫升/千克体重，肌注或静注。

③ 猪瘟兔化弱毒疫苗 20～50 头份，分 2～3 点肌注，2 天 1 次，注射 2 次。卡那霉素，20 毫克/千克体重，每天 1 次。该方对 35 千克以上的病猪有一定疗效。

此外，湖北省天门市根瘟灵研究所研制的中草药制剂“根瘟灵”注射液，有清热解毒、消炎、抗病毒、增强免疫力的功效，对早、中期和慢性猪瘟有效，但在使用该药时，严禁使用安乃近、地塞米松、氢化可的松等肾上腺皮质激素类药物，以防影响疗效。

(3) 死猪和病猪肉的处理 对病死的猪应深埋，不许乱扔。急宰猪应在指定地点进行，病猪肉须彻底煮熟后方可利用；对污染的废物、带毒的废水应采取深埋、消毒等措施；工作人员要严格消毒，防止疫情扩散。

二、口蹄疫

口蹄疫是由口蹄疫病毒引起的，主要侵害偶蹄兽的一种急性接触性传染病。猪、牛、羊等均易感染。传染性强，传播速度很快，不易控制和消灭，国际兽疫局（OIE）将本病列为A类传染病之首。

（一）病原

口蹄疫病毒属于微小RNA病毒科的鼻病毒属，共有7个主要的抗原性血清型。每一类型又分若干亚型，各型之间的抗原性不同，不同型之间不能交叉免疫，但症状和病变基本一致。本病毒对外界环境的抵抗力很强，广泛存在于病畜的组织中，特别是水疱液中含量最高。

（二）流行病学

本病主要传染源是病畜和带毒动物。病畜的各种分泌物和排泄物，特别是水疱破裂以后流出的液体都含有病毒，这些病毒污染环境，再感染健康动物。本病传播性强，动物长途运输，大风天气，病毒可跳跃式向远处传播。主要途径为损伤的皮肤、黏膜和呼吸道。如皮肤、黏膜感染，病毒先在侵入部位的表皮和真皮细胞内复制，使上皮细胞发生水疱变性和坏死，以后细胞间隙出现浆液性渗出物，从而形成一个或多个水疱，称为原发性水疱液，病毒在其中大量复制，并侵入血流，出现病毒血症，导致体温升高等全身症状。

最危险的传播媒介是病猪肉及其制品，还有泔水；其次是被病毒污染的饲养管理用具和运输工具。本病多发生于冬春季，到夏季往往自然平息。

（三）临床症状

潜伏期1～2天，病猪以蹄部水疱为主要特征，病初体温升高至40～41℃，精神不振，食欲减退或不食，蹄冠、趾间出现发红、微热、敏感等症状，不久形成黄豆大、蚕豆大的水疱，水疱破裂后表面形成出血烂斑，引起蹄壳脱落。患肢不能着地，常卧地不起。病猪乳房也常见到病斑，尤其是哺乳母猪，乳头上的皮肤病灶较为常见。其他部位皮肤上的病变少见。有时发生流产、乳腺炎及慢性蹄变形。吃奶仔猪的口蹄疫，通常突然发病，角弓反张，口吐白沫，倒地四肢划动，尖叫后突然死亡。病程稍长者可见到口腔及鼻镜上有水疱和糜烂；病死率可达60%～80%。

（四）病理变化

主要在皮肤型黏膜（唇、舌、颊、腭、前消化道黏膜、呼吸道黏膜）及毛少皮肤（口角、鼻镜、乳房、蹄缘、蹄间隙）出现水疱。口蹄疫水疱液初期半透明，淡黄色，后由于局部上皮细胞变性、崩解、白细胞渗出而变成混浊的灰色。水疱发生糜烂，大量水疱液向外排出，轻者可修复，局部上皮细胞再生或结缔组织增生形成疤痕，如严重或继发感染，病变可深层发展，形成溃疡。有的恶性病例主要损伤心肌和骨骼肌，如心肌变性、局灶性坏死，坏死的心肌呈条纹状灰黄色，质软而脆，与正常心肌形成红黄相间的纹理，称为“虎斑心”。镜下见心肌纤维肿大，有的出现变性、坏死、断裂，进一步溶解、钙化。间质充血，水肿淋巴细胞增生或浸润，导致以坏死为主的急性坏死灶性心肌炎。

【提示】 口腔黏膜、蹄部及乳房皮肤发生水疱和溃烂为临床特征。特征性的病理变化是在毛少的皮肤（口角、鼻镜、乳房、蹄缘、蹄间隙）和皮肤型黏膜（唇、舌、颊、腭、齿龈）出现水疱，心脏、骨骼肌变性、坏死和炎症反应。

（五）防制

1. 预防措施

（1）严格隔离消毒　严禁从疫区（场）买猪以及肉制品，不得使用未经煮开的洗肉水、泔水喂猪。非本场生产人员不得进入猪场和猪舍，生产人员进入要消毒；猪舍及其环境定期进行消毒。

（2）提高机体抵抗力　加强饲养管理，保持适宜的环境条件，改善环境卫生，增强猪体的抵抗力。

（3）预防接种　可用与当地流行的相同病毒型、亚型的弱毒疫苗或灭活疫苗进行免疫接种。

2. 发病后措施

① 发现本病后，应迅速报告疫情，划定疫点、疫区，及时严格封锁。病畜及同群畜应隔离急宰。同时，对病畜舍及受污染的场所、用具等彻底消毒，对受威胁区的易感畜进行紧急预防接种，在最后一头病畜痊愈或屠宰后14天内，未再出现新的病例，经大消毒后可解除封锁。

② 疫点严格消毒，猪舍、场地和用具等彻底消毒。粪便堆积发酵处理，或用5%氨水消毒。

③ 治疗　口腔用0.1%的高锰酸钾或食醋洗漱局部，然后在糜烂面上涂以1%～2%明矾或碘酊甘油，也可用冰硼散。蹄部可用3%紫药水或来苏尔洗涤，擦干后涂松馏油或鱼石脂软膏等，再用绷带包扎。乳房可用肥皂水或2%～3%硼酸水洗涤，然后涂以青霉素软膏等，定期将奶挤出，以防发生乳腺炎；恶性口蹄疫病猪可试用康复猪血清进行防治，效果良好。

三、猪传染性胃肠炎

猪传染性胃肠炎（TGE）是猪的一种急性、高度接触性肠道传染病。

（一）病原

病原是猪传染性胃肠炎病毒，属冠状病毒属，单股RNA病毒。目前，本病病毒只有一个血清型。急性期，病猪的全部脏器均含有病毒，但很快消失。病毒在病猪小肠黏膜、肠内容物和肠系膜淋巴结中存活时间较长。

此病毒对外界环境的抵抗力不强，干燥、温热、阳光、紫外线均可将其杀死。一般的消毒剂，如烧碱、福尔马林、来苏尔、菌毒敌、菌毒灭和敌菲特等都能使病毒失活。

（二）流行病学

本病世界各国均有发生，只有猪感染发病，其他动物均不感染。断奶猪、育肥猪及成年猪都可感染发病，但症状轻微，能自然康复。10日龄以内的哺乳仔猪病死率最高（60%以上），其他仔猪随日龄的增长死亡率逐步下降。

病猪和康复后带毒猪是本病的主要传染源。传染途径主要是消化道，即通过食入含有病毒的饲料和饮水而传染。在湿度大、猪只比较集中的封闭式猪舍中，也可通过空气和飞沫经呼吸道传染。本病在新疫区呈流行性发生，老疫区呈地方性流行。人、车辆和动物等也可成为机械性传播媒介。发病季节一般是12月至翌年4月之间，炎热的夏季则很少发生。

（三）临床症状

潜伏期一般16～18小时，短的18小时，长的72小时。

1. 哺乳仔猪

突然发生呕吐，接着发生剧烈水样腹泻，呕吐一般发生在哺乳之后。腹泻物呈乳白色或黄绿色，带有未消化的小凝乳块，气味腥臭。在发病后期，由于脱水，粪便呈糊状，体重迅速减轻，体温下降，常于发病后2～7天死亡，耐过的仔猪，被毛粗糙，皮肤淡白，生长缓慢。5日龄以内的仔猪，病死率为100%。

2. 育肥猪

发病率接近100%，突然发生水样腹泻，食欲大减或废绝，行走无力，粪便呈灰色或灰褐色，含有少量未消化的食物。在腹泻初期，可出现呕吐。在发病期间，脱水和失重明显。病程5～7天。

3. 母猪

母猪常与仔猪一起发病。哺乳母猪发病后，体温轻度升高，泌乳停止，呕吐，食欲不振，腹泻，衰弱，脱水。妊娠母猪似有一定抵抗力，发病率低，且腹泻轻微，一般不会导致流产。病程 3～5 天。

4. 成猪

感染后常不发病。部分猪呈现轻度水样腹泻或一过性软便，脱水和失重不明显。

【提示】 以严重腹泻、呕吐、脱水为临床特征。10 日龄以内的哺乳仔猪病死率高达 60%～100%，5 周龄以上的死亡率很低，成年猪一般不会死亡。

（四）病理变化

病死仔猪脱水明显。胃内充满凝乳块，胃底部黏膜轻度充血。肠管扩张，肠壁变薄，弹性降低，小肠内充满白色或黄绿色水样液体，肠黏膜轻度充血，肠系膜淋巴结肿胀，肠系膜血管扩张、充血，肠系膜淋巴管内缺少乳白色乳糜。其他脏器病变不明显。

（五）防制

1. 预防措施

（1）做好隔离卫生　在本病的发病季节，严格控制从外单位引进种猪，以防止将病原带入；并认真做好科学管理和严格的消毒工作，防止人员、动物和用具传播本病；实行“全进全出”制，妥善安排产仔时间和严格隔离病猪等。

（2）免疫接种　猪传染性胃肠炎弱毒疫苗，或传染性胃肠和猪流行性腹泻二联疫苗。怀孕母猪产前 45 天和 15 天，肌内和鼻腔内别接种 1 毫升，使母猪产生足够的免疫力和让哺乳仔猪由母乳获得被动免疫。也可在仔猪出生后，每头口服 1 毫升，使其产生主动免疫。

（3）口服高免血清或康复猪的抗凝全血　新生仔猪未哺乳前口服高免血清或康复猪的抗凝全血，每天 1 次，每次 5～10 毫升，连用 3 天。

2. 发病后措施

对发病仔猪对症治疗，可减少死亡，促进早日康复。

（1）保持仔猪舍温暖、干燥。

（2）防治脱水 口服或自由饮服补液盐（葡萄糖 25.0 克，氧化钠 4.5 克，氯化钾 0.05 克，碳酸氢钠 2.0 克，柠檬酸 0.3 克，醋酸钾 0.2 克，温水 1000 毫升），也可腹腔注射加入适量地塞米松、维生素 C 的葡萄糖氯化钠溶液或平衡液（葡萄糖氯化钠溶液 500 毫升，11.2%乳酸钠 40 毫升，5%氯化钙 4 毫升，10%氯化钾 2.5 毫升）。

（3）防止继发感染 可选用庆大霉素、恩诺沙星、环丙沙星、氯霉素等抗菌药物，内服、肌注或静注。

四、猪流行性腹泻

猪流行性腹泻（PED）是由猪流行性腹泻病毒引起的一种急性肠道传染病。目前世界各地许多国家都有本病流行。

（一）病原

猪流行性腹泻病毒属于冠状病毒科冠状病毒属，与猪传染性胃肠炎病毒、猪血细胞凝集性脑脊髓炎病毒、新生犊牛腹泻病毒、犬肠道冠状病毒、猫传染性腹膜炎病毒无抗原关系。与猪传染性胃肠炎病毒进行交叉中和试验、猪体交互保护试验、EL1SA 试验等，都证明本病毒与猪传染性胃肠炎病毒没有共同的抗原性。病毒对外界环境和消毒药抵抗力不强，一般消毒药都可将其杀死。

（二）流行病学

病猪是主要传染源，在肠绒毛上皮和肠系膜淋巴结内存在的病毒，随粪便排出，污染周围环境和饲养用具，以散播传染。本病主要经消化道传染，但有人报道本病还可经呼吸道传染，并可由呼吸道分泌物排出病毒。

各种年龄猪对本病毒都很敏感，均能感染发病。哺乳仔猪、断奶仔猪和育肥猪感染发病率 100%，成年母猪为 15%～90%。本病多发生于冬季，夏季极为少见。我国多在 12 月至来年 2 月发生流行。

（三）临床症状

临床表现与典型的猪传染性胃肠炎十分相似。口服人工感染，潜伏期1～2日，在自然流行中，可能更长。哺乳仔猪一旦感染，症状明显，表现呕吐、腹泻、脱水、运动僵硬等症状，呕吐多发生于哺乳和吃食之后，体温正常或稍偏高，人工接种仔猪后12～20小时出现腹泻，呕吐于接种病毒后12～80小时出现。脱水见于接种病毒后20～30小时，最晚见于90小时。腹泻开始时排黄色黏稠便，以后变成水样便并混杂有黄白色的凝乳块，腹泻最严重时（腹泻10小时左右）排出的几乎全部为水样粪便。同时，患猪常伴有精神沉郁、厌食、消瘦、衰竭和脱水。

症状的轻重与年龄大小有关，年龄越小，症状越重。1周以内的哺乳仔猪常于腹泻后2～4日脱水死亡，病死率约50%。新生仔猪感染本病死亡率更高。断奶猪、育成猪症状较轻，腹泻持续4～7日，逐渐恢复正常。成年猪症状轻，有的仅发生呕吐、厌食和一过性腹泻。

（四）病理变化

尸体消瘦脱水，皮下干燥，胃内有多量黄白色的乳凝块。小肠病变具有示病性特征，通常肠管膨满扩张、充满黄色液体，肠壁变薄、肠系膜充血，肠系膜淋巴结水肿。镜下小肠绒毛缩短，上皮细胞核浓缩、破碎。至腹泻12小时，绒毛变得最短，绒毛长度与隐窝深度的比值由正常7∶1降为3∶1。

（五）防制

1. 预防措施

① 平时特别是冬季要加强防疫工作，防止本病传入，禁止从病区购入仔猪，防止狗、猫等进入猪场，应严格执行进出猪场的消毒制度。

② 应用猪流行性腹泻和传染性胃肠炎二联苗免疫接种。妊娠母猪于产前30日接种3毫升，仔猪10～25千克接种1毫升，25～50千克接种3毫升，接种后15日产生免疫力，免疫期母猪为一

年，其他猪为6个月。

2. 发病后措施

① 一旦发生本病，应立即封锁，限制人员参观，严格消毒猪舍用具、车辆及通道。将未感染的预产期20日以内的怀孕母猪和哺乳母猪连同仔猪隔离到安全地区饲养。紧急接种中国农科院哈尔滨兽医研究所研制的猪腹泻氢氧化铝灭活苗。

② 干扰疗法　对发病母猪可用猪干扰素、白细胞介素、转移因子治疗，还可大剂量猪瘟疫苗或鸡新城疫疫苗肌内注射，3天2次。

③ 对症疗法　对症治疗可以减少仔猪死亡率，促进康复。病猪群饮用口服盐溶液（常用处方氯化钠3.5克，氯化钾1.5克，碳酸氢钠2.5克，葡萄糖20克，水1000毫升）。猪舍应保持清洁、干燥。对2～5周龄病猪可用抗生素治疗，防止继发感染。可试用康复母猪抗凝血或高免血清口服，1毫升/千克体重，连用3日，对新生仔猪有一定的治疗和预防作用。

五、猪水疱病

猪水疱病（SVD）是由猪水疱病病毒引起的一种急性传染病。

（一）病原

猪水疱病病毒属小RNA病毒科、肠道病毒属。对乙醚和酸稳定，在污染的猪舍内可存活8周以上，在病猪粪便内12～17℃贮存130日，病猪腌肉3个月仍可分离出病毒，在低温下可保存2年以上；本病毒不耐热，60℃ 30分钟和80℃ 1分钟即可灭活。

本病毒对消毒药抵抗力较强，常用消毒药在常规浓度下短时间内不能杀死本病毒。pH值在2～12.5之间都不能使病毒灭活。常用消毒药：0.5%农福、0.5%菌毒敌、5%氨水、0.5%的次氯酸钠等均有良好消毒效果。

（二）流行病学

本病一年四季均可发生。在猪群高度密集调运频繁的猪场，传播较快，发病率亦高，可达70%～80%，但死亡率很低，在密度小、地面干燥、阳光充足、分散饲养的情况下，很少引起流行。

各种年龄品种的猪均可感染发病，而其他动物不发病，人类有一定的感染性。发病猪是主要传染源，病猪与健猪同居 24～45 小时，即可在鼻黏膜、咽、直肠检出病毒，经 3 日可在血清中发现病毒。在病毒血症阶段，各脏器均含有病毒，带毒的时间，鼻黏膜 7～10 日，口腔 7～8 日，咽 8～12 日，淋巴结和脊髓 15 日以上；病毒主要经破损的皮肤、消化道、呼吸道侵入猪体，感染主要是通过接触，饲喂含病毒而未经消毒的泔水和屠宰下脚料、牲畜交易、运输工具（被污染的车辆）。被病毒污染的饲料、垫草、运动场、用具及饲养员等往往造成本病的传播，据报道本病还可通过深部呼吸道传播，气管注射发病率高，经鼻需大量才能感染。所以认为通过空气传播的可能性不大。

（三）临床症状

潜伏期，自然感染一般为 2～5 日，有的延至 7～8 日或更长，人工感染最早为 36 小时。

临床上一般将本病分为典型、轻型和隐性型三种。

1. 典型水疱病

其特征性的水疱常见于主趾和附趾的蹄冠上。有一部分猪体温升高至 40～42℃，上皮苍白肿胀，在蹄冠和蹄踵的角质与皮肤结合处首先见到。在 36～48 小时，水疱明显凸出，大小为黄豆至蚕豆大不等，里面充满水疱液，继而水疱融合，很快发生破裂，形成溃疡，真皮暴露形成鲜红颜色，病变常环绕蹄冠皮肤的蹄壳，导致蹄壳裂开，严重时蹄壳可脱落。病猪疼痛剧烈，跛行明显，严重病例，由于继发细菌感染，局部化脓，导致病猪卧地不起或呈犬坐姿式。严重者用膝部爬行，食欲减退，精神沉郁。水疱有时也见于鼻盘、舌、唇和母猪的乳头上。仔猪多数病例在鼻盘上发生水疱。一般情况下，如无并发其他疾病不易引起死亡，病猪康复较快，病愈后两周，创面可痊愈，如蹄壳脱落，则需相当长的时间才能恢复。初生仔猪发生本病可引起死亡。有的病猪偶可出现中枢神经系统紊乱症状，表现为前冲、转圈、用鼻摩擦或用牙齿咬用具、眼球转圈，个别出现强直性痉挛。

2. 轻型

只有少数猪，只在蹄部发生一两个水疱，全身症状轻微，传播缓慢，并且恢复很快，一般不易察觉。

3. 隐性型

不表现任何临床症状，但血清学检查，有滴度相当高的中和抗体，能产生坚强的免疫力，这种猪可能排出病毒，对易感猪有很大的危险性，所以应引起重视。

【提示】 临床特征是在蹄部、口腔、鼻部、母猪的乳头周围产生水疱。SVD在临床上与口蹄疫、水疱性口炎、水疱疹极为相似，但牛、羊等家畜不发生本病。

（四）病理变化

本病的肉眼病变主要在蹄部，约有10%的病猪口腔、鼻端亦有病变，但口部水疱通常比蹄部出现的晚。病理剖检通常内脏器官无明显病变，仅见局部淋巴结出血和偶见心内膜有条纹状出血。

（五）防制

（1）控制本病的重要措施是防止将病带到非疫区。不从疫区调入猪只和猪肉产品。运猪和饲料的交通工具应彻底消毒。屠宰的下脚料和泔水等要经煮沸后方可喂猪，猪舍内应保持清洁、干燥，平时加强饲养管理，减少应激，加强猪只的抗病力。

（2）加强检疫、隔离、封锁制度　检疫时应做到两看（看食欲和跛行），三查（查蹄、口、体温），隔离应至少7日未发现本病，方可并入或调出，发现病猪就地处理，对其同群猪同时注射高免血清，并上报、封锁疫区。封锁期限一般以最后一头病猪恢复后20日才能解除，解除前应彻底消毒一次。

（3）免疫接种　我国目前制成的猪水疱病BEI灭活疫苗，效检平均保护率达96.15%，免疫期5个月以上，对受威胁区和疫区定期预防能产生良好效果。对发病猪群，可采用猪水疱病高免血清预防接种，剂量为0.1～0.3毫升/千克体重，保护率达90%以上，免疫期一个月。在商品猪中应用，可控制疫情，减少发病，避免大的损失。

六、猪轮状病毒感染

猪轮状病毒感染是一种主要针对仔猪的急性肠道传染病。

（一）病原

轮状病毒属呼肠孤病毒科轮状病毒属。本病毒对理化因素有较强的抵抗力，在室温能保存7个月；加热60℃ 30分钟存活，但63℃30分钟则被灭活。pH值3～9稳定。能耐超声波震荡和脂溶剂。0.01％碘、1％次氯酸钠和70％酒精可使病毒丧失感染力。

（二）流行病学

本病的易感宿主很多，其中以犊牛、仔猪、初生婴儿的轮状病毒病最常见。轮状病毒有一定的交叉感染性，人的轮状病毒能引起猴、仔猪和羔羊感染发病，犊牛和鹿的轮状病毒能感染仔猪。可见，轮状病毒可以从人或一种动物传给另一种动物，只要病毒在人或一种动物中持续存在，就可造成本病在自然界中长期传播。这也许是本病普遍存在的重要因素。

患病的人、畜和隐性患畜是本病的传染源。病毒主要存在于消化道内，随粪便排到外界环境，污染饲料、饮水、垫草和土壤等。经消化道途径传染易感家畜。本病传播迅速，呈地方性流行，多发生在晚秋、冬季和早春。应激因素（特别是寒冷、潮湿）、不良的卫生条件、喂不全价饲料和其他疾病的侵袭等，对疾病的严重程度和病死率均有很大影响。

（三）临床症状

潜伏期12～24小时。在疫区由于大多数成年猪都已感染过而获得了免疫，所以得病的多是8周龄以内的仔猪，发病率50％～80％。病初精神萎顿，食欲减退，不愿走动，常有呕吐。迅速发生腹泻，粪便水样或糊状，色黄白或暗黑。腹泻越久，脱水越明显，严重的脱水常见于腹泻开始后的3～7天，体重可减轻30％。症状轻重取决于发病日龄和环境条件，特别是环境温度下降和继发大肠杆菌病，常使症状严重和病死率增高。一般常规饲养的仔猪出生头几天，由于缺乏母源抗体的保护，感染发病症状重，病死率可高达100%；如果有母源抗体保护，则1周龄的仔猪一般不易感染发病。10～21日龄哺乳仔猪症状轻，腹泻1～2天即迅速痊愈，病死率低；3～8周龄或断乳2天的仔猪，病死率一般为10%～30%，严重时可达50%。

（四）病理变化

病变主要限于消化道，特别是小肠。肠壁菲薄，半透明，含有大量水分、絮状物及黄色或灰黑色液体。有时小肠广泛性出血，小肠绒毛短缩扁平，肠系膜淋巴结肿大。

【提示】 特征是腹泻和脱水，成年猪常呈隐性经过，仔猪的感染率和死亡率均较高。

（五）防制

1. 预防措施

加强饲养管理，认真执行兽医防疫措施，增强母猪及仔猪的抵抗力。在疫区，对经产母猪的新生仔猪应及早饲喂初乳，接受母源抗体的保护以免受感染，或减轻症状。

2. 发病后措施

本病无特效药物，发病后可采取辅助措施。

① 发现病猪应立即隔离到清洁、干燥和温暖的猪舍，加强护理，减少应激，避免密度过大。对环境、用具等进行消毒，并停止哺乳，配制口服补液盐（配方为葡萄糖43.2克、氯化钠9.2克、甘氨酸6.6克、柠檬酸0.52克、柠檬酸钾0.13克、无水磷酸钾4.35克，溶于2升水中）自饮，每千克体重30～40毫升，每日两次，同时内服收敛剂，如次硝酸铋或鞣酸蛋白。使用抗生素或磺胺类药物以防继发感染。见脱水和酸中毒时，可静注或腹腔注射5%葡萄糖盐水和5%碳酸氢钠溶液。

② 新生仔猪口服抗血清还能得到保护。

七、猪痘

猪痘是由猪痘病毒和痘菌病毒感染引起的一种传染病。猪痘病毒只对猪有致病性，主要发生于4～6周龄仔猪，成年猪有抵抗力。

（一）病原

猪痘是由猪痘病毒（这种病毒仅能使猪发病，只能在猪源组织细胞内生长繁殖，并在细胞核内形成空泡和包涵体）和痘苗病毒（能使猪和其他多种动物感染，能在鸡胚绒毛尿囊、牛、绵羊及人等胚胎细胞内增殖，并在被感染的细胞胞浆内形成包涵体）引起的。两种病毒均属痘病毒科、脊椎动物痘病毒亚科、猪痘病毒属。本病毒抵抗力不强，58℃下5分钟灭活，阳光直射或紫外线中迅速灭活。对碱和大多数常用消毒药均较敏感。但能耐干燥，在干燥的痂皮中能存活6～8周。

（二）流行病学

猪痘病毒只能使猪感染发病，不感染其他动物。多发生于4～6周龄仔猪及断奶仔猪，成年猪有抵抗力。由猪痘病毒感染引起的猪痘，各种年龄的猪均可感染发病，常呈地方性流行。猪痘病毒极少发生接触感染，主要由猪虱传播，其他昆虫如蚊、蝇等也可传播。

（三）临床症状

潜伏期4～7天。发病后，病猪体温升高，精神食欲不振，鼻、眼有分泌物。痘疹主要发生于躯干的下腹部、肢内侧、背部或体侧部等处。痘疹开始为深红色的硬结节，凸出于皮肤表面，略呈半球状，表面平整，见不到形成水疱即转为脓疱，并很快结成棕黄色痂块，脱落后遗留白色疤痕而痊愈，病程10～15天。本病多为良性经过，病死率不高，如饲养管理不当或有继发感染，常使病死率增高，特别是幼龄仔猪。

（四）病理变化

猪痘病变多发生于猪的无毛或毛少部位的皮肤上，如腹部、胸侧、四肢内侧、眼睑、吻突、面额等。典型的痘疹呈圆形、半球状突出于皮肤表面（直径可达1厘米），痘疹坚硬，表面平整，红色或乳白色，周围有红晕，以后坏死，中央干燥呈黄褐色，稍下陷，最后形成痂皮，痂皮脱落后，可遗留白色疤痕。猪瘟经过中不形成水癌和脓癌。

（五）防制

1. 预防措施

搞好环境卫生，消灭猪虱、蚊和蝇等；新购入的猪要隔离观察1～2周，防止带入传染源；科学饲养管理，增强猪体抵抗力。

2. 发病后措施

发现病猪要及时隔离治疗，可试用康复猪血清或痊愈血治疗。康复猪可获得坚强的免疫力。

八、猪痢疾

猪痢疾（SD）是由猪痢疾密螺旋体引起的黏液性出血性下痢病（又称为血痢、黏液性出血性下痢等）。主要发生于保育猪和育肥猪，尤其对育肥猪的危害性大。

（一）病原

本病的主要病原体是猪痢疾密螺旋体。该病原体为革兰阴性、耐氧的厌氧螺旋体。该病原体可产生溶血素和内毒素，这两种毒素可能在病变的发生过程中起作用。猪痢疾密螺旋体对外界的抵抗力不强，在土壤中可存活18天，粪便中61天，阳光直射可很快杀死，一般消毒药均可将其杀死，其中复合酚和过氧乙酸效果最佳。

（二）流行病学

在自然条件下，本病只发生于猪，各种年龄的猪均可感染，但以7～12周龄的小猪发生较多。一般发病率为75%，病死率为5%～25%，有时断奶仔猪的发病率和病死率都较高。病猪和带菌猪是主要传染源，其由粪便排出大量病原体，污染周围环境、饲料、饮水、各种用具等，经消化道传染于健康猪。本病康复猪的带菌率很高，而且带菌时间长达数月；猪痢疾的流行原因常是由于引进带菌猪所致，本病的流行经过比较缓慢，持续时间较长，往往开始有几头发病，以后逐渐蔓延，在较大猪群中流行，常常拖延几个月之久，很难根除。本病流行无明显季节性，一年四季均有发病。

（三）临床症状

潜伏期，3～60天以上，自然感染多为7～14天。主要症状是下痢，开始为水样下痢或黄色软粪，随后粪便带有血液和黏液，腥臭。本病在暴发的最初1～2周多为急性经过，死亡率较高，3～4周后逐渐转为亚急性或慢性，在天气突变和应激条件下，粪便中有多量黏液和坏死组织碎片，并常带有暗褐色血液。本病致死率低，但病程较长，病猪进行性消瘦，生长发育迟滞，对养猪生产的影响很大。

（四）病理变化

病变一般局限于大肠。肠系膜水肿、充血，结肠和盲肠的肠壁水肿，黏膜肿胀、出血，表面覆盖黏液和带血的纤维蛋白，肠内容物稀薄，并混有黏液、血液和脱落组织碎片。重症病例，黏膜坏死，形成麸皮样的假膜，或纤维蛋白膜，剥去假膜可见浅表糜烂面。病变可能出现在大肠的某一段，也可能弥散整个大肠。其他脏器无明显病变。

【提示】 特征为大肠黏膜发生卡他性出血性炎症，或纤维素性坏死性炎症。

（五）防制

1. 预防措施

① 坚持自繁自养的原则，如需引进种猪，应从无猪痢疾病史的猪场引种，并实行严格隔离检疫，观察1～2月，确定健康方可入群。平时加强卫生管理和防疫消毒工作。

② 药物净化　据报道，应用痢菌净等药物进行药物净化，成功地从患病猪群中根除了猪痢疾。其方法为：饲料中添加0.006%的痢菌净，全场猪只连续饲喂4～10周；不吃料的乳猪，用0.5%痢菌净溶液，按0.25毫升/千克体重，每天灌服一次，同时还必须搞好猪舍内、外的环境卫生，经常清扫、消毒，场区的所有房舍都

应清扫、消毒和熏蒸，猪舍内要带猪消毒，工作人员的衣服、鞋帽以及所有用具都要定期消毒，消毒药可选用1%～2%克辽林（臭药水），或0.1%～0.2%过氧乙酸，每周至少两次消毒；全场粪便应无害化处理，并且还应做好灭鼠工作；在服药和停药后3个月内不得引进和出售种猪。在停药后3～6个月内，不使用任何抗菌药物，也不出现新发病例，并且此后，断奶仔猪的肛试样品经培养，猪痢疾密螺旋体均为阴性，则表明本病药物净化成功。

2. 发病后措施

当猪场发生本病时，应及时隔离消毒，积极治疗，对同群病猪或同舍的猪群实行药物防制。应用痢菌净治疗效果较好，其用量为：0.5%注射液，0.5毫升/千克体重，肌内注射；或2.5～5.0毫克/千克体重，灌服，每日2次，3～5天为一个疗程。其次选用土霉素、氯霉素、痢特灵、链霉素、庆大霉素等也有一定效果。治疗少数或散发性病猪应通过灌服或注射给药，大群治疗或预防可在饲料中添加痢菌净0.006%～0.01%连喂1～2个月。本病流行时间长，带菌猪不断排菌，消除症状的病猪还可能复发；药物防治一般只能做到减少发病和死亡，难以彻底消灭。根除本病可考虑建立健康猪群，逐步替代原有猪群。

饲料中加入赛地卡霉素0.0075%，连续饲喂15天；或原始霉素0.0022%，连续饲喂27～43天；或林可霉素0.01%，连续饲喂14～21天，都有较好的防治效果。

九、猪丹毒

猪丹毒是猪的一种急性败血性传染病（俗称“打火印”）。

（一）病原

猪丹毒杆菌是极纤细的小杆菌，革兰染色阳性。猪丹猪抗原的血清型已被公认的有22个。从琼脂培养基的菌落上分为光滑型和粗糙型两种，前者毒力较强，后者毒力弱。该菌对外界环境的抵抗力较强，病猪的肝和脾4℃存放159天，仍有毒力。病死猪尸体掩埋后7～10天，病菌仍然不死。在阳光下，能够存活10天之久。可在腌肉和熏制的病猪肉内存活4个月。本菌对热的抵抗力不强，

70℃加热5分钟可被杀灭，煮沸后很快死亡。被病菌污染的粪尿及垫草，堆沤发酵15天，可将病菌杀死。猪丹毒杆菌对消毒药很敏感，如1%漂白粉、1%烧碱、10%石灰乳、0.5%～1%复合酚，均可在5～15分钟内将其杀灭。

（二）流行病学

不同年龄的猪均有易感性，但以3～6月龄的猪发病率最高，3月龄以下和6月龄以上的猪很少发病。猪丹毒的流行有明显的季节性，一般来说，多发生在气候温暖的初夏和晚秋季节。华北和华中地区6～9月为流行季节，华南地区以9～12月发病率最高。病猪、临床康复猪和健康带菌猪为传染源，病原体随粪、尿、唾液和鼻液等排出体外，污染土壤、圈舍、饲料、饮水等，主要经消化道感染，也可由皮肤伤口感染。健康带菌猪在机体抵抗力下降时，可发生内源性感染。黑花蚊、厩蝇和虱也是本病的传染媒介。

（三）临床症状来

人工感染的潜伏期为3～5天，最短的1天，最长的7天。

1. 急性型（败血型）

此型最为常见。在流行初期，往往有几头猪无任何症状而突然死亡，其他猪相继发病。病猪体温升至42℃以上，食欲大减或废绝，寒战，喜卧，行走不稳，关节僵硬，站立时背腰拱起。结膜潮红，眼睛清亮有神，很少有分泌物。发病初期粪便干燥，后期可能发生腹泻。发病1～2日后，皮肤上出现紫红斑，尤以耳、颈、背、腿外侧多见，其大小和形状不一，指压时红色消失，指去复原。如不及时治疗，往往在2～3天内死亡。病死率80%～90%。

2. 亚急性型（疹块型）

通常取良性经过，以皮肤上出现疹块为特征。体温41℃左右，发病后2～3天，在背、胸、颈、腹侧、耳后和四肢皮肤上，出现深红色、黑紫色大小不等的疹块，形状有方形、菱形、圆形或不规则形，也有融合成一大片的。发生疹块的部位稍凸起，与周围皮肤界限明显，很像烙印，故有“打火印”之称。随着疹块的出现，体温下降，病情减轻。10天左右，疹块逐渐消退，形成干痂，痂脱痊愈。

3. 慢性型

多由急性转变而来。常见的有关节炎、心内膜炎和皮肤坏死三种类型。皮肤死坏型一般单独发生，而关节炎型和心内膜炎型往往在一头猪身上同时出现。

皮肤坏死常发生在背、肩、耳及尾部。局部皮肤变黑，干硬如皮革样，逐渐与新生组织分离、脱落，形成瘢痕组织。有时可见病猪耳或尾整个坏死脱落；关节炎常发生于腕关节和跗关节，受害关节肿胀、疼痛、增温，行走时，步态僵硬、跛行。心内膜炎型主要表现呼吸困难，心跳增加，听诊有心内杂音，强迫运动或驱赶跑动时，往往突然倒地死亡。

（四）病理变化

急性型，皮肤上有大片的弥漫性充血，俗称“大红袍”。脾高度肿大，呈紫红色。肾瘀血肿大，呈暗红色，皮质部有出血点。全身淋巴结充血肿大，呈紫红色，切面多汁，有小出血点。心包积液，心外膜和心内膜有出血点。肺瘀血，水肿。胃及十二指肠黏膜水肿，有小出血点。亚急性型，可见皮肤有典型的疹块病变，尤以白猪更明显。但内脏的败血症病变比急性型轻；慢性型的特征是房室瓣（多见于二尖瓣）上出现菜花样的赘生物及关节肿大，关节液增多，关节腔内有大量浆液纤维素性渗出液蓄积。

【提示】 急性型和亚急性型以发热和皮肤上出现紫色疹块为特征，慢性型主要表现为非化脓性关节炎和疣状心内膜炎的症状。

（五）防制

1. 预防措施

（1）提高猪体抗病力　有些健康猪的体内有猪丹毒杆菌，机体抵抗能力降低时，引起发病。因此，加强饲养管理，喂给全价日粮，保持猪圈清洁卫生，定期消毒，是预防本病的重要措施之一。

（2）免疫接种

① 猪丹毒氢氧化铝甲醛菌苗　10 千克以上的猪，一律皮下注射 5 毫升，注射 21 天后产生免疫力，免疫期为 6 个月。每年春秋

两季各接种一次。该菌苗用量大，免疫期短，目前已少用。

② 猪丹毒弱毒菌苗　使用时，用20%氢氧化铝生理盐水稀释，大小猪一律皮下注射1毫升。注苗后7天产生免疫力，免疫期9个月。弱毒菌苗注射量小，产生免疫力快，免疫期长，但稀释后的菌苗必须在6小时内用完，以防菌体死亡，影响免疫效果。

③ 猪丹毒GC系弱毒菌苗　皮下注射7亿个菌，注苗后7天产生免疫力，免疫期为5个月以上；口服14亿个菌，服后9天产生免疫力，免疫期为9个月。本苗安全、性能稳定、免疫原性好。

④ 猪瘟、猪丹毒、猪肺疫三联冻干苗　每头皮下注射2毫升，对猪瘟、猪丹毒、猪肺疫的免疫期分别为10个月、9个月、6个月。三联苗，用量小，使用方便。

2. 发病后的措施

（1）隔离病猪，早期确诊，加强消毒；饲料加入抗生素，如0.04%～0.06%的土霉素或四环素或0.01%～0.02%的强力霉素，连喂5天。

（2）治疗

① 青霉素　4万～8万单位/千克体重，肌注或静注，每天2次，连续用2～3天，有很好的效果。

② 10%磺胺嘧啶钠或10%磺胺二甲嘧啶注射液　0.8～1毫升/千克，静注或肌注，每天1～2次，连用2～3天。本方与三甲氧苄氨嘧啶（TMP）配合应用，疗效更好。

③ 10%特效米先注射液　0.2～0.3毫升/千克体重，肌注，药效在猪体内可维持4天，一般一次痊愈。

④ 抗猪丹毒血清　疗效好，但价格贵。仔猪5～40毫升，中猪30～50毫升，大猪50～70毫升，皮下或静注。抗血清与抗生素同时应用，疗效增强。

用药同时，还必须注意解热、纠正水和电解质失衡以及合理的饲养管理，只有这样，才能获得较好治疗效果。

十、猪梭菌性肠炎

猪梭菌性肠炎（CEP）是由C型魏氏梭菌感染初生仔猪引起的急性传染病（又称仔猪红痢病或猪传染性坏死性肠炎）。主要发生于3日龄以内的仔猪。

（一）病原

病原体为C型魏氏梭菌，又叫产气荚膜杆菌，两端钝圆，革兰染色阳性。该菌广泛存在于人畜的肠道内和土壤中，母猪将其随粪便排出体外，污染地面、圈舍、垫草、运动场等。新生仔猪从外界环境中将该菌的芽孢吞入，病菌在肠内繁殖，产生强烈的外毒素，从而使动物发病、死亡。梭菌繁殖体的抵抗力并不强，一般消毒药均可将其杀灭，但其芽孢对热、干燥、消毒药的抵抗力显著增强。被本菌污染的圈舍最好用火焰喷灯、3%～5%烧碱或10%～20%漂白粉消毒。

（二）流行病学

本病主要发生于1～3日龄初生仔猪，1周龄以上仔猪很少发病。任何品种的初生仔猪都易感。一年四季都可发生。本菌的芽孢对外界环境的抵抗力很强，一旦侵入猪群后，常年年发生。同猪场，有的全窝仔猪发病，有的一窝中有几头发病。近年来发现，育肥猪和种猪也有散发的。

（三）临床症状

本病潜伏期很短，仔猪出生后数小时至24小时就可突然发病。最急性型，不见拉稀即突然死亡。病程稍长的，可见精神沉郁，被毛无光，皮肤苍白，不吃奶，行走摇晃，排出红色糊状粪便，并混有坏死组织碎片和小气泡，气味恶臭。最后摇头，倒地抽搐，多在出生后第三天死亡。育肥猪和种猪表现为发病急，病程短，往往正常喂料2～3小时后不明原因地死于圈中。

（四）病理变化

尸体苍白，腹水呈淡红色。特征性病变在空肠，有时扩展到回肠，肠管呈鲜红色或深红色，肠腔内充满混有气泡的红黄色或暗红色内容物，肠黏膜弥漫性出血，肠系膜淋巴结严重出血，病程稍长者，肠黏膜坏死，出现假膜。肠浆膜下和肠系膜内有数量不等的弥散性粟状的小气泡。心内外膜、肾被膜下、膀胱黏膜有小点出血。

【提示】 特征是排出血样稀粪，发病急、病程短，病死率几乎100%。

（五）防制

1. 预防措施

（1）保持猪舍、产房和分娩母猪体表的清洁　一旦发生本病，要认真做好消毒工作，最好用火焰喷灯和5%烧碱进行彻底消毒。待产母猪进产房前，进行全身清洗消毒。

（2）免疫接种　怀孕母猪产前30天和15天各肌注C型魏氏梭菌福尔马林氢氧化铝类毒素10毫升。该苗能使母猪产生坚强的免疫力，使初生仔猪免患仔猪红痢病。

（3）被动免疫　用育肥猪或淘汰母猪，经多次免疫后，采血分离血清，对受该病威胁的仔猪于出生后逐头肌注1～2毫升，可防止仔猪发病。

（4）药物预防　仔猪出生后用常规剂量的苯唑青霉素、氨苄青霉素、青霉素、链霉素或氟哌酸内服，每天1～2次，连用2～3天，有一定的预防效果。

2. 发病后措施

本病尚无特效治疗药物，发病后用高免血清与苯唑青霉素、氟哌酸或甲硝唑配合应用，对发病初期仔猪有一定效果，不妨一试。

十一、霉形体肺炎

猪霉形体肺炎是猪的一种慢性呼吸道传染病（我国又称“气喘病”，国外称猪地方流行性肺炎）。本病呈慢性过程，集约化猪场发病率高达70%以上。虽然病死率很低，但严重影响猪体生长发育，造成饲料浪费，给养猪业带来极大危害。

（一）病原

病原体为猪肺炎霉形体，其存在于病猪的呼吸道内，随咳嗽、喷嚏排出体外，污染周围环境。该病原体对温热、阳光抵抗力差，在体外环境中存活时间不超过36小时。常用的消毒剂，如威力碘、甲醛、百毒杀、菌毒敌等都能将其杀灭。

（二）流行病学

本病只感染猪，不同年龄、性别、品种和用途的猪均能感染发病，但以哺乳仔猪和刚断奶的仔猪发病率和病死率较高，其次为怀孕后期母猪和哺乳母猪，其他猪多为隐性感染；一年四季均可发生，但以气候多变的冬、春季节多发。新发病的猪场，常为暴发性流行，病情严重，病死率较高。在老疫区，多数呈慢性经过，或中、大猪呈隐性感染，唯有仔猪发病率较高。遇到气候骤变、突换饲料、饲料质量不良和卫生条件不好时，部分隐性猪可出现明显的临床症状。

病猪是主要传染源，特别是隐性带菌病猪，是最危险的传染源。病猪在临床症状消失之后1年，仍可带菌排毒。病原体存在于病猪的呼吸道内，随病猪咳嗽、喷嚏的飞沫排出体外。当病猪与健康猪直接接触时，由呼吸道吸入后感染发病。因此，在通风不良和比较拥挤的猪舍内，很易相互传染。

（三）临床症状

潜伏期一般为11～16天，最短3～5天，最长30天以上。主要症状是咳嗽和气喘。

1. 急性型

尤以哺乳仔猪、刚断奶仔猪、怀乳后期母猪和哺乳母猪多见。突然发病，呼吸加快，可达60～120次/分以上，口、鼻流出黏液，张口喘气，呈犬坐姿势和腹式呼吸。咳嗽低沉，次数少，偶尔发生痉挛性咳嗽。精神沉郁、食欲减少，体温一般不高。病程7～10天，病死率较高。

2. 慢性型

病猪长期咳嗽，尤以清晨、夜晚、运动或吃食时最易诱发。初为单咳，严重时出现阵发性咳嗽。咳嗽时，头下垂，伸颈拱背，直到把分泌物咳出为止。后期，气喘加重，病猪精神不振，采食减少，消瘦贫血，不愿走动，甚至张口喘气。这些症状可随饲料管理的好坏减轻或加重。病程2～3个月，甚至半年以上。病死率不高，但影响生长发育，并易继发链球菌、大肠杆菌、肺炎球菌、棒状杆菌、巴氏杆菌等细菌感染，使病情恶化，甚至引起死亡。

（四）病理变化

本病的特征性病变是两侧肺的尖叶、心叶和膈叶前下缘，发生对称性胰样实变。实变区大小不一，呈淡红色或灰红色，随着病程的延长，病变部分逐渐变成灰白色或灰黄色。发病初期，外观如胰脏样，质地如肝脏，切面湿润，按压时，从小支气管流出黏液性混浊的灰白色液体。后期，病变部位的颜色转为灰红色或灰白色，切面坚实、小支气管断端凸起，从中流出白色泡沫状的液体。病变区与周围正常肺组织界限明显，病灶周围组织气肿，其他部分肺组织有不同程度的瘀血和水肿。肺门和纵隔淋巴结极度肿大，切面外翻，呈白色脑髓样。

并发细菌感染时，可出现胸膜炎、肺炎、肺脓肿、坏死性肺炎等病理变化。

（五）防制

1. 防制措施

（1）自繁自养，防止由外单位引进病猪　不少教训表明，健康猪群发生猪喘气病，多数是从外地买进慢性或隐性病猪引起的。因此，进行品种调换、良种推广和必须从外单位引进种猪时，应该认真了解猪源所在地区或该猪场有无本病流行，如有疫情，坚决不要买回。即使表面健康的猪，购入后也须隔离饲养，观察1～2个月；或进行X射线检查、血清学检查，确无本病时，方可混群饲养。

（2）加强饲养管理，保持圈舍清洁、干燥　最好饲喂全价日粮，如无此条件，在饲料调配时，要尽量多样化，注意青绿饲料和矿物质饲料的供给。猪圈要保持清洁、干燥、通风、温暖，避免过度拥挤，并定期做好消毒和驱虫工作。

（3）免疫接种　中国兽药监察所研制成功的猪气喘病兔化弱毒冻干苗，对猪安全，攻毒保护率为79%，免疫期8个月；江苏省农科院牧医研究所研制的猪气喘病168株弱毒菌苗，对杂交猪安全，攻毒保护率为84%，免疫期6个月。这两种疫苗只适用于疫场（区），都必须注入胸腔内（右侧倒数第6肋间至肩胛骨后缘为注射部位），才能产生免疫效果，但免疫力产生缓慢，一般在60天后，才能抵御强毒的攻击。适用于15日龄以上的猪只和妊娠2月龄以内的母猪接种，体质瘦弱和喘气者不宜注射。注射前15天和注射后2个月禁用土霉素和卡那霉素，以防止免疫失败。

2. 发病后的措施

（1）尽早隔离病猪　通过听，即在清晨、夜间、喂食及跑动时，注意猪有无咳嗽发生；查，即在猪只安静状态下，观察呼吸次数和腹部扇动情况有无异常；剖检，即剖检死亡病猪，看其肺部有无典型的喘气病病变等以尽早发现和隔离。

（2）果断处理　查出的病猪要果断淘汰，或隔离后由专人饲管，防止病猪与健康猪接触，以切断传染链，防止本病蔓延。

（3）加强饲养管理　可在饲料中酌情添加土霉素下脚料或土霉素，林可霉素下脚料或林可霉素，促进病猪和隐性感染猪尽早康复。

（4）药物治疗

① 枝原净（泰莫林）　预防量为50毫克/千克体重，治疗量加倍，拌料饲喂，连喂2周；或在50千克饮水中加入45%枝原净9克，早晚各一次，连续饮用2周。据报道，该方预防率达100%，治愈率91%。混饲或混饮时，禁与莫能霉素、盐霉素配合应用。

② 泰乐菌素　饲料中添加0.006%～0.01%，连续饲喂2周，与等量的TMP（三甲氧苄氨嘧啶）配合应用，可提高疗效。

③ 林可霉素（洁霉素）　50毫克/千克体重，每天注射1次，连用5天，一般可获得满意效果。该方具有疗效高，毒、副作用低的优点。

④ 卡那霉素或猪喘平注射液　4万～6万国际单位/千克体重，肌注，每日一次，连用5天为一个疗程。该方与维生素B_6、地塞米松和维生素K_3配合应用，疗效提高。

⑤ 土霉素　40毫克/千克体重，TMP 10毫克/千克体重，混饲，每天2次，连用5～7天；土霉素盐酸盐，40～60毫克/千克体重，用4%硼砂溶液或0.25%普鲁卡因溶液或5%氧化镁溶液稀释后，肌注，每天1次，5～7天为一个疗程；20%～25%土霉素

碱油剂，每次1～5毫升，深部肌内注射，3天1次，连用6次为一个疗程。

上述疗法都有一定的效果，配合应用时，疗效增强。在治疗时，尽量减轻应激反应，禁止按压病猪胸部，以防窒息死亡。

十二、猪接触传染性胸膜肺炎

猪接触传染性胸膜肺炎（又称猪嗜血杆菌胸膜肺炎）是猪的一种呼吸道传染病。本病具有高度的传染性，最急性和急性型发病率和病死率都在50%以上，因此给养猪业造成了严重的经济损失。

（一）病原

本病病原为胸膜肺炎放线杆菌，又称胸膜肺炎嗜血杆菌。革兰染色阴性。本菌的抵抗力不强，易被一般的消毒药杀死。

（二）流行病学

不同年龄的猪均易感，但以4～5月龄的猪发病死亡较多。发病季节多在10～12月份和6～7月份。病猪和带菌猪是本病的传染源。病原菌主要存在于带菌猪或慢性病猪的呼吸道黏膜内，通过咳嗽、喷嚏和空气飞沫传播，因此在集约化猪场最易发生接触性感染。初次发病猪群，其发病率和病死率很高。经过一段时间，病情逐渐缓和，病死率显著下降。气候突变和卫生环境条件不好时，可促使本病发生。

（三）临床症状

人工感染的潜伏期为1～7天。

急性型，突然发病，体温升高至41.5℃左右，精神沉郁，食欲废绝，呼吸迫促，张口伸舌，呈站立或犬坐姿势，口、鼻流出泡沫样分泌物，耳、鼻及四肢皮肤发绀，如不及时治疗，常于1～2天窒息死亡。若开始发病时症状较缓和，能耐过4天以上，则可逐渐康复或转为慢性。慢性型病猪体温时高时低，生长发育迟缓，出现间歇性咳嗽，尤其是在气候突变、圈舍空气污浊时，以及早晨或夜晚，咳嗽更为明显。

（四）病理变化

急性病例，胸腔内液体呈淡红色，两侧肺广泛性充血、出血，部分肺叶肝变，胸膜表面有广泛性纤维蛋白附着，气管和支气管内有大量的血样液体和纤维蛋白凝块。慢性病例，肺组织内有绿豆大黄色坏死灶或小脓肿，壁层胸膜和脏层胸膜粘连，脏层胸膜与心包粘连。

【提示】 特征为出血性坏死性肺炎和纤维素性胸膜炎。

（五）防制

1. 预防措施

（1）严格检疫　本病的隐性感染率较高，在引进种猪时，要注意隔离观察和检疫，防止引入带菌猪。

（2）药物预防　淘汰病猪和血清学检查呈阳性的猪。血清学阴性的猪只，饲料中添加抗菌药物进行预防，常用的有洁霉素0.0120%，连喂2周；或磺胺二甲嘧啶（SM2）0.03%，配合甲氧苄氨嘧啶（TMP）0.006%，连喂5～7天；或土霉素0.06%，TMP 0.004%，连喂1～2周，同时注意改善环境卫生，消除应激因素，定期进行消毒。以后引进新猪或猪只混群前，都须用药物预防5～7天。

（3）疫苗　国外已有商品化的灭活苗和弱毒菌苗。灭活苗为多价油佐剂灭活苗，在8～10周龄注射1次，可获得免疫力。弱毒菌苗系单价苗，接种后抵抗同一血清型菌株的感染。

2. 发病后措施

对本病比较有效的药物有氨苄青霉素、氯霉素、羧苄青霉素、卡那霉素、环丙沙星和恩诺沙星等。氨苄青霉素50毫克/千克体重，肌注或静注，每天2次。氯霉素50毫克/千克体重，肌注或静注，每天1次。羧苄青霉素100毫克/千克体重，静注或肌注，每天2次。卡那霉素50毫克/千克体重，肌注或静注，每天1次。0.1%～0.2%环丙沙星饮水。恩诺沙星0.006%～0.008%，拌料。上述药物连用3～7天，若配合对症治疗，一般有较好的效果。

十三、猪链球菌病

猪链球菌病是由C、D、E及L群链球菌引起的猪的多种疾病的总称。

（一）病原

链球菌属于链球菌属，为革兰阳性，在组织涂片中可见荚膜，不形成芽孢。本菌的致病力取决于产生毒素和酶的活力。该菌对高温及一般消毒药抵抗力不强，在50℃ 2小时，60℃ 30分钟可灭活，但在组织或脓汁中的菌体，在干燥条件下可存活数周。

（二）流行病学

仔猪和成年猪对链球菌病均有易感性，其中新生仔猪、哺乳仔猪的发病率及死亡率最高，架子猪和成年猪发病较少。该病无明显的季节性，常呈地方性流行，多表现为急性败血症型，短期内可波及全群，如不治疗和预防，则发病率和死亡率极高。在新疫区，流行期一般持续2～3周，高峰期一周左右。在老疫区，多呈散发性。

存在于病猪和带菌猪鼻腔、扁桃体、颚窦和乳腺等处的链球菌是主要的传染源。伤口和呼吸道是主要的传播途径，新生仔猪通过脐带伤口感染。由于本菌耐酸，故病猪肉可经泔水传染。用病料或该菌培养物经猪皮下、肌内、静脉和腹腔注射，皮肤划痕以及滴鼻、喷雾等途径均能引发本病。

（三）临床症状

由于猪链球菌病群和感染途径的不同，其致病力差异较大，因此，其临床症状和潜伏期差异较大，一般潜伏期为1～3天，最短4小时，长者可达6天以上。根据病程可将猪链球菌分为以下几种类型。

（1）最急性型　无前期症状而突然死亡。

（2）急性型　又可分为以下几种临床类型。

① 败血型　病猪体温突然升高达41℃以上，呈稽留热；厌食，

精神沉郁，喜卧，步态踉跄，不愿活动，呼吸加快，流浆液性鼻液；腹下、四肢下端及耳呈紫红色，并有出血斑点；眼结膜充血并有出血斑点，流泪；便秘或腹泻带血，尿呈黄色或血尿。如果有多发性关节炎，则表现为跛行，常在1～2天内死亡。

② 脑膜脑炎型　大多数病例首先表现厌食，精神沉郁，皮肤发红、发热，共济失调，麻痹和肢体出现划水动作，角弓反张，口吐白沫，震颤和全身骚动等。当人接近或触及躯体时，病猪发出尖叫或抽搐，最后衰竭或麻痹死亡。

③ 胸膜肺炎型　少数病例表现肺炎或胸膜炎型。病猪呼吸急促，咳嗽，呈犬坐姿势，最后窒息死亡。

（3）慢性型　该病例可由急性转化而来或为独立的病型。又可分为以下几种临床类型。

① 关节炎型　常见于四肢关节。发炎关节肿痛，呈高度跛行，行走困难或卧地不起。触诊局部多有波动感，少数变硬，皮肤增厚。有的无变化但有痛感。

② 化脓性淋巴结炎型　主要发生于刚断乳至出栏的育肥猪。以颌下淋巴结最为常见。咽部、耳下及颈部等淋巴结也可受侵害，或为单侧性的，或为双侧性的。淋巴结发炎肿胀，显著隆起，触诊坚实，有热痛。病猪全身不适，由于局部的压迫和疼痛，可影响采食、咀嚼、吞咽甚至呼吸。有的咳嗽和流鼻涕。随后发炎的淋巴结化脓成熟，肿胀中央变软，表面皮肤坏死，自行破溃流脓。脓带绿色，浓稠，无臭。一般不引起死亡。

③ 局部脓肿型　常见于肘或跗关节以下或咽喉部。浅层组织脓肿突出于体表，破溃后流出脓汁。深部脓肿触诊敏感或有波动，穿刺可见脓汁，有时出现跛行。

④ 心内膜炎型　该型生前诊断较为困难，表现为精神沉郁、平卧，当受到触摸或惊吓时，表现为疼痛不安，四肢皮肤发红或发绀，体表发冷。

⑤ 乳腺感染型　初期乳腺红肿，温度升高，泌乳减少；后期可出现脓乳或血乳，甚至泌乳停止。

⑥ 子宫炎型　病猪表现流产或死胎。

（四）病理变化

（1）急性败血型　尸体皮肤发红，血液凝固不良。胸、腹下和四肢皮肤有紫斑或出血点。全身淋巴结肿大、出血，有的淋巴结切面坏死或化脓。黏膜、浆膜、皮下均有出血点。胸腔、腹腔、心包腔积液增多、浑浊，有的则与脏器发生粘连。脾脏肿大呈红色或紫黑色，柔软易脆裂。肾脏肿大、充血和出血。胃和小肠黏膜有不同程度的充血和出血。

（2）急性脑炎型　脑和脑膜水肿和充血，脑脊髓液增多。脑切面可见到实质有明显的小出血点。部分病例在头、颈、背、胃壁、肠系膜及胆囊有胶样水肿。

（3）急性胸膜肺炎型　化脓性支气管肺炎，多见于尖叶、心叶和膈叶前下部。病部坚实，灰白、灰红和暗红的肺组织相互间杂，切面有脓样病灶，挤压后从细支气管内流出脓性分泌物。肺胸膜粗糙、增厚，与胸壁粘连。

（4）慢性关节炎型　患猪常见四肢关节肿大，关节皮下有胶冻样水肿，严重者关节周围化脓坏死，关节面粗糙，滑液浑浊呈淡黄色，有的伴有干酪样黄白色絮状物。

（5）慢性淋巴结炎型　常发生于颌下淋巴结，淋巴结肿大发热，切面有脓汁或坏死。

（6）局部脓肿型　脓肿主要在皮下组织内。初期红肿，化脓后有波动感，切开后有脓汁流出，严重时引起蜂窝织炎、脉管炎和局部坏死。

（7）慢性心内膜炎型　心瓣膜比正常增厚2～3倍，病灶为不同大小的黄色或白色赘生物。赘生物呈圆形，如粟粒大小，光滑坚硬，常常盖住受损瓣膜的整个表面。赘生物多见于二尖瓣、三尖瓣。

（五）防制

1. 预防措施

（1）加强隔离、卫生和消毒，注意阉割、注射和新生仔猪的接生断脐消毒，防止感染。

（2）药物预防　在发病季节和流行地区，每吨饲料内加入土霉素400克，TMP100克连喂14天，有一定的预防效果。发病猪群应立即隔离病猪，并对污染的栏圈、场地和用具进行严格消毒。

（3）免疫接种　主要有两种疫苗：氢氧化铝甲醛苗和明矾结晶紫菌苗，但是其保护效果不太理想。

2. 发病后措施

猪链球菌病多为急性型或最急性型，故必须及早用药，并用足量。如分离到本病，最好进行药敏试验，选择最有效的抗菌药物。如未进行药敏试验，可选用对革兰阳性菌敏感的药物，如青霉素、先锋霉素、林可霉素、氨苄青霉素、金霉素、四环素、庆大霉素等。但对于已经出现脓肿的病猪，抗生素对其疗效不大，可采用外科手术进行治疗。

十四、猪蛔虫病

猪蛔虫病是由蛔虫寄生于小肠引起的寄生虫病。主要侵害3～6月龄的幼猪，导致猪生长发育不良或停滞，甚至造成死亡。在卫生条件不好的猪场及营养不良的猪群中，感染率可达50%以上。

（一）病原体

病原体为蛔科的猪蛔虫，是寄生于猪小肠中的一种大型线虫。猪蛔虫的发育不需要中间宿主，为土源性线虫。雌虫在猪的小肠内产卵，虫卵随猪的粪便排至外界环境中，在适宜温度（28～30℃）、湿度及氧气充足的条件下，经10天左右卵内形成幼虫，即发育为感染性虫卵。感染性虫卵被猪吞食后，在小肠中各种消化液的作用下，卵壳破裂，孵出幼虫，幼虫穿过肠壁进入血管，通过门静脉到达肝脏；或钻入肠系膜淋巴结，由腹腔进入肝脏，在肝脏中经蜕化发育后再经肝静脉进入心脏，经肺动脉到达肺脏，并穿过肺部毛细血管到达肺泡，再到支气管、气管，随黏液逆行到咽，经口腔、咽入消化道，边移行边发育，共经四次蜕化后，约历时2～2.5个月，最后在猪小肠中发育为成虫。成虫在猪小肠中逆肠蠕动方向做弓状弯曲运动，以黏膜表层物质或肠内容物为食物，在猪体内7～10个月后，即随粪便排出，如不继续感染，大约在12～15个月后，肠道中蛔虫即可被全部排出。

卵壳的特殊结构使其对外界不良环境有较强的抵抗力。如虫卵在疏松湿润的耕土中可生存2～5年；在2%福尔马林溶液中，虫卵不但可自下而上而且还可下沉发育。10%漂白粉溶液、3%克辽林溶液、饱和硫酸铜溶液、2%苛性钠溶液等均不能将其杀死。在3%来苏尔溶液中经一周也仅有少数虫卵死亡。一般需用60℃以上的3%～5%热碱水或20%～30%热草木灰可杀死虫卵。

（二）流行特点

本病流行很广，特别是饲养管理条件较差的猪场几乎每年都有发生。猪感染蛔虫主要是采食了被感染性虫卵污染的饲料及饮水，放牧时也可在野外感染。母猪的乳房容易沾染虫卵，使仔猪在吸乳时感染。

猪蛔虫的每条雌虫一天可产卵10万～20万个，产卵旺盛时可达100万～200万个，一生共产卵3000多万个，严重污染圈舍。饲养管理不良、卫生条件较差、猪只过于拥挤、营养缺乏，特别是饲料中缺乏维生素及矿物质条件下，会加重猪的感染和死亡。

（三）临床症状

猪蛔虫病的临床表现，随猪年龄大小、体质强弱、感染程度及蛔虫所处的发育阶段不同而有所不同，一般3～6月龄的仔猪症状明显，成年猪多为带虫者，无明显症状，但确是本病的传染源。仔猪在感染初期有轻微的湿咳，体温升高到40℃左右，精神沉郁，呼吸及心跳加快，食欲不振，有异食癖，营养不良，消瘦贫血，被毛粗糙，或有全身性黄疸，有的生长发育受阻，变为僵猪。严重感染时，呼吸困难，急促而无规律，咳嗽声粗历低沉，并有口渴、流涎、拉稀、呕吐，1～2周好转，或渐渐衰竭而记。

蛔虫过多而堵塞肠管时，病猪疝痛，有的可发生肠破裂死亡。胆道蛔虫病猪开始时拉稀，体温升高，食欲废绝，以后体温下降，卧地不起，腹痛，四肢乱蹬，多经6～8天死亡。

6月龄以上的猪在寄生数量不多时，若营养良好，症状可不明显，但多数因胃肠机能遭到破坏，常有食欲不振、磨牙和生长缓慢等现象。

（四）防制

1. 预防措施

在猪蛔虫病流行地区，每年春秋两季，应对全群猪进行一次驱虫。特别是对断奶后到6月龄的仔猪应进行1～3个月驱虫；保持圈舍清洁卫生，经常打扫，勤换垫草，铲去圈内表土，垫以新土；对饲槽、用具及圈舍定期（可每月1次）用20%～30%的热草木灰水或2%～4%的热火碱水喷洒杀虫；此外，对断奶后的仔猪应加强饲养管理，多喂富含维生素和微量元素的饲料，以促进生长，提高抗病力；对猪粪的无公害化自理也是预防本病的重要措施，应将清除的猪粪便、垫草运到离猪场较远的地方堆积发酵或挖坑沤肥，以杀灭虫卵。

2. 治疗措施

（1）精制敌百虫　100毫克/千克体重，一头猪总量不超过10克，溶解后拌料饲喂，一次喂给，必要时隔2周再给1次。

（2）哌嗪化合物　常用的有枸橼酸哌嗪和磷酸哌嗪。每千克体重0.2～0.25克，用水化开，混入饲料内，让猪自由采食。兽用粗制二硫化碳哌嗪，遇胃酸后分解为二硫化碳和哌嗪，二者均有驱虫作用，效果较好，可按125～210毫克/千克体重口服。

（3）丙硫咪唑（抗蠕敏）　5～20毫克/千克体重，一次喂服，该药对其他线虫也有作用。

（4）左旋咪唑　4～6毫克/千克体重肌内注射，或8毫克/千克体重，一次口服。

（5）噻咪唑（驱虫净）　每千克体重15～20毫克，混入少量精料中一次喂给。也可用5%注射液，按每千克体重10毫克剂量皮下注射或肌内注射。

十五、猪疥螨病

猪疥螨病俗称疥癣、癞，是由疥螨虫寄生在猪皮肤内引起的一种慢性皮肤病，以剧烈瘙痒和皮肤增厚、龟裂为临床特性。本病是规模化养猪场中最常见的疾病之一。

（一）病原

猪疥螨虫体小，肉眼不易看见。在显微镜或放大镜下，虫体似龟形，色淡黄。成虫有4对足，后两对足不超过虫体后缘，故在背侧看不见。卵呈椭圆形。发育过程经过卵、幼虫、若虫和成虫四个阶段。疥螨钻入猪皮肤表皮层内挖凿隧道，并在其内进行发育和繁殖。隧道中每隔一定距离便有小孔与外界相通，小孔为空气流通和幼虫进出的孔道。雌虫在隧道内产卵，每天产1～2枚，一只雌虫一生可产卵40～50枚。卵孵化出的幼虫有三对足，体长0.11～0.14毫米。幼虫由隧道小孔爬到皮肤表面，开凿小穴，并在里面蜕化，变成若虫，若虫钻入皮肤，形成浅窄的隧道，在里面蜕皮，变成成虫。螨的整个发育期为8～22天，雄虫于交配后不久死亡，雌虫可生存4～5周。

（二）流行特点

各种类型和不同年龄的猪都可感染本病，但5月龄以下的幼猪，由于皮肤细嫩，较适合螨虫的寄生，所以发病率最高，症状严重。成猪感染后，症状轻微，常成为隐性带虫者和散播者。传染途径有两种：一是健康猪与病猪直接接触而感染；二是通过污染的圈舍、垫草、饲管用具等间接与健康猪接触而感染。圈舍阴暗潮湿、通风不良，以及猪只营养不良，为本病的诱因。发病季节为冬季和早春，炎热季节，阳光照射充足，圈舍干燥，不利于疥螨繁殖，患猪症状减轻或康复。

（三）临床症状

病变通常由头部开始。眼圈、耳内及耳根的皮肤变厚、粗糙，形成皱褶和龟裂，以后逐渐蔓延到颈部、背部、躯干两侧及四肢皮肤。主要症状是瘙痒，病猪在圈舍栏柱、墙角、食槽、圈门等处磨蹭，有时以后蹄搔擦患部，致使局部被毛脱落，皮肤擦伤、结痂和脱屑。病情严重的，全身大部皮肤形成石棉瓦状皱褶，瘙痒剧烈，食欲减少，精神萎顿，日渐消瘦，生长缓慢或停滞，甚至发生死亡。

（四）防制

1. 预防措施

搞好猪舍卫生工作，经常保持清洁、干燥、通风。引进种猪时，要隔离观察1～2个月，防止引进病猪。

2. 发病后措施

（1）发现病猪及时隔离治疗，防止蔓延。病猪舍及饲养管理用具可用火焰喷灯、3%～5%烧碱、1∶100菌毒灭Ⅱ型或3%～5%克辽林彻底消毒。

（2）治疗

① 1%害获灭注射液　为美国默沙东药厂生产的高效、广谱驱虫药，尤其适用于疥螨病的治疗。主要成分为伊维菌素。皮下注射，0.02毫克/千克体重；内服0.3毫克/千克体重。

② 阿福丁注射液　又称7051驱虫素或虫克星注射液，主要成分为国内合成的高效、广谱驱虫药阿维菌素（Avermectin），皮下注射0.2毫克/千克体重；内服0.3～0.5毫克/千克体重。

③ 双甲脒乳油　又名特敌克，加水配成500毫克/千克（0.05%），药浴或喷雾。

④ 蝇毒磷　加水配成250～500毫克/千克（0.025%～0.05%），药浴或喷雾。

⑤ 5%溴氰菊酯乳油　加水配成50～80毫克/千克（0.005%～0.008%），药浴或喷雾。

注意：后三种药物有较好杀螨作用，但对卵无效。为了彻底杀灭猪皮肤内和外界环境中的疥螨，应每隔7～10天，药浴或喷雾1次，连用3～5次，并注意杀灭外界环境中的疥螨。前两种药物与后三种药物配合应用，集约化猪场中的疥螨有希望得以净化。对于局部疥螨病的治疗，可用5%敌百虫棉籽油或废机油涂擦患部，每日1次，也有一定效果。

十六、猪附红细胞体病

猪附红细胞体病（“红皮病”）是由猪附红细胞体寄生在猪红细胞而引起的一种人畜共患传染病。近年来，我国附红细胞体病的发生不断增多，一年四季均有发生，有的地区呈蔓延趋势，暴发流行，给养猪业带来了一定的损失。

(一) 病原

本病病原是猪附红细胞体，属于立克次体，为一种典型的原核细胞型微生物，形态为环形、球形、椭圆形、杆状、月牙状、逗点状和串珠状等不同形状，外表大都光滑整齐，无鞭毛和荚膜，革兰染色阴性，一般不易着色。

附红细胞体侵入动物体后，在红细胞内生长繁殖，播散到全身组织和器官，引发一系列病理变化。主要有，红细胞崩解破坏，红细胞膜的通透性增大，导致膜凹陷和空洞，进而溶解，形成贫血，黄疸。

附红细胞体有严格的寄生性，寄生于红细胞、血浆或骨髓中，不能用人工培养基培养。应用二分裂（横分裂）萌芽法在红细胞内增殖，呈圆形或多种形态，有两种核酸（DNA 和 RNA）。发病后期的病原体多附着在红细胞表面，使红细胞失去球形，边缘不齐，呈芒刺状、齿轮状或不规则多边形。

附红细胞体对苯胺色素易于着色，革兰染色呈阴性，姬母萨染色呈紫红色，瑞氏染色为淡蓝色。在红细胞上以二分裂方式进行裂殖。对干燥和化学药物的抵抗力不强，0.5%石炭酸于 37℃经 3 小时可将其杀死，一般常用浓度的消毒药在几分钟内可将其杀死。但对低温冷冻的抵抗力较强，5℃可存活 15 天，冰冻凝固的血液中可存活几天，冻干保存可存活数年之久。

(二) 流行病学

本病主要发生于温暖季节，夏、秋季发病较多，冬、春季相对较少。我国最早见于广东、广西、上海、浙江、江苏等省、市，随后蔓延至河南、山东、河北等省、市以及新疆和东北地区。

本病多具有自然源性，有较强的流行性，当饲养管理不良，机体抵抗力下降，恶劣环境或其他疾病发生时，易引发规模性流行，且存在复发性，一般病后有稳定的免疫力。本病的传播途径至今还不明确，但一般认为传播途径有昆虫传播（节肢动物，如蚊、虱、蠓、蜱等吸血昆虫是主要的传播媒介，夏秋季多发的原因普遍认为与蚊子的传播有关)、血源传播（被本病污染的针头、打耳钳、手术器械等都可传播)、垂直传播（经患病母猪的胎盘感染给下一代)、消化道传播（被附红细胞体污染的饲料、血粉和胎儿附属物等均可经消化道感染)。

猪为本病的唯一宿主，不同品种年龄的猪均易感染，其中以20～25千克重的育肥猪和后备猪易感性最高。在流行区内，猪血中附红细胞体的检出率很高，大多数幼龄猪在夏季感染，成为不表现症状的隐性感染者。在入冬后遇到应激因素（如气温骤降、过度拥挤、换料过快等)，附红细胞体就会在体内大量繁殖而发病。隐性感染和耐过猪的血液中均含有猪附红细胞体。因此，该病一旦侵入猪场就很难清除。

（三）临床症状

1. 仔猪

最早出现的症状是发热，体温可达40℃以上，持续不退，发抖，聚堆；精神沉郁、食欲不振；胸、耳后、腹部皮肤发红，尤其是耳后部出现紫红色斑块；严重者呼吸困难、咳嗽、步态不稳。随着病情的发展，病猪可能出现皮肤苍白、黄疸，病后数天死亡。自然恢复的猪表现贫血，生长受阻，形成僵猪。

2. 母猪

通常在进入产房后3～4天或产后表现出来。症状分为急性和慢性两种。急性感染的症状有厌食、发热，厌食可长达13天之久。发热通常发生于分娩前的母猪，持续至分娩过后，往往伴有背部毛孔渗血。有时母猪乳房以及阴部出现水肿。妊娠后期容易发生流产且产后死胎增多；产后母猪容易发生乳腺炎和泌乳障碍综合征。慢性感染母猪易衰弱、黏膜苍白、黄疸、不发情或延迟发情、屡配不孕等，严重时也可发生死亡。

3. 公猪

患病公猪的性欲、精液质量和配种受胎率都下降，精液呈灰白色，精子密度下降至20%～30%，约为0.6亿～0.8亿/毫升。

4. 育肥猪

患病猪发热、贫血、黄疸、消瘦、生长缓慢。初期皮肤发红，后期可视黏膜苍白；鬐甲部顺毛孔有暗红色的出血点；耳缘卷曲、瘀血；呼吸困难，心音亢进，出现寒战、抽搐。

（四）病理变化

可见主要病理变化为贫血和黄疸。有的病例全身皮肤黄染且有大小不等的紫色出血或出血斑，全身肌肉变淡，脂肪黄染，四肢末梢、耳尖及腹下出现大面积紫色斑块，有的患猪全身红紫。有的病例皮肤及黏膜苍白，血液稀薄如水，颜色变淡，凝固不良，血细胞压积显著降低；肝脏肿大，呈黄棕色；全身淋巴结肿大，质地柔软，切面有灰白色坏死灶或出血斑；脾脏肿大，变软，边缘有点状出血；胆囊内充满浓稠的胆汁；肾脏肿大，有出血点；心脏扩张、苍白、柔软，心外膜和心脏冠状沟脂肪出血、黄染，心包腔积有淡红色液体。严重感染者，肺脏发生间质性水肿；长骨骨髓增生；脑充血，出血，水肿。

【提示】主要特征是发热、贫血和黄疸。

（五）防制

1. 预防措施

目前本病没有疫苗预防，故本病的预防应采取综合性措施。在夏秋季，应着重灭蚊和驱蚊，可用灭蚊灵或除虫菊酯等在傍晚驱杀猪舍内的吸血昆虫。驱除猪体内外寄生虫，有利于预防附红细胞体病。在进行阉割、断尾、剪牙时，注意器械消毒；在注射时应注意更换针头，减少人为传播机会；平时加强饲料管理，让猪吃饱喝足，多运动，增强体质；天热时降低饲养密度；天气突变时，可在饲料中投喂多维素加土霉素或强力霉素、阿散酸（注意阿散酸毒性大，使用时切不可随意提高剂量，以防猪只中毒，并且注意治疗期间供给猪只充足饮水。如有猪只出现酒醉样中毒症状，应立即停药，并口服或腹腔注射 10%葡萄糖和维生素 C）等进行预防。

2. 发病后的措施

（1）发病初期的治疗　贝尼尔 5～7 毫克/千克体重，深部肌内注射，每天1次，连用3天；或长效土霉素肌内注射，每天1次，连用3天。

（2）发病严重的猪群　贝尼尔和长效土霉素深部肌内注射，也可肌内注射附红一针（主要成分为咪唑苯脲），每天1次，连用3天。对贫血严重的猪群补充铁剂、维生素C、维生素B_{12}和肌苷。大量临床试验证明，这是治疗猪附红细胞体病最有效的处方。

十七、消化不良

猪的消化不良是由胃肠黏膜表层轻度发炎，消化系统分泌、消化、吸收机能减退所致。本病以食欲减少或废绝，吸收不良为特征。

（一）病因

本病大多数是由于饲养管理不当所致，如饲喂条件突然改变，饲料过热过冷，时饥、时饱或喂食过多，饲料过于粗硬或冰冻、霉变，或混有泥沙或毒物，以及饮水不洁等，均可使胃肠道消化功能紊乱，胃肠黏膜表层发炎而引发本病。此外，某些传染病、寄生虫病、中毒病等也常继发消化不良。

（二）临床症状

病猪食欲减退，精神不振，粪便干小，有时拉稀，粪便内混有未充分消化的食物，有时呕吐，舌苔厚，口臭，喜饮清水。慢性消化不良往往便秘、腹泻交替发生，食量少，瘦弱，贫血，生长缓慢，有的出现异嗜。

（三）防治

1. 加强饲养管理

注意饲料搭配，定时定量饲喂，每天喂给适量的食盐及多维素；猪舍保持清洁干燥，冬季注意保暖。

2. 发病后治疗措施

病猪少喂或停喂1～2天，或改喂易消化的饲料。同时结合药物治疗。

① 病猪粪便干燥时，可用硫酸钠（镁）或人工盐 30～80 克，或植物油 100 毫升，鱼石脂 2～3 克或来苏尔 2～4 毫升，加水适量，1 次胃管投服。

② 病猪久泻不止或剧泻时，必须消炎止泻。磺胺脒每千克体重 0.1～0.2 克（首倍量），次硝酸铋 12 片分 3 次内服。也可用黄连素 0.2～0.5 克，1 次内服，每日 2 次。对于脱水的患畜应及时补液以维持体液平衡。

③ 病猪粪便无大变化时，可直接调整胃肠功能。应用健胃剂，如酵母片（0.3 克/片）或大黄苏打片（含大黄 0.15 克/片）10～20 片，混饲或胃管投服，每天 2 次。仔猪可用乳酶生、胃蛋白酶各 2～5 克，稀盐酸 2 毫升，常水 200 毫升，混合后分 2 次内服。病猪较多时，可取人工盐 3.5 千克、焦三仙 1 千克（研末），混匀，每头每次 5～15 克，拌料饲喂，便秘时加倍，仔猪酌减。

十八、肺炎

肺炎是物理化学因素或生物学因子刺激肺组织而引起的炎症。可分为小叶性肺炎、大叶性肺炎和异物性肺炎。猪以小叶性肺炎较为常见。

（一）病因

小叶性肺炎和大叶性肺炎，主要因饲养管理不善，猪舍脏污，阴暗潮湿，天气严寒，冷风侵袭及肺炎双球菌、链球菌等侵入猪体所致。此外，某些传染病（如猪流感、猪肺疫）及寄生虫病（如猪肺丝虫、猪蛔虫等）也可继发本病。

异物性肺炎（坏死性肺炎）多因投药方法不当，将药物投入气管和肺内而引起。

（二）临床症状

猪患小叶性肺炎和大叶性肺炎时，体温可升高到 40℃ 以上（小叶性肺炎为弛张热，大叶性肺炎为稽留热），食欲降低或不食，精神不振，结膜潮红，咳嗽，呼吸困难，心跳加快，粪干，寒战，喜钻草垛，鼻腔流黏液或脓性鼻液，胸部听诊有捻发音和呼吸音；

大叶性肺炎有时可见铁锈色鼻液；异物性肺炎，除病因明显外，病久常发生肺坏疽，流出灰褐色鼻液，并有恶臭味。

（三）防制

（1）加强饲养管理，防止受寒感冒，保持圈舍空气流通，搞好环境卫生，避免机械性、化学性气味刺激。同时供给营养丰富的饲料，给予适当运动和光照，以增强猪体抵抗力。

（2）治疗　对病猪主要是消炎，配合祛痰止咳，制止渗出和促进炎性渗出物的吸收。

① 抗菌消炎　常用抗生素或磺胺类药物，如青霉素每千克体重 4 万单位、链霉素每千克体重 1 万单位混合肌内注射，或 20% 磺胺嘧啶注射液 10～20 毫升，肌内注射，1 日 2 次。也可选用氟氧氟沙星、氧氟沙星、卡那霉素、土霉素、庆大霉素等。有条件的最好采取鼻液进行药敏试验，以筛选敏感抗生素。

② 祛痰止咳　分泌物不多，且频发咳嗽时，可用止咳剂，如咳必清、复方甘草合剂、磷酸可待因等。分泌物黏稠，咳出困难时，用祛痰剂，如氯化铵及碳酸氢钠各 1～2 克，1 日 2 次内服，连用 2～3 天。同时强心补液，用 10%安钠咖 2～5 毫升、10%樟脑磺胺酸钠 2～10 毫升，上、下午交替肌内注射；25%葡萄糖注射液 200～300 毫升、25%维生素 C 2～5 毫升、葡萄糖生理盐水 300 毫升混合静脉注射。体温高者用 30%安乃近 2～10 毫升或安痛定 5～10毫升，肌内注射，必要时肌内注射地塞米松注射液 2～5 毫升。制止渗出，可用 10%葡萄糖酸钙 20～50 毫升静脉注射，隔日 1 次。

十九、钙磷缺乏症

钙磷缺乏症是由饲料中钙和磷缺乏或者钙磷比例失调所致。幼龄猪表现为佝偻病，成年猪则形成骨软病。临床上以消化紊乱、异嗜癖、跛行、骨骼弯曲变形为特征。

（一）病因

饲料中钙磷缺乏或比例失调；饲料或动物体内维生素 D 缺乏，

钙磷在肠道中不能充分吸收；胃肠道疾病、寄生虫病或肝、肾疾病影响钙、磷和维生素 D 的吸收利用；猪的品种不同、生长速度快、矿物质元素和维生素缺乏以及管理不当，也可促使本病发生。

（二）症状

先天性佝偻病的仔猪生下来即颜面骨肿大，硬腭突出，四肢肿大而不能屈曲。后天性佝偻病发病缓慢，早期呈现食欲减退，消化不良，精神不振，喜食泥土和异物，不愿站立和运动，逐渐发展为关节肿痛敏感，骨骼变形；仔猪常以腕关节站立或以腕关节爬行，后肢以跗关节着地；逐渐出现凹背、X 形腿。颜面骨膨隆，采食咀嚼困难，肋骨与肋软骨结合处肿大，压之有痛感。

母猪的骨软症多见于怀孕后期和泌乳过多时，病初表现为异嗜症。随后出现运动障碍，腰腿僵硬、拱背站立、运步强拘、跛行，经常卧地不动或匍匐姿势。后期则出现系关节、腕关节、跗关节肿大变粗，尾椎骨移位变软；肋骨与肋软骨结合部呈串珠状；头部肿大，骨端变粗，易发生骨折和肌位附着部撕脱。

（三）诊断

骨骼变形、跛行是本病特征。佝偻病发生于幼龄猪，骨软病发生于成年猪；在两眼内角连线中点稍偏下缘处，用一锥子进行骨骼穿刺，骨质硬度降低，容易穿入；必要时结合血液学检查、X 光检查以及饲料分析以帮助确诊。本病应注意与生产瘫痪、外伤性截瘫、风湿病、硒缺乏症等鉴别诊断。

（四）防制

改善饲养管理，经常检查饲料，保证口粮中钙、磷和维生素 D 的含量，合理调配口粮中钙、磷含量及比例。平时多喂豆科青绿饲料、骨粉、蛋壳粉、蚌壳粉等，让猪有适当运动和日光照射。

对于发病仔猪，可用维丁胶性钙注射液，按每千克体重 0.2 毫克，隔日 1 次肌内注射；维生素 A-维生素 D 注射液 2～3 毫升，肌内注射，隔日 1 次。成年猪可用 10％葡萄糖酸钙 100 毫升，静脉注射，每日 1 次，连用 3 日；20％磷酸二氢钠注射液 30～50 毫升，

1次静脉注射，酵母麸皮（1.5～2千克麸皮加60～70克酵母粉煮后过滤），每日分次喂给。也可用磷酸钙4～5克，每日2次拌料喂给。

二十、异食癖

异食癖多因代谢机能紊乱，味觉异常所致。表现为到处舔食、啃咬，嗜食平常所不吃的东西。多发生在冬季和早春舍饲的猪群，怀孕初期或产后断奶的母猪多见。

（一）病因

病因为：饲料中缺乏某些矿物质和微量元素，如锌、铜、钴、锰、钙、铁、硫及维生素缺乏；饲料中缺乏某些蛋白质和氨基酸；佝偻病、骨软症、慢性胃肠炎、寄生虫病、狂犬病；饲喂过多精料或酸性饲料等。

（二）临床症状

临床上多呈慢性经过。病初食欲稍减，咀嚼无力，常便秘，渐渐消瘦，患猪舔食墙壁，啃食槽、砖头瓦块、砂石、鸡屎或被粪便污染的垫草、杂物。仔猪还可互相啃咬尾巴、耳朵；母猪常常流产、吞食胞衣或小猪。有时因吞食异物而引起胃肠疾病。个别患猪贫血、衰弱，最后甚至衰竭死亡。

（三）防制

应根据病史、临床症状、治疗性诊断、病理学检查、实验室检查、饲料成分分析等，针对病因，进行有效的治疗。平时多喂青绿饲料，让猪只接触新鲜泥土；饲料中加入适量食盐、碳酸钠、骨粉、小苏打、人工盐等；或用硫酸铜和氯化钴配合使用；或用新鲜的鱼肝油肌内注射，成猪4～6毫升，仔猪1～3毫升，分2～5个点注射，隔3～5天注射1次。

二十一、猪锌缺乏症（猪应答性皮病、角化不全）

锌为猪体所必需的微量元素，存在于所有组织中，特别是骨、牙、肌肉和皮肤中，在皮肤内主要是在毛发中。锌是许多重要金属酶的组成成分，还是许多其他酶的辅因子。锌也是调节免疫和炎性应答的重要元素。目前，缺锌造成的特定的组织酶活性的变化与缺锌综合征的临床表现之间的关系，尚未清楚了解。

（一）病因

原因不是单纯性缺锌，而是饲料中锌的吸收受到影响，如叶酸、高浓度钙、低浓度游离脂肪酸的存在，肠道菌群改变，以及细菌与病毒性肠道病原体等均可影响锌的获得。缺锌可能诱发维生素A缺乏，从而对食欲和食物利用发生不利影响。

（二）临床症状和病理变化

本病发生于2～4月龄仔猪。食欲降低，消化机能减弱，腹泻，贫血，生长发有停滞。皮肤角化不全或角化过度。最初在下腹部与大腿内侧皮肤上有红斑，逐渐发展为丘疹，并为灰褐色、干燥、粗糙、厚5～7厘米的鳞壳所覆盖。这些区域易继发细菌感染，常导致脓皮病和皮下脓肿形成。病变部粗糙、对称，多发于四肢下部、眼周围、耳、鼻面、阴囊与尾。母猪产仔减少，公猪精液质量下降。

根据日粮中缺锌和高钙的情况，结合病猪生长停滞、皮肤有特征性角化不全、骨骼发育异常、生殖机能障碍等特点，可做出诊断。另外，可根据仔猪血清锌浓度和血清碱性磷酸酶活性降低、血清白蛋白下降等进行确诊。

（三）预防

为保证日粮有足够的锌，要适当限制钙的含量，一般钙、锌之比为100∶1，当猪日粮中钙达0.4％～0.6％时，锌要达50～60毫克/千克才能满足其营养需要。

（四）治疗

要调整日粮结构，添加足够的锌，日粮高钙的要将钙含量降低。肌内注射碳酸锌，每千克体重2～4毫克，每天1次，10天为

1个疗程，一般1个疗程即可见效。内服硫酸锌0.2～0.5克/头，对皮肤角化不全的，在数日后可见效，数周后可痊愈。也可于日粮中加入0.02%的硫酸锌、碳酸锌、氧化锌。对皮肤病变可涂擦10%氧化锌软膏。

二十二、猪黄脂

猪黄脂病俗称为“黄膘”（宰后猪肉存在这种黄色脂肪组织），是由于猪长期多量饲喂变质的鱼粉、鱼脂、鱼碎块、过期鱼罐头、蚕蛹等而引起的脂肪组织变黄的一种代谢性疾病。

（一）病因

猪黄脂病的发生，是由于长期过量饲喂变质的鱼脂、鱼碎块和过期鱼罐头等含多量不饱和脂肪酸和脂肪酸甘油酯的饲料。如鱼体脂肪酸约80%为不饱和脂肪酸，这样，可导致抗酸色素在脂肪组织中沉积，从而造成黄脂病。

（二）临床症状

黄脂病生前无特征性临床症状。主要症状为被毛粗糙，倦怠，衰竭，黏膜苍白，食欲下降，生长发育缓慢。通常眼有分泌物。有些饲喂大量变质鱼块的猪，可发生突然死亡。

（三）病理变化

身体脂肪呈柠檬黄色，黄脂具有鱼腥臭；肝脏呈黄褐色，有脂肪变性；肾脏呈灰红色，切面髓质呈浅绿色；胃肠黏膜充血；骨骼肌和心肌灰白（与白肌病相似），质脆；淋巴结肿胀，水肿，有散在小出血点。

（四）防制

调整口粮，应除去含有过多不饱和脂肪酸甘油酯的饲料，或减少其喂量，限制在10%以内，并加喂含维生素E的米糠、野菜、青饲料等饲料。必要时每天用500～700毫克维生素E添加于病猪口粮中，可以防治。但要除去沉积在脂肪里的色素，需经较长时间。

二十三、食盐中毒

食盐是动物饲料中不可缺少的成分，可促进食欲，帮助消化，保证机体水盐代谢平衡。但若摄入过量，特别是限制饮水时，则可引起食盐中毒。本病各种动物都可发生，猪较常见。

（一）临床症状

病猪初期，食欲减退或废绝，便秘或下痢。接着，出现呕吐和明显的神经症状，病猪表现兴奋不安，口吐白沫，四肢痉挛，来回转圈或前冲后退，病重病例出现癫痫状痉挛，隔一定时间发作1次，发作时呈角弓反张或侧弓反张姿势，甚至仰翻倒地，四肢游泳状划动，最后四肢麻痹，昏迷死亡。病程一般1～4天。

（二）病理变化

一般无特征性变化，仅见软脑膜显著充血，脑回变平，脑实质偶有出血。胃肠黏膜呈现充血、出血、水肿，有时伴发纤维素性肠炎。常有胃溃疡。慢性中毒时，胃肠病变多不明显，主要病变在脑，表现为大脑皮层的软化、坏死。

（三）防制

1. 供给充足的饮水

利用含盐残渣废水时，必须适当限量，并配合其他饲料。日粮中含盐量不应超过0.5%，并混合均匀。

2. 发病后措施

（1）发病后，立即停喂含盐饲料和饮水，改喂稀糊状饲料，口渴应多次少量饮水；急性中毒猪，用1%硫酸铜50～100毫升，促进胃肠内未吸收的食盐泻下，并保护胃肠黏膜。

（2）对症治疗　静脉注射25%山梨醇液或50%高渗葡萄糖液50～100毫升，或10%葡萄糖酸钙液5～10毫升，降低颅内压；静脉注射5%硫酸镁注射液20～40毫升，或25%盐酸氯丙嗪2～5毫升，缓解兴奋和痉挛发作；心衰时可皮下注入安钠咖、强尔心等。

消除肠道炎症用复方樟脑酊 20～50 毫升、淀粉 100 克、黄连素片 5～20 片（0.1 克/片），水适量内服。

二十四、黄曲霉毒素中毒

黄曲霉毒素中毒是由黄曲霉毒素引起的中毒症，以损害肝脏，甚至诱发原发性肝癌为特征。黄曲霉毒素能引起多种动物中毒，但易感性有差异，猪较为易感。

（一）临床症状

仔猪对黄曲霉毒素很敏感，一般在饲喂发霉玉米后 3～5 天发病，表现为食欲消失，精神沉郁，可视黏膜苍白、黄染，后肢无力，行走摇晃。严重时，卧地不起，几天内即死亡。育成猪多为慢性中毒，表现为食欲减退，异食癖，逐渐消瘦，后期有神经症状与黄疸。

（二）病理变化

急性病例突出病变是急性中毒性肝炎和全身黄疸。肝肿大，淡黄色或黄褐色，表面有出血，实质脆弱；肝细胞变性坏死，间质内有淋巴细胞浸润。胆囊肿大，充满胆汁。全身的黏膜、浆膜和皮下肌肉有出血和瘀血斑。胃肠黏膜出血、水肿，肠内容物呈棕红色。肾肿大，色苍白，有时见点状出血。全身淋巴结水肿、出血，切面呈大理石样病变。肺瘀血、水肿。心包积液，心内、外膜常有出血。脂肪组织黄染。脑膜充血、水肿，脑实质有点状出血。亚急性和慢性中毒病例，主要是肝硬变，肝实质变硬、呈棕黄色或棕色，俗称“黄肝病”，肝细胞呈严重的脂肪变性与颗粒变性，间质结缔组织和胆管增生，形成不规则的假小叶，并有很多再生肝细胞结节。病程长的母猪可出现肝癌。

（三）防制

1. 预防

防止饲料霉变，引起饲料霉变的因素主要是温度与相对湿度，因此，饲料应充分晒干，切勿雨淋、受潮，并置阴凉、干燥、通风处贮存；可在饲料中添加防霉剂以防霉变；霉变饲料不宜饲喂，但其中的毒素除去后仍可饲喂。常用的去毒方法如下。

① 连续水洗法　将饲料粉碎后，用清水反复浸泡漂洗多次，至浸泡的水呈无色时可供饲用。此法简单易行，成本低，费时少。

② 化学去毒法　最常用的是碱处理法，用5%～8%石灰水浸泡霉败饲料3～5小时后，再用清水淘净，晒干便可饲喂；每千克饲料拌入125克的农用氨水，混匀后倒入缸内，封口3～5天，去毒效果达90%以上，饲喂前应挥发掉残余的氨气。

③ 物理吸收法　常用的吸附剂有活性炭、白陶土、高岭土、沸石等，特别是沸石可牢固地吸附黄曲霉毒素，从而阻止黄曲霉毒素经胃肠道吸收。猪饲料中添加0.5%沸石或霉可吸、霉净剂等，不仅能吸附毒素，而且还可促进猪只生长发育。

2. 发病后措施

本病尚无特效疗法，发现猪中毒时，应立即停喂霉败饲料，改喂富含碳水化合物的青绿饲料和高蛋白饲料。同时，根据临床症状，采取相应的支持和对症治疗。

二十五、酒糟中毒

酒糟是酿酒业蒸馏提酒后的残渣，因含有蛋白质和脂肪，还可促进食欲和消化，历来用作家畜饲料。但长期饲喂或突然改喂大量酒糟，有时可引起酒糟中毒。

（一）临床症状

急性中毒猪表现为兴奋不安，食欲减退或废绝，初便秘后腹泻，呼吸困难，心动急速，步态不稳或卧地不起，四肢麻痹，最后因呼吸中枢麻痹而死亡。慢性中毒一般呈现消化不良，黏膜黄染，往往发生皮疹和皮炎。由于机体内进入大量酸性产物，使得矿物质供给不足，可导致缺钙而出现骨质脆弱。

（二）病理变化

猪只皮肤发红，眼结膜潮红、出血。皮下组织干燥，血管扩张充血，伴有点状出血。咽喉黏膜潮红、肿胀。胃内充满具酒糟酸臭味的内容物，胃黏膜充血、肿胀，被覆厚层黏液，黏膜面有点状、线状或斑状出血。肠系膜与肠浆膜的血管扩张充血，散发点状出血。小肠黏膜潮红、肿胀，被覆多量黏液，并呈现弥漫性点状出血或片状出血。大肠与直肠黏膜亦肿胀，散发点状出血。肠系膜淋巴结肿胀、充血及出血。肺脏瘀血、水肿，伴有轻度出血。心脏扩张，心腔充满凝固不全的血液，心内膜、心外膜出血，心肌实质变性。肝脏和肾脏瘀血及实质变性。脾脏轻度肿胀伴发瘀血与出血。软脑膜和脑实质充血和轻度出血。慢性中毒病例，常常呈现肝硬变。

（三）预防

1. 预防

（1）控制酒糟用量　酒糟的饲喂量不宜超过日粮的20%～30%（参考日粮配方：玉米20%、酒糟25%、菜籽饼10%、碎米18%、麸皮25%、钙粉1.5%、食盐0.5%，每天饲喂2～3千克，1日喂3～4次）；妊娠母猪不喂或少喂。

（2）保证酒糟新鲜　酒糟应尽可能新鲜喂给，力争在短时间内喂完。如果暂时用不完，可将酒糟压紧在缸中或地窖中，上面覆盖薄膜，贮存时间不宜过久，也可用作青贮。酒糟生产量大时，也可采取晒干或烘干的方法，贮存备用。

（3）避免饲喂发霉酸败酒糟　对轻度酸败的酒糟，可在酒糟中加入0.1%～1%石灰水，浸泡20～30分钟，以中和其酸类物质。严重酸败和霉变的酒糟应予废弃。

2. 防治

无特效解毒疗法，发病后立即停喂酒糟。可用1%碳酸氢钠液1000～2000毫升内服或灌肠，同时内服泻剂以促进毒物排出。对胃肠炎严重的应消炎或用黏膜保护剂。静脉注射葡萄糖液、生理盐水、维生素C、10%葡萄糖酸钙、肌苷和肝泰乐等有良好效果。兴奋不安时可用镇静剂，如水合氯醛、溴化钙。重病例应注意维护心、肺功能，可肌内注射10%～20%安钠伽5～10毫升。

第八章 快速养猪的经营管理

第一节 市场分析

只有进行市场调查，掌握市场的大量信息，才能做出科学决策，使生产的产品适销对路，取得较好经济效益。

一、市场调查方法

（一）按调查方法分类

1. 询问法

根据已经拟订的调查事项，通过面谈、书面或电话等，向被调查者提出询问、征求意见的办法来搜集市场资料（信息）。

2. 观察法

指被调查者不知道的情况下，由调查人员从旁观察记录被调查者的行为和反映，以取得调查资料的方法。

3. 表格调查法

采用一定的调查表格，或问卷形式来搜集资料的方法。

4. 样品征询法

是通过试销、展销、选样定货、看样定货，一方面推销商品，一方面征询意见。

（二）按调查的范围分类

1. 全面调查法

即一次性普遍调查。搜集的资料全面、详细、精确，但费事、费力，成本较高。

2. 重点调查法

即通过一些重点单位（或消费者）的调查，得到基本了解全局情况的目的。

3. 典型市场调查

通过对具有代表性市场的调查，以达到全面了解某一方面问题的目的。由于调查对象少，可以集中人力、物力和时间进行深入细致的了解。

4. 间接市场调查

利用其他有关部门提供的调查积累资料，来推测市场需求变化等。

5. 抽样调查

是从需要了解的整体中，抽出其中的一个组成部分进行调查，从而推断出整体情况。但抽取的样品要有代表性。

二、经营预测

经营预测是根据所掌握的信息资料，对未来影响猪场生产经营活动的各种因素和经营成果进行科学的估计和推测。经营预测是进行猪场决策和制订计划的依据，只有科学准确的预测，才能进行正确的决策。猪场的经营预测包括市场供求及价格预测、生产经营条件预测（如科学技术、国家政策、资源条件等预测）以及经营成果预测等。经营预测必须掌握翔实的资料，采用科学方法，才能使预测科学准确。

第二节　经营决策

猪场的经营决策就是猪场为了确定远期和近期的经营目标和与实现这些目标有关的一些重大问题作出最优的选择的决断过程。决策的正确与否，直接影响到经营效果。大至猪场的生产经营方向、目标、远景规划，小到规章制度制定、生产活动安排等，每时每刻都在决策。只有在市场分析和经营预测的基础上，才能进行正确的决策。

一、决策的程序

（一）提出问题

即确定决策的对象或事件。也就是要决策什么或对什么进行决策。如经营项目选择、经营方向的确定、人力资源的利用以及饲养方式、饲料配方、疾病治疗方案的选择等。

（二）确定决策目标

决策目标是指对事件作出决策并付诸行动之后所要达到的预期结果。如经营项目和经营规模的决策目标是，一定时期内使销售收入和利润达到多少；猪的饲料配方的决策目标是，使单位产品的饲料成本降低到多少、增重率和产品品质达到何种水平。发生疾病时的决策目标是治愈率多高，有了目标，拟定和选择方案就有了依据。

（三）拟定多种可行方案

只有设计出多种方案，才可能选出最优方案。拟定方案时，要紧紧围绕决策目标，尽可能把所有的方案包括无遗，以免漏掉好的方案。如对猪场经营规模决策的方案有大型猪场、中小型猪场以及庭院饲养几头猪等；经营方向决策的方案有种猪场、繁殖场、商品猪场等；对饲料配方决策的方案有甲、乙、丙、丁等多个配方；对饲养方式决策的方案有大栏饲养、定位栏饲养、地面饲养以及网面饲养等；对猪场的某一种疾病防治可以有药物防治（药物又有多种药物可供选择）、疫苗防治等。

对于复杂问题的决策，方案的拟定通常分两步进行。

第一步：轮廓设想。可向有关专家和职工群众分别征集意见，也可采用头脑风暴法（畅谈会法），即组织有关人士座谈，让大家发表各自的见解，收集到多种方案。

第二步：可行性论证和精心设计。在轮廓设想的基础上，可召开讨论会或采用特尔斐法，对各种方案进行可行性论证，弃掉不可行的方案。如果确认所有的方案都不可行或只有一种方案可行，就要重新进行设想，或审查调整决策目标。然后对剩下的各种可行方案进行详细设计，确定细节，估算实施结果。

（四）选择方案

根据决策目标的要求，运用科学的方法，对各种可行方案进行分析比较，从中选出最优方案。如猪舍建设，有豪华型、经济适用型和简陋型，不同建筑类型投入不同，使用效果也有很大差异。豪华型投入过大，生产成本太高；简陋型的投入少，但环境条件差，猪的生产性能不能发挥，生产水平低；而经济适用型投入适中，环境条件基本能够满足猪的需要，生产性能也能充分发挥，获得的经济效益好，所以作为中小型猪场来说，应建设经济适用型猪舍。

（五）贯彻实施与信息反馈

最优方案选出之后，应贯彻落实、组织实施，并在实施过程中进行跟踪检查，发现问题，查明原因，采取措施，加以解决。如果发现客观条件发生了变化，或原方案不完善甚至不正确，就要启用备用方案，或对原方案进行修改。

二、常用的决策方法

（一）比较分析法

将不同方案所反映的经营目标实现程度的指标数值进行对比，从中选出最优方案的一种方法。如对不同品种杂交猪的饲养结果进行分析，可以选出一个能获得较好经济效益的经济杂交模式进行饲养。

（二）综合评分法

综合评分法就是通过选择对不同的决策方案影响都比较大的经济技术指标，根据它们在整个方案中所处的地位和重要性，确定各个指标的权重，把各个方案的指标进行评分，并依据权重进行加权得出总分，以总分的高低选择决策方案的方法。这类决策，称为多目标决策。但这些目标（即指标）对不同方案的反映有的是一致的，有的是不一致的，采用对比法往往难以提出一个综合的数量概念。为求得一个综合的结果，需要采用综合评分法。

（三）盈亏平衡分析法

这种方法也叫量、本、利分析法，是通过揭示产品的产量、成本和盈利之间的数量关系进行决策的一种方法。产品的成本划分为固定成本和变动成本。固定成本如猪场的管理费、固定职工的基本工资、折旧费等，不随产品产量的变化而变化；变动成本是随着产销量的变动而变化的，如饲料费、燃料费和其他费用。利用成本、价格、产量之间的关系列出总成本的计算公式：

$$PQ=F+QV+PQX$$

$$Q=F\div[P(1-X)-V]$$

式中 F——某种产品的固定成本；

X——单位销售额的税金；

V——单位产品的变动成本；

P——单位产品的价格；

Q——盈亏平衡时的产销量。

如企业计划获利 R 时的产销量 Q_R 为：

$$Q_R=(F+R)\div[P(1-X)-V]$$

盈亏平衡分析法可用于规模、价格等问题的决策。

【例 8-1】 某一猪场，修建猪舍、征地及设备等固定资产总投入 100 万元，计划 10 年收回投资；每千克生猪增重的变动成本为 10.5 元，100 千克体重出栏的市场价格为 14.5 元，购入仔猪体重为 22 千克，所有杂费和仔猪成本为 400 元，求盈亏平衡时的经营规模和计划赢利 20 万元时的经营规模。

解：设盈亏平衡时的养殖规模是 Y。根据上述题意知道：市场价格 $P=14.5$ 元，变动成本 $V=10.5$ 元，固定成本 $F=100$ 万÷10 年=10 万/年，税金 $X=0$，则盈亏平衡时的产销量是：

$$Q=F/[P(1-X)-V]=10\div(14.5-10.5)$$

$$=10\div4=2.5\text{ 万千克/年}$$

$$Y=25000\div100=250\text{ 头/年}$$

计划赢利 20 万元时的经营规模为：

$$Y_1=Q_1/100=[(10+20)\div(14.5-10.5)]\div100$$

$$=30\div4\div100=0.075\text{ 万头/年}=750\text{ 头/年}$$

计算结果显示。该猪场年出栏 100 千克体重肉猪 250 头达到盈亏平衡，要盈利 20 万元需要出栏 750 头猪。

（四）决策树法

利用树形决策图进行决策的基本步骤为：绘制树形决策图，然后计算期望值，最后剪枝，确定决策方案。

【例 8-2】 某猪场计划扩大再生产，但不知是更新品种好还是增加头数好，是生产仔猪好还是生产肉猪好。根据所掌握的材料，经仔细分析，不同方案在不同状态下的收益值见表 8-1，请作出决策选择？

表 8-1　不同方案在不同状态下的收益值　单位：万元

状态	概率	增加头数				更新品种			
		生产仔猪		生产肉猪		生产仔猪		生产肉猪	
		畅销 0.7	滞销 0.3	畅销 0.7	滞销 0.3	畅销 0.7	滞销 0.3	畅销 0.7	滞销 0.3
饲料涨价	0.5	5	−3	4	−2	7	4	6	5
饲料持平	0.3	9	4	12	3	8	5	9	6
饲料降价	0.2	15	10	18	5	9	6	11	8

（1）绘制树形决策图并填上各种状态下的概率和收益值，见图 8-1。

（2）计算期望值，分别填入各状态点和结果点的框内。

① 增加头数

生产仔猪＝[0.7×5＋0.3×(−3)]×0.5＋(0.7×9＋0.3×4)×0.3＋(0.7×15＋0.3×10)×0.2＝6.25

生产肉猪＝[0.7×4＋0.3×(−2)]×0.5＋(0.7×12＋0.3×3)×0.3＋(0.7×18＋0.3×5)×0.2＝6.71

② 更新品种

生产仔猪＝(0.7×7＋0.3×4)×0.5＋(0.7×8＋0.3×5)×0.3＋(0.7×9＋0.3×6)×0.2＝6.8

生产肉猪＝(0.7×6＋0.3×5)×0.5＋(0.7×9＋0.3×6)×0.3＋(0.7×11＋0.3×8)×0.2＝7.3

（3）剪枝　增加头数中生产仔猪数值小，剪去；更新品种中生产仔猪数值小剪去；增加头数的数值小于更新品种，剪去；最后剩

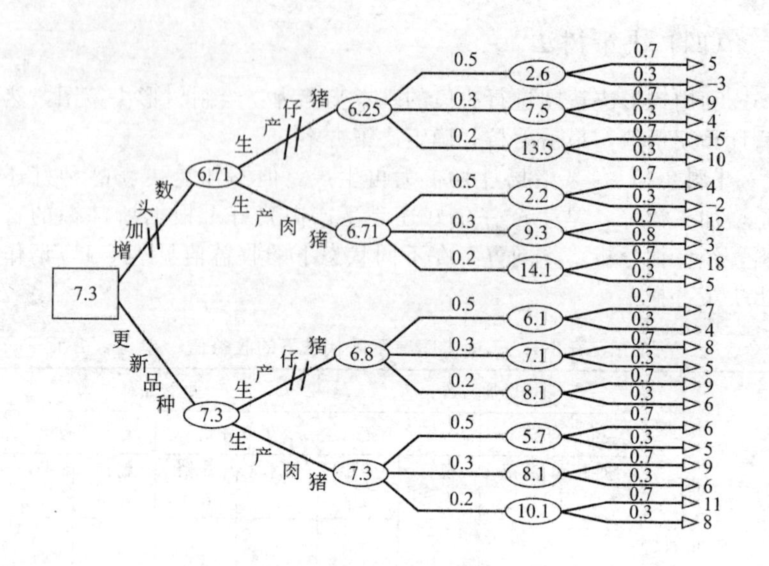

图 8-1 树形决策图

□表示决策点，由它引出的分枝叫决策方案枝；
⬭表示状态点，由它引出的分枝叫状态分枝，
上面标明了这种状态发生的概率；▷表示结果点，
它后面的数字是某种方案在某状态下的收益值

下更新品种中生产肉猪的数值最大，就是最优方案。

第三节 计划和记录管理

一、计划管理

（一）配种分娩计划

交配分娩计划是养猪场实现猪的再生产的重要保证，是猪群周转的重要依据。其工作内容是依据猪的自然再生产特点，合理利用猪舍和生产设备，正确确定母猪的配种和分娩期。编制配种分娩计划应考虑气候条件、饲料供应、猪舍、生产设备与用具、市场情况、劳动力情况等因素。

（二）猪群周转计划

猪群周转计划是制订其他各项计划的基础，只有制订好周转计划，才能制订饲料计划、产品计划和引种计划。制订猪群周转计划，应综合考虑猪舍、设备、人力、成活率、猪群的淘汰和转群移舍时间、数量等，保证各猪群的增减和周转能够完成规定的生产任务，且最大限度地降低各种劳动消耗。

（三）饲料使用计划

饲料使用计划见表8-2。

表8-2　饲料使用计划

项目		头数	饲料消耗总量	能量饲料量	蛋白质饲料量	矿物质饲料量	添加剂饲料量	饲料支出
1月份(31天)	种公猪 种母猪 后备猪 哺乳仔猪 断奶仔猪 育成猪 育肥猪							
2月份(28天)	种公猪 种母猪 后备猪 哺乳仔猪 断奶仔猪 育成猪 育肥猪							
⋮	⋮							
全年各类饲料合计								
全年各类猪群饲料合计	种公猪需要量 种母猪需要量 哺乳猪需要量 断奶猪需要量 育成猪需要量 育肥猪需要量							

（四）出栏计划

出栏计划见表8-3。

表8-3 出栏计划表

猪组	年内各月出栏头数												总计/头	育肥期/天	活重/(千克/头)	总重/千克
	1	2	3	4	5	6	7	8	9	10	11	12				
育肥猪																
淘汰肥猪																
总计																

（五）年财务收支计划

年财务收支计划见表8-4。

表8-4 年财务收支计划表

收入		支出		备注
项目	金额/元	项目	金额/元	
仔猪		种(苗)猪费		
肉猪		饲料费		
猪产品加工		折旧费(建筑、设备)		
粪肥		燃料、药品费		
其他		基建费		
		设备购置维修费		
		水电费		
		管理费		
		其他费用		
合计				

二、记录管理

记录管理就是将猪场生产经营活动中的人、财、物等消耗情况及有关事情记录在案，并进行规范、计算和分析。记录管理有利于掌握猪场的生产经营状况以及市场的变化，有利于进行经济核算，探寻降低生产成本的途径，有利于不断提高生产和管理水平。但生产中人们常忽视记录管理，如没有简洁的表格，缺乏系统的原始记录等，严重影响经济核算和技术水平提高。要获得较好效益，必须加强记录管理，做到及时准确、简洁完整、全面详细。

（一）猪场记录的内容

猪场记录的内容因猪场的经营方式与所需的资料不同而有所差异，一般应包括以下内容。

1. 生产记录

生产记录包括猪群生产情况记录（猪的品种、饲养数量、饲养日期、死亡淘汰、产品产量等）、饲料记录［将每日不同猪群（以每栋、每栏或每群为单位）所消耗的饲料按其种类、数量及单价等记载下来］、劳动记录（记载每天的出勤情况，如工作时数、工作类别以及完成的工作量、劳动报酬等）等。

2. 财务记录

财务记录包括收支记录（包括出售产品的时间、数量、价格、去向及各项支出情况）、资产记录（固定资产类，包括土地、建筑物、机器设备等的占用和消耗；库存物资类，包括饲料、兽药、在产品、产成品、易耗品、办公用品等的消耗数、库存数量及价值；现金及信用类，包括现金、存款、债券、股票、应付款、应收款等）等。

3. 饲养管理记录

饲养管理记录包括饲养管理程序及操作记录（饲喂程序、猪群的周转、环境控制等记录）、疾病防治记录（包括隔离消毒情况、免疫情况、发病情况、诊断及治疗情况、用药情况、驱虫情况等）。

（二）猪场生产记录表格

记录记载表格是猪场第一手原始材料，是各种统计报表的基础，应认真填写和保管，不得间断和涂改。中小型猪场的生产记录表格主要有如下几种，见表8-5～表8-8。

表 8-5　母猪产仔哺育登记表

猪舍栋号________　　　　　　　　　　　　　　年____月____日

窝号	产仔日期	母猪号	母猪品种	与配公猪		交配日期	怀孕日期	产次	产仔数			存活数			死胎数	备注
				品种	耳号				公	母	合计	公	母	合计		

负责人________　　　　　　　　　　　　　　填表人________

表 8-6　配种登记表

猪舍栋号________　　　　　　　　　　　　　　年____月____日

母猪号	母猪品种	与配公猪		第一次配种时间	第二次配种时间	分娩时间	备注
		品种	耳号				

负责人________　　　　　　　　　　　　　　填表人________

表 8-7　猪只死亡登记表

猪舍栋号________　　　　　　　　　　　　　　年____月____日

品种	耳号	性别	年龄	死亡猪只				备注
				头数	体重/千克	时间	原因	

负责人________　　　　　　　　　　　　　　填表人________

表 8-8　种猪生长发育记录表

猪舍栋号________　　　　　　　　　　　　年____月____日

测定时间			耳号	品种	性别	月龄	体重/千克	胸围/厘米	体高/厘米	平均膘厚/厘米
年	月	日								

负责人________　　　　　　　　　　　　　　填表人________

(三) 猪场的报表

为了及时了解猪场生产动态和完成任务的情况，及时总结经验与教训，在猪场内部建立健全各种报表十分重要。各类报表力求简明扼要，格式统一，单位一致，方便记录。常用的报表有以下几种，见表8-9、表8-10。

表8-9　猪群饲料消耗月报表或日报表

领料时间	料号	栋号	饲料消耗/千克			备注
			青料	精料	其他	

填表人________

表8-10　猪群变动月报表或日报表

群别	月初头数	增加				合计	减少					合计	月末头数	备注
		出生	调入	购入	转出		转出	调出	出售	淘汰	死亡			
种公猪														
种母猪														
后备公猪														
后备母猪														
育肥猪														
仔猪														

填表人________

（四）猪场记录的分析

通过对猪场的记录进行整理、归类，可以进行分析。分析是通过一系列分析指标的计算来实现的。利用成活率、繁殖率、增重、饲料转化率等技术效果指标来分析生产资源的投入和产出产品数量的关系以及分析各种技术的有效性和先进性。利用经济效果指标分析生产单位的经营效果和赢利情况，为猪场的生产提供依据。

第四节　生产技术管理

一、制定技术操作规程

技术操作规程是猪场生产中按照科学原理制定的日常作业的技

术规范。不同饲养阶段的猪群，按其生产周期制定不同的技术操作规程。如空怀母猪群（或妊娠母猪群、或哺乳母猪群、或仔猪、或育肥猪等）技术操作规程。

技术操作规程的主要内容是：对饲养任务提出生产指标，使饲养人员有明确的目标；指出不同饲养阶段猪群的特点及饲养管理要点；按不同的操作内容分段列条、提出切合实际的要求等。

技术操作规程的指标要切合实际，条文要简明具体，易于落实执行。

二、制定工作程序

规定各类猪舍每天的工作内容，制定每周的工作程序，使饲养管理人员有规律地完成各项任务。见表8-11。

表8-11　猪舍每周工作程序

日期	配种妊娠舍	分娩保育舍	生长育成舍
星期一	日常工作;清洁消毒;淘汰猪鉴定	日常工作;清洁消毒;断奶母猪、淘汰猪鉴定	日常工作;清洁消毒;淘汰猪鉴定
星期二	日常工作;更换消毒池消毒液;接受空怀母猪;整理空怀母猪	日常工作;更换消毒池消毒液;断奶母猪转出;空栏清洗消毒	日常工作;更换消毒池消毒液;空栏清洗消毒
星期三	日常工作;不发情、不妊娠母猪集中饲养;驱虫;免疫接种	日常工作;驱虫;免疫接种	日常工作;驱虫;免疫接种
星期四	日常工作;清洁消毒;调整猪群	日常工作;清洁消毒;仔猪去势;僵猪集中饲养	日常工作;清洁消毒;调整猪群
星期五	日常工作;更换消毒池消毒液;怀孕母猪转出	日常工作;更换消毒池消毒液;接受临产母猪,做好分娩准备	日常工作;更换消毒池消毒液;空栏冲洗消毒
星期六	日常工作;空栏冲洗消毒	日常工作;仔猪强弱分群;出生仔猪剪耳、断奶和补铁等	日常工作;出栏猪的鉴定
星期日	日常工作;妊娠诊断复查;设备检查维修;填写周报表	日常工作;清点仔猪数;设备检查维修;填写周报表	日常工作;存栏盘点;设备检查维修;填写周报表

三、制定综合防疫制度

为了保证猪群的健康和安全生产，场内必须制定严格的防疫措施，规定对场内、外人员、车辆和场内环境、设备用具等进行及时或定期的消毒，猪舍在空出后的冲洗、消毒，各类猪群的免疫，猪种引进的检疫等。

第五节　经济核算

一、资产核算

（一）流动资产

流动资产是企业生产经营活动的主要资产，主要包括猪场的现金、存款、应收款及预付款、存货（原材料、在产品、产成品、低值易耗品）等。流动资产周转状况影响到产品的成本。猪场加速流动资产周转的主要措施如下。

1. 减少物资的积压和浪费

加强采购物资的计划性，防止盲目采购，合理地储备物资，避免积压资金，加强物资的保管，定期对库存物资进行清查，防止鼠害和霉烂变质。

2. 缩短生产周期

科学地组织生产过程，采用先进技术，尽可能缩短生产周期，节约使用各种材料和物资，减少在产品资金占用量。

3. 加强产品销售和及时清理债权债务

及时销售产品，缩短产成品的滞留时间，减少流动资金占有量和占有时间；加速应收款项的回收，减少成品资金和结算资金的占用量。

（二）固定资产

固定资产主要包括建筑物、道路、种猪及其他与生产经营有关的设备、器具、工具等。

固定资产在使用过程中，由于损耗而发生的价值转移，称为折旧，由于固定资产损耗而转移到产品中去的那部分价值叫折旧费或折旧额，用于固定资产的更新改造。

猪场固定资产折旧的计算方法一般采用平均年限法。它是根据固定资产的使用年限，平均计算各个时期的折旧额，因此也称直线法。其计算公式为：

固定资产年折旧额=[原值－(预计残值－清理费用)]/固定资产预计使用年限

固定资产年折旧率=固定资产年折旧额/固定资产原值×100%
=(1－净残值率)/折旧年限×100%

折旧费是构成产品成本的重要项目，所以降低固定资产占用量可以减少固定资产年折旧费，降低产品生产成本。降低措施如下。

（1）量力而行设置固定资产　根据轻重缓急，合理购置和建设固定资产，把资金使用在经济效果最大而且在生产上迫切需要的项目上；购置和建造固定资产要做到与单位的生产规模和财力相适应。

（2）各类固定资产务求配套完备　注意加强设备的通用性和适用性，使固定资产合理配套，充分发挥其效用。

（3）加强固定资产的管理　建立严格的使用、保养和管理制度，对不需用的固定资产应及时采取措施，以免浪费，注意提高机器设备的时间利用强度和其生产能力的利用程度。

二、成本核算

企业为生产一定数量和种类的产品而发生的直接材料费（包括直接用于产品生产的原材料、燃料动力费等）、直接人工费用（直接参加产品生产的工人工资以及福利费）和间接制造费用的总和构成产品成本。

（一）成本核算的意义

产品成本是一项综合性很强的经济指标，它反映了猪场的技术实力和经营状况。品种是否优良、饲料质量好坏、饲养技术水平高低、固定资产利用率的高低、人工耗费多少等，都可以通过产品成本反映出来。所以，猪场通过成本和费用核算，可发现成本升降的原因，降低成本费用耗费，提高产品的竞争能力和盈利能力。

（二）做好成本核算的基础工作

1. 建立健全各项原始记录

原始记录是计算产品成本的依据，直接影响着产品成本计算的准确性。如原始记录不实，就不能正确反映生产耗费和生产成果。饲料、燃料动力的消耗，原材料、低值易耗品的领退，生产工时的耗用，畜禽变动，畜群周转、畜禽死亡淘汰、产出产品等都必须认真如实登记。

2. 建立健全各项定额管理制度

猪场要制定各项生产要素的耗费标准（定额）。不管是饲料、燃料动力，还是费用工时、资金占用等，都要制定比较先进、切实可行的定额。定额的制定应建立在先进的基础上，对经过十分努力仍然达不到的定额标准或不需努力就很容易达到定额标准的定额，要及时进行修订。

3. 加强财产物质的计量、验收、保管、收发和盘点制度

财产物资的实物核算是其价值核算的基础。做好各种物资的计量、收集和保管工作，是加强成本管理、正确计算产品成本的前提条件。

（三）猪场成本的构成项目

见表8-12。

表8-12　猪场成本的构成项目

序号	项目	
1	饲料费	指饲养过程中耗用的自产和外购的混合饲料和各种饲料原料。凡是购入的按买价加运费计算，自产饲料一般按生产成本（含种植成本和加工成本）进行计算
2	劳务费	从事养猪的生产管理劳动，包括饲养、清粪、防疫、转群、消毒、购物运输等所支付的工资、资金、补贴和福利等
3	种猪摊销费	饲养过程中应负担种猪的摊销费用
4	医疗费	指用于猪群的生物制剂、消毒剂及检疫费、化验费、专家咨询服务费等。但已包含在配合饲料中的药物及添加剂费用不必重复计算

续表

序号	项目	
5	固定资产折旧维修费	指猪舍、栏具和专用机械设备等固定资产的基本折旧费及修理费。根据猪舍结构和设备质量、使用年限来计损。如是租用土地，应加上租金；土地、猪舍等都是租用的，只计租金，不计折旧
6	燃料动力费	指饲料加工、猪舍保暖、排风、供水、供气等耗用的燃料和电力费用，这些费用按实际支出的数额计算
7	杂费	包括低值易耗品费用、保险费、通信费、交通费、搬运费等
8	利息	指对固定投资及流动资金一年中支付利息的总额
9	税金	指用于养猪生产的土地、建筑设备及生产销售等一年内应交的税金

成本的计算方法分为分群核算和混群核算。

(1) 分群核算　分群核算的对象是每种畜的不同类别，如基本猪群、幼猪群、育肥猪群等，按畜群不同类别分别设置生产成本明细账户，分别归集生产费用和计算成本。

① 仔猪和育肥猪群成本计算　主产品是增重，副产品是粪肥和死淘猪的残值收入等。

增重单位成本＝总成本/该群本期增重量＝(全部的饲养费用－副产品价值)÷(该群期末存栏活重＋本期销售和转出活重－期初存栏活重－本期购入和转入活重)

活重单位成本＝(该群期初存栏成本＋本期购入和转入成本＋该群本期饲养费用－副产品价值)÷该群本期活重＝(该群期初存栏成本＋本期购入和转入成本＋该群本期饲养费用－副产品价值)÷[该群期末存栏活重＋本期销售或转出活重(不包括死猪重量)]

② 基本猪群成本核算　基本猪群包括基本母猪、种公猪和未断奶的仔猪。主产品是断奶仔猪，副产品是猪粪，在产品是未断奶仔猪。基本畜群的总饲养费用包括母猪、种公猪、仔猪饲养费用和配种受精费用。本期发生的饲养费用和期初未断乳的仔猪成本应在产成品和期末在产品之间分配，分配办法是活重比例法。

仔猪活重单位成本＝(期初未断乳仔猪成本＋本期基本猪群

饲养费用－副产品价值)÷(本期断乳
仔猪活重＋期末未断乳仔猪活重)

③ 猪群饲养日成本核算　指每头猪饲养日平均成本。它是考核饲养费用水平和制订饲养费用计划的重要依据。应按不同的猪群分别计算。

某猪群饲养日成本＝(该猪群本期饲养费用总额－副产
品价值)÷该群本期饲养头日数

(2) 混群核算　混群核算的对象是每类畜禽，如牛、羊、猪、鸡等，按畜禽种类设置生产成本明细账户，归集生产费用和计算成本。资料不全的小型猪场常采用本法。

畜禽类别生产总成本＝期初在产品成本(存栏价值)＋购入和调入畜禽价值＋本期饲养费用－期末在产品价值(存栏价值)－出售自食转出畜禽价值－副产品价值

单位产品成本＝生产总成本÷产品数量

【提示】只有加强成本核算才能找出降低猪场成本的途径，从而提高猪场效益。

三、赢利核算

赢利核算是对猪场的赢利进行观察、记录、计量、计算、分析和比较等工作的总称。所以赢利也称税前利润。赢利是企业在一定时期内的货币表现的最终经营成果，是考核企业生产经营好坏的一个重要经济指标。赢利核算的公式为：

赢利＝销售产品价值－销售成本＝利润＋税金

【提示】提高猪场效益的措施：一是产品要适销对路；二是提高产品产量，如选择好的品种、保证猪群健康、创造好的环境、提供充足营养等，使猪的生产潜力充分发挥；三是要减少流动资金占有量和降低固定资产的折旧费；四是提高工作效率；五是降低饲料成本，如科学配制饲料、合理饲喂、减少饲料浪费等；六是适时出栏，一般杂交猪的适宜屠宰体重为 90～100 千克，培育的品种为 75～85 千克。

附录

一、生长育肥猪的饲养标准

附表 1-1　瘦肉型生长育肥猪每千克日粮养分含量

（自由采食，88%干物质）

指标　　体重/千克	3～8	8～20	20～35	35～60	60～90
平均体重/千克	5.5	14.0	27.5	47.5	75.0
日增重/(千克/天)	0.24	0.44	0.61	0.69	0.80
采食量/(千克/天)	0.30	0.74	1.43	1.90	2.50
饲料/增重	1.25	1.59	2.34	2.75	3.13
饲粮消化能含量/(兆焦/千克)	14.02	13.60	13.39	13.39	13.39
饲粮代谢能含量/(兆焦/千克)	13.46	13.60	12.86	12.86	12.86
粗蛋白/%	21.0	19.0	17.8	16.4	14.5
能量/蛋白质/(千焦/%)	668	716	752	817	923
赖氨酸/能量/(克/兆焦)	1.01	0.85	0.68	0.61	0.55
氨基酸					
赖氨酸/%	1.42	1.16	0.90	0.82	0.70
蛋氨酸/%	0.40	0.030	0.24	0.22	0.19
蛋氨酸+胱氨酸/%	0.81	0.66	0.52	0.48	0.40
苏氨酸/%	0.94	0.76	0.58	0.56	0.49
色氨酸/%	0.27	0.21	0.16	0.15	0.13
异亮氨酸/%	0.79	0.64	0.48	0.46	0.39
亮氨酸/%	1.42	1.13	0.85	0.78	0.63
精氨酸/%	0.56	0.46	0.35	0.30	0.21

续表

指标 \ 体重/千克	3～8	8～20	20～35	35～60	60～90
缬氨酸/%	0.98	0.80	0.61	0.57	0.47
组氨酸/%	0.45	0.36	0.28	0.26	0.21
苯丙氨酸/%	0.85	0.69	0.52	0.48	0.40
苯丙氨酸+酪氨酸/%	1.33	1.07	0.82	0.77	0.64

续附表1-1　瘦肉型生长育肥猪每千克饲粮矿物元素和维生素的含量

（自由采食，88%干物质）

指标 \ 体重/千克	3～8	8～20	20～35	35～60	60～90
钙/%	0.88	0.74	0.62	0.56	0.49
总磷/%	0.74	0.58	0.53	0.48	0.43
非植酸磷/%	0.54	0.36	0.35	0.20	0.17
钠/%	0.25	0.15	0.12	0.10	0.10
氯/%	0.25	0.15	0.10	0.09	0.08
镁/%	0.04	0.04	0.04	0.04	0.04
钾/%	0.30	0.26	0.24	0.23	0.18
铜/毫克	6.0	6.0	4.50	4.00	3.50
碘/毫克	0.14	0.14	0.14	0.14	0.14
铁/毫克	105	105	70	60	50
锰/毫克	4.00	4.00	3.00	200	2.00
硒/毫克	0.30	0.30	0.30	0.25	0.25
锌/毫克	110	110	70	60	50
维生素和脂肪酸					
维生素A/国际单位	2200	1800	1500	1400	1300
维生素D_3/国际单位	220	200	170	160	150
维生素E/国际单位	16	11	11	11	11

续表

指标 \ 体重/千克	3～8	8～20	20～35	35～60	60～90
维生素 K/毫克	0.50	0.50			
硫胺素/毫克	1.50	1.00	1.00	1.00	1.00
核黄素/毫克	4.00	3.50	2.50	2.00	2.00
泛酸/毫克	12.00	150	10.00	8.50	7.50
烟酸/毫克	20.0	15.00	10.00	8.50	7.50
吡哆醇/毫克	2.0	1.50	1.00	1.00	1.00
生物素/毫克	0.08	0.05	0.05	0.05	0.05
叶酸/毫克	0.30	0.30	0.30	0.30	0.30
维生素 B_{12}/微克	20.0	17.50	11.00	8.00	6.00
胆碱/克	0.60	0.50	0.35	0.30	0.30
亚油酸/%	0.10	0.10	0.10	0.010	0.10

注：1. 瘦肉率高于56%的公母混养（阉公猪与青年猪各一半）。

2. 假定代谢能为消化能的96%。

3. 3～20千克猪的赖氨酸百分比是根据试验和经验数据的估测值，其他氨基酸需要量是根据其与赖氨酸的比例（理想蛋白质）的估测值；20～90千克猪的赖氨酸需要量是结合生长模型、试验数据和经验数据的估测值，其他氨基酸需要量是根据其与赖氨酸的比例（理想蛋白质）的估测值。

4. 矿物质需要量包括饲料原料中提供的矿物质量；对于发育公猪和后备母猪，钙、总磷和有效磷的需要量应提高0.05%～0.1%。

5. 维生素需要量包括饲料原料中提供的维生素量。

6. 1IU 维生素 A=0.344 微克维生素 A 醋酸酯。

7. 1IU 维生素 D_3=0.025 微克胆钙化醇。

8. 1IU 维生素 E=0.67 毫克 D-α-生育酚或 1 毫克 DL-α-生育酚醋酸酯。

附表 1-2　肉脂型生长育肥猪每千克日粮养分含量

（一型标准，自由采食88%干物质）

指标 \ 体重/千克	5～8	8～15	15～30	30～60	60～90
日增重/(千克/天)	0.22	0.39	0.50	0.60	0.70
采食量/(千克/天)	0.40	0.87	1.36	2.02	2.94

续表

指标 \ 体重/千克	5～8	8～15	15～30	30～60	60～90
饲料转化率	1.80	2.30	2.73	3.35	4.20
饲粮消化能含量/(兆焦/千克)	13.90	13.60	12.95	12.95	12.95
粗蛋白/%	21.0	18.2	16.0	14.0	13.0
能量/蛋白质/(千焦/%)	667	747	800	925	996
赖氨酸/能量/(克/兆焦)	0.97	0.77	0.66	0.53	0.46
氨基酸					
赖氨酸/%	1.34	1.05	0.85	0.69	0.60
蛋氨酸+胱氨酸/%	0.65	0.52	0.43	0.38	0.34
苏氨酸/%	0.77	0.62	0.50	0.45	0.39
色氨酸/%	0.19	0.15	0.12	0.11	0.11
异亮氨酸/%	0.73	0.59	0.47	0.43	0.37

续附表 1-2　肉脂型生长育肥猪每千克日粮矿物元素和维生素含量

(一型标准，自由采食88%干物质)

指标 \ 体重/千克	5～8	8～15	15～30	30～60	60～90
钙/%	0.86	0.74	0.64	0.55	0.46
总磷/%	0.67	0.60	0.55	0.46	0.37
非植酸磷/%	0.42	0.32	0.29	0.21	0.14
钠/%	0.20	0.15	0.09	0.09	0.09
氯/%	0.20	0.15	0.07	0.07	0.07
镁/%	0.04	0.04			
钾/%	0.29	0.26	0.24	0.21	0.16
铜/毫克	6.00	5.5	4.5	3.7	3.0
碘/毫克	0.13	0.13	0.13	0.13	0.13
铁/毫克	100	92	74	55	37
锰/毫克	4.0	3.0	3.0	2.0	2.0

续表

指标 \ 体重/千克	5～8	8～15	15～30	30～60	60～90
硒/毫克	0.30	0.27	0.23	0.14	0.09
锌/毫克	100	90	75	55	46
维生素和脂肪酸					
维生素 A/国际单位	2100	2000	1600	1200	1200
维生素 D_3/国际单位	210	200	180	140	140
维生素 E/国际单位	15	15	10	10	10
维生素 K/毫克	0.50	0.50	0.50	0.50	0.50
硫胺素/毫克	1.50	1.00	1.00	1.00	1.00
核黄素/毫克	4.00	3.50	3.00	2.00	2.00
泛酸/毫克	12.00	14.00	8.00	7.00	6.00
烟酸/毫克	20.0	14.00	12.00	9.00	6.50
吡哆醇/毫克	2.00	1.50	1.50	1.00	1.00
生物素/毫克	0.08	0.05	0.05	0.05	0.05
叶酸/毫克	0.30	0.30	0.30	0.30	0.30
维生素 B_{12}/微克	20.00	16.50	14.50	10.0	5.00
胆碱/克	0.50	0.40	0.30	0.30	0.30
亚油酸/%	0.10	0.10	0.10	0.10	0.10

注：一型标准瘦肉率为52%±1.5%，达90千克体重时间为175天左右。

附表 1-3　肉脂型生长育肥猪每千克日粮养分含量

（二型标准，自由采食88%干物质）

指标 \ 体重/千克	8～15	15～30	30～60	60～90
日增重/(千克/天)	0.34	0.45	0.55	0.65
采食量/(千克/天)	0.87	1.30	1.96	2.89
饲料转化率	2.55	2.90	3.55	4.45
饲粮消化能含量/(兆焦/千克)	13.30	12.25	12.25	12.25

续表

指标 \ 体重/千克	8～15	15～30	30～60	60～90
粗蛋白/%	17.5	16.0	14.0	13.0
能量/蛋白质/(千焦/%)	760	766	875	942
赖氨酸/能量/(克/兆焦)	0.74	0.65	0.53	0.46
氨基酸				
赖氨酸/%	0.99	0.80	0.65	0.56
蛋氨酸+胱氨酸/%	0.56	0.40	0.35	0.32
苏氨酸/%	0.64	0.48	0.40	0.37
色氨酸/%	0.18	0.12	0.11	0.10
异亮氨酸/%	0.54	0.45	0.40	0.34

续附表 1-3　肉脂型生长育肥猪每千克日粮矿物质和维生素含量

（二型标准，自由采食 88%干物质）

指标 \ 体重/千克	8～15	15～30	30～60	60～90
钙/%	0.72	0.62	0.53	0.44
总磷/%	0.58	0.53	0.44	0.35
非植酸磷/%	0.31	0.27	0.20	0.13
钠/%	0.14	0.09	0.09	0.09
氯/%	0.14	0.07	0.07	0.07
镁/%	0.04	0.04	0.04	0.04
钾/%	0.25	0.23	0.20	0.15
铜/毫克	5.0	4.0	3.0	3.0
碘/毫克	0.12	0.12	0.12	0.12
铁/毫克	90.0	70.0	55.0	35.0
锰/毫克	3.0	2.50	2.00	2.00
硒/毫克	0.25	0.22	0.13	0.09
锌/毫克	90.0	70.0	53.0	44.0

续表

指标 \ 体重/千克	8～15	15～30	30～60	60～90
维生素和脂肪酸				
维生素 A/国际单位	1900	1550	1150	1150
维生素 D_3/国际单位	190	170	130	130
维生素 E/国际单位	15.0	10.0	10.0	10.0
维生素 K/毫克	0.46	0.46	0.45	0.45
硫胺素/毫克	1.00	1.00	1.00	1.00
核黄素/毫克	3.00	2.50	2.00	2.00
泛酸/毫克	10.00	8.00	7.00	6.00
烟酸/毫克	14.00	12.0	9.00	6.50
吡哆醇/毫克	1.50	1.50	1.00	1.00
生物素/毫克	0.05	0.04	0.04	0.04
叶酸/毫克	0.30	0.30	0.30	0.30
维生素 B_{12}/微克	15.00	13.00	10.00	5.00
胆碱/克	0.40	0.30	0.30	0.30
亚油酸/%	0.10	0.10	0.10	0.10

注：二型标准瘦肉率为49%±1.5%，达90千克体重时间为185天左右，5～8千克体重营养需要同一型标准。

附表 1-4　肉脂型生长育肥猪每千克日粮养分含量

（三型标准，自由采食88%干物质）

指标 \ 体重/千克	15～30	30～60	60～90
日增重/(千克/天)	0.40	0.50	0.59
采食量/(千克/天)	1.28	1.95	2.92
饲料转化率	3.20	3.90	4.95
饲粮消化能含量/(兆焦/千克)	11.7	11.7	11.7
粗蛋白/%	15.0	14.0	13.0

续表

体重/千克 指标	15～30	30～60	60～90
能量/蛋白质/(千焦/%)	780	835	900
赖氨酸/能量/(克/兆焦)	0.67	0.50	0.43
氨基酸			
赖氨酸/%	0.78	0.59	0.50
蛋氨酸+胱氨酸/%	0.40	0.31	0.28
苏氨酸/%	0.46	0.38	0.33
色氨酸/%	0.11	0.10	0.09
异亮氨酸/%	0.44	0.36	0.30

续附表 1-4 肉脂型生长育肥猪每千克日粮矿物质和维生素含量

(三型标准，自由采食 88%干物质)

体重/千克 指标	15～30	30～60	60～90
钙/%	0.59	0.50	0.42
总磷/%	0.50	0.42	0.34
非植酸磷/%	0.27	0.19	0.13
钠/%	0.08	0.08	0.08
氯/%	0.07	0.07	0.07
镁/%	0.03	0.03	0.03
钾/%	0.22	0.19	0.14
铜/毫克	4.0	3.0	3.0
碘/毫克	0.12	0.12	0.12
铁/毫克	70.0	50.0	35.0
锰/毫克	3.00	2.00	2.00
硒/毫克	0.21	0.13	0.08
锌/毫克	70.0	50.0	40.0

续表

指标 \ 体重/千克	15～30	30～60	60～90
维生素和脂肪酸			
维生素 A/国际单位	1470	1090	1090
维生素 D_3/国际单位	168	126	126
维生素 E/国际单位	9.0	9.0	9.0
维生素 K/毫克	0.40	0.40	0.40
硫胺素/毫克	1.00	1.00	1.00
核黄素/毫克	2.50	2.00	2.00
泛酸/毫克	8.00	7.00	6.00
烟酸/毫克	12.0	9.00	6.50
吡哆醇/毫克	1.50	1.00	1.00
生物素/毫克	0.04	0.04	0.04
叶酸/毫克	0.25	0.25	0.25
维生素 B_{12}/微克	12.00	10.00	5.00
胆碱/克	0.34	0.25	0.25
亚油酸/%	0.10	0.10	0.10

注：三型标准瘦肉率为46%±1.5%，达90千克体重时间为200天左右，5～8千克体重营养需要同一型标准。

二、中国饲料成分及营养价值表（2012年第23版）

附表2-1 饲料描述

序号	饲料名称	饲料描述	中国饲料号 CFN
1	玉米	成熟，高蛋白质，优质	4-07-0278
2	玉米	成熟，高赖氨酸，优质	4-07-0288
3	玉米	成熟，GB/T 17890—1990，1级	4-07-0279
4	玉米	成熟，GB/T 17890—1990，2级	4-07-0280
5	高粱	成熟，NY/T，1级	4-07-0272

续表

序号	饲料名称	饲料描述	中国饲料号 CFN
6	小麦	混合小麦，成熟 GB 1351—2008，2 级	4-07-0270
7	大麦(裸)	裸大麦，成熟 GB/T 11760—2008，2 级	4-07-0274
8	大麦(皮)	皮大麦，成熟 GB 10367—89，1 级	4-07-0277
9	黑麦	籽粒，进口	4-07-0281
10	稻谷	成熟，晒干 NY/T，2 级	4-07-0273
11	糙米	除去外壳的大米，GB/T 18810—2002，1 级	4-07-0276
12	碎米	加工精米后的副产品，GB/T 5503—2009，1 级	4-07-0275
13	粟(谷子)	合格，带壳，成熟	4-07-0479
14	木薯干	木薯干片，晒干 GB 10369—89，合格	4-04-0067
15	甘薯干	甘薯干片，晒干 NY/T 121—1989，合格	4-04-0068
16	次粉	黑面，黄粉，下面 NY/T 211—92，1 级	4-08-0104
17	次粉	黑面，黄粉，下面 NY/T 211—92，2 级	4-08-0105
18	小麦麸	传统制粉工艺 GB 10368—89，1 级	4-08-0069
19	小麦麸	传统制粉工艺 GB 10368—89，2 级	4-08-0070
20	米糠	新鲜，不脱脂 NY/T，2 级	4-08-0041
21	米糠饼	未脱脂，机榨 NY/T，1 级	4-10-0025
22	米糠粕	浸提或预压浸提，NY/T，1 级	4-10-0018
23	大豆	黄大豆，成熟 GB 1352—86，2 级	5-09-0127
24	全脂大豆	湿法膨化，GB 1352—86，2 级	5-09-0128
25	大豆饼	机榨 GB 10379—89，2 级	5-10-0241
26	大豆粕	去皮，浸提或预压浸提 NY/T，1 级	5-10-0103
27	大豆粕	浸提或预压浸提 NY/T，2 级	5-10-0102
28	棉籽饼	机榨 NY/T 129—1989，2 级	5-10-0118
29	棉籽粕	浸提 GB 21264—2007，1 级	5-10-0119
30	棉籽粕	浸提 GB 21264—2007，2 级	5-10-0117

续表

序号	饲料名称	饲料描述	中国饲料号 CFN
31	棉籽蛋白	脱酚,低温一次浸出,分步萃取	5-10-0220
32	菜籽饼	机榨 NY/T 1799—2009,2级	5-10-0183
33	菜籽粕	浸提 GB/T 23736—2009,2级	5-10-0121
34	花生仁饼	机榨 NY/T,2级	5-10-0116
35	花生仁粕	浸提 NY/T 133—1989,2级	5-10-0115
36	向日葵仁饼	壳仁比 35∶65NY/T,3级	1-10-0031
37	向日葵仁粕	壳仁比 16∶84NY/T,2级	5-10-0242
38	向日葵仁粕	壳仁比 24∶76NY/T,2级	5-10-0243
39	亚麻仁饼	机榨 NY/T,2级	5-10-0119
40	亚麻仁粕	浸提或预压浸提 NY/T,2级	5-10-0120
41	芝麻饼	机榨,CP 40%	5-10-0246
42	玉米蛋白	玉米去胚芽、淀粉后的面筋部分,CP 60%	5-11-0001
43	玉米蛋白粉	玉米去胚芽、淀粉后的面筋部分,中等蛋白质产品,CP 50%	5-11-0002
44	玉米蛋白粉	玉米去胚芽、淀粉后的面筋部分,中等蛋白质产品,CP 40%	5-11-0008
45	玉米蛋白饲料	玉米去胚芽、淀粉后的含皮残渣	5-11-0003
46	玉米胚芽	玉米湿磨后的胚芽,机榨	4-10-0026
47	玉米胚芽粕	玉米湿磨后的胚芽,浸提	4-10-0244
48	DDGS	玉米酒精糟及可溶物,脱水	5-11-0007
49	蚕豆粉浆蛋白粉	蚕豆去皮制粉丝后的浆液,脱水	5-11-0009
50	麦芽根	大麦芽副产品干燥	5-11-0004
51	鱼粉(CP 67%)	进口 GB/T 19164—2003,特级	5-13-0044
52	鱼粉(CP 60.2%)	沿海产的海鱼粉,脱脂,12样平均值	5-13-0046
53	鱼粉(CP 53.5%)	沿海产的海鱼粉,脱脂,11样平均值	5-13-0077
54	血粉	鲜猪血,喷雾干燥	5-13-0036
55	羽毛粉	纯净羽毛,水解	5-13-0037
56	皮革粉	废牛皮,水解	5-13-0038

续表

序号	饲料名称	饲料描述	中国饲料号 CFN
57	肉骨粉	屠宰下脚料，带骨干燥粉碎	5-13-0047
58	肉粉	脱脂	5-13-0048
59	苜蓿草粉(CP 19%)	一茬盛花期烘干 NY/T，1 级	1-05-0074
60	苜蓿草粉(CP 17%)	一茬盛花期烘干 NY/T，2 级	1-05-0075
61	苜蓿草粉(CP 14%～15%)	NY/T，3 级	1-05-0076
62	啤酒糟	大麦酿造副产品	5-11-0005
63	啤酒酵母	啤酒酵母菌粉，QB/T 1940—94	7-15-0001
64	乳清粉	乳清，脱水低乳糖含量	4-13-0075
65	酪蛋白	脱水	5-01-0162
66	明胶	食用	5-14-0503
67	牛奶乳糖	进口，含乳糖 80%以上	4-06-0076
68	乳糖	食用	4-06-0077
69	葡萄糖	食用	4-06-0078
70	蔗糖	食用	4-06-0079
71	玉米淀粉	食用	4-02-0889
72	牛脂		4-17-0001
73	猪油		4-17-0002
74	家禽脂肪		4-17-0003
75	鱼油		4-17-0004
76	菜籽油		4-17-0005
77	椰子油		4-17-0006
78	玉米油		4-17-0007
79	棉籽油		4-17-0008
80	棕榈油		4-17-0009
81	花生油		4-17-0010
82	芝麻油		4-17-0011
83	大豆油	粗制	4-17-0012
84	葵花油		4-17-0013

附表 2-2　饲料常规成分

中国饲料号 CFN	饲料名称	干物质 /%	粗蛋白 /%	粗脂肪 /%	粗纤维 /%	无氮浸出物 /%	粗灰分 /%	中性洗涤纤维 /%	酸性洗涤纤维 /%	淀粉 /%	钙 /%	总磷 /%	有效磷 /%
4-07-0278	玉米	86.0	9.4	3.1	1.2	71.1	1.2	9.4	3.5	60.9	0.09	0.22	0.09
4-07-0288	玉米	86.0	8.5	5.3	2.6	68.3	1.3	9.4	3.5	59.0	0.16	0.25	0.09
4-07-0279	玉米	86.0	8.7	3.6	1.6	70.7	1.4	9.3	2.7	65.4	0.02	0.27	0.11
4-07-0280	玉米	86.0	7.8	3.5	1.6	71.8	1.3	7.9	2.6	62.6	0.02	0.27	0.11
4-07-0272	高粱	86.0	9.0	3.4	1.4	70.4	1.8	17.4	8.0	68.0	0.13	0.36	0.12
4-07-0270	小麦	88.0	13.4	1.7	1.9	69.1	1.9	13.3	3.9	54.6	0.17	0.41	0.13
4-07-0274	大麦(裸)	87.0	13.0	2.1	2.0	67.7	2.2	10.0	2.2	50.2	0.04	0.39	0.13
4-07-0277	大麦(皮)	87.0	11.0	1.7	4.8	67.2	2.4	18.4	6.8	52.2	0.09	0.33	0.12
4-07-0281	黑麦	88.0	9.5	1.5	2.2	73.0	1.8	12.3	4.6	56.5	0.05	0.30	0.11
4-07-0273	稻谷	86.0	7.8	1.6	8.2	63.8	4.6	27.4	28.7	—	0.03	0.36	0.15
4-07-0276	糙米	87.0	8.8	2.0	0.7	74.2	1.3	1.6	0.8	47.8	0.03	0.35	0.13
4-07-0275	碎米	88.0	10.4	2.2	1.1	72.7	1.6	0.8	0.6	51.6	0.06	0.35	0.12
4-07-0479	粟(谷子)	86.5	9.7	2.3	6.8	65.0	2.7	15.2	13.3	63.2	0.12	0.30	0.09
4-04-0067	木薯干	87.0	2.5	0.7	2.5	79.4	1.9	8.4	6.4	71.6	0.27	0.09	—
4-04-0068	甘薯干	87.0	4.0	0.8	2.8	76.4	3.0	8.1	4.1	64.5	0.19	0.02	—

续表

中国饲料号CFN	饲料名称	干物质/%	粗蛋白/%	粗脂肪/%	粗纤维/%	无氮浸出物/%	粗灰分/%	中性洗涤纤维/%	酸性洗涤纤维/%	淀粉/%	钙/%	总磷/%	有效磷/%
4-08-0104	次粉	88.0	15.4	2.2	1.5	67.1	1.5	18.7	4.3	37.8	0.08	0.48	0.15
4-08-0105	次粉	87.0	13.6	2.1	2.8	66.7	1.8	31.9	10.5	36.7	0.08	0.48	0.15
4-08-0069	小麦麸	87.0	15.7	3.9	6.5	56.0	4.9	37.0	13.0	22.6	0.11	0.92	0.28
4-08-0070	小麦麸	87.0	14.3	4.0	6.8	57.1	4.8	41.3	11.9	19.8	0.10	0.93	0.28
4-08-0041	米糠	87.0	12.8	16.5	5.7	44.5	7.5	22.9	13.4	27.4	0.07	1.43	0.20
4-10-0025	米糠饼	88.0	14.7	9.0	7.4	48.2	8.7	27.7	11.6	30.2	0.14	1.69	0.24
4-10-0018	米糠粕	87.0	15.1	2.0	7.5	53.6	8.8	23.3	10.9	—	0.15	1.82	0.25
5-09-0127	大豆	87.0	35.5	17.3	4.3	25.7	4.2	7.9	7.3	2.6	0.27	0.48	0.14
5-09-0128	全脂大豆	88.0	35.5	18.7	4.6	25.2	4.0	11.0	6.4	6.7	0.32	0.40	0.14
5-10-0241	大豆饼	89.0	41.8	5.8	4.8	30.7	5.9	18.1	15.5	3.6	0.31	0.50	0.17
5-10-0103	大豆粕	89.0	47.9	1.5	3.3	29.7	4.9	8.8	5.3	1.8	0.34	0.65	0.22
5-10-0102	大豆粕	89.0	44.2	1.9	5.9	28.3	6.1	13.6	9.6	3.5	0.33	0.62	0.21
5-10-0118	棉籽饼	88.0	36.3	7.4	12.5	26.1	5.7	32.1	22.9	3.0	0.21	0.83	0.28

续表

中国饲料号 CFN	饲料名称	干物质/%	粗蛋白/%	粗脂肪/%	粗纤维/%	无氮浸出物/%	粗灰分/%	中性洗涤纤维/%	酸性洗涤纤维/%	淀粉/%	钙/%	总磷/%	有效磷/%
5-10-0119	棉籽粕	90.0	47.0	0.5	10.2	26.3	6.0	22.5	15.3	1.5	0.25	1.10	0.38
5-10-0117	棉籽粕	90.0	43.5	0.5	10.5	28.9	6.6	28.4	19.4	1.8	0.28	1.04	0.36
5-10-0220	棉籽蛋白	92.0	51.1	1.0	6.9	27.3	5.7	20.0	13.7	—	0.29	0.89	0.29
5-10-0183	菜籽饼	88.0	35.7	7.4	11.4	26.3	7.2	33.3	26.0	3.8	0.59	0.96	0.33
5-10-0121	菜籽粕	88.0	38.6	1.4	11.8	28.9	7.3	20.7	16.8	6.1	0.65	1.02	0.35
5-10-0116	花生仁饼	88.0	44.7	7.2	5.9	25.1	5.1	14.0	8.7	6.6	0.25	0.56	0.16
5-10-0115	花生仁粕	88.0	47.8	1.4	6.2	27.2	5.4	15.5	11.7	6.7	0.27	0.56	0.17
1-10-0031	向日葵仁饼	88.0	29.0	2.9	20.4	31.0	4.7	41.4	29.6	2.0	0.24	0.87	0.22
5-10-0242	向日葵仁粕	88.0	36.5	1.0	10.5	34.4	5.6	14.9	13.6	6.2	0.27	1.13	0.29
5-10-0243	向日葵仁粕	88.0	33.6	1.0	14.8	38.8	5.3	32.8	23.5	4.4	0.26	1.03	0.26
5-10-0119	亚麻仁饼	88.0	32.2	7.8	7.8	34.0	6.2	29.7	27.1	11.4	0.39	0.88	—
5-10-0120	亚麻仁粕	88.0	34.8	1.8	8.2	36.6	6.6	21.6	14.4	13.0	0.42	0.95	—
5-10-0246	芝麻饼	92.0	39.2	10.3	7.2	24.9	10.4	18.0	13.2	1.8	2.24	1.19	0.22
5-11-0001	玉米蛋白	90.1	63.5	5.4	1.0	19.2	1.0	8.7	4.6	17.2	0.07	0.44	0.16

续表

中国饲料号 CFN	饲料名称	干物质 /%	粗蛋白 /%	粗脂肪 /%	粗纤维 /%	无氮浸出物 /%	粗灰分 /%	中性洗涤纤维 /%	酸性洗涤纤维 /%	淀粉 /%	钙 /%	总磷 /%	有效磷 /%
5-11-0002	玉米蛋白粉	91.2	51.3	7.8	2.1	28.0	2.0	10.1	7.5	—	0.06	0.42	0.15
5-11-0008	玉米蛋白粉	89.9	44.3	6.0	1.6	37.1	0.9	29.1	8.2	—	0.12	0.50	0.31
5-11-0003	玉米蛋白	88.0	19.3	7.5	7.8	48.0	5.4	33.6	10.5	21.5	0.15	0.70	0.17
4-10-0026	玉米胚芽	90.0	16.7	9.6	6.3	50.8	6.6	28.5	7.4	13.5	0.04	0.50	0.15
4-10-0244	玉米胚芽粕	90.0	20.8	2.0	6.5	54.8	5.9	38.2	10.7	14.2	0.06	0.50	0.15
5-11-0007	DDGS	89.2	27.5	10.1	6.6	39.9	5.1	27.6	12.2	26.7	0.05	0.71	0.48
5-11-0009	蚕豆粉浆蛋白粉	88.0	66.3	4.7	4.1	10.3	2.6	13.7	9.7	—		0.59	0.18
5-11-0004	麦芽根	89.7	28.3	1.4	12.5	41.4	6.1	40.0	15.1	7.2	0.22	0.73	—
5-13-0044	鱼粉(CP 67%)	92.4	67.0	8.4	0.2	0.4	16.4				4.56	2.88	2.88
5-13-0046	鱼粉(CP 60.2%)	90.0	60.2	4.9	0.51	1.6	12.8				4.04	2.90	2.90
5-13-0077	鱼粉(CP 53.5%)	90.0	53.5	10.0	0.8	4.9	20.8				5.88	3.20	3.20
5-13-0036	血粉	88.0	82.8	0.4		1.6	3.2				0.29	0.31	0.31
5-13-0037	羽毛粉	88.0	77.9	2.2	0.7	1.4	5.8				0.20	0.68	0.68
5-13-0038	皮革粉	88.0	74.7	0.8	1.6	0.01	0.9				4.40	0.15	0.15

续表

中国饲料号 CFN	饲料名称	干物质/%	粗蛋白/%	粗脂肪/%	粗纤维/%	无氮浸出物/%	粗灰分/%	中性洗涤纤维/%	酸性洗涤纤维/%	淀粉/%	钙/%	总磷/%	有效磷/%
5-13-0047	肉骨粉	93.0	50.0	8.5	2.8		31.7	32.5	5.6		9.20	4.70	4.70
5-13-0048	肉粉	94.0	54.0	12.0	1.4	4.3	22.3	31.6	8.3		7.69	3.88	3.88
1-05-0074	苜蓿草粉(CP 19%)	87.0	19.1	2.3	22.7	35.3	7.6	36.7	25.0	6.1	1.40	0.51	0.51
1-05-0075	苜蓿草粉(CP 17%)	87.0	17.2	2.6	25.6	33.3	8.3	39.0	28.6	3.4	1.52	0.22	0.22
1-05-0076	苜蓿草粉(CP 14%～15%)	87.0	14.3	2.1	29.8	33.8	10.1	36.8	2.9	3.5	1.34	0.19	0.19
5-11-0005	啤酒糟	88.0	24.3	5.3	13.4	40.8	4.2	39.4	24.6	11.5	0.32	0.42	0.14
7-15-0001	啤酒酵母	91.7	52.4	0.4	0.6	33.6	4.7	6.1	1.8	1.0	0.16	1.02	0.46
4-13-0075	乳清粉	94.0	12.0	0.7		71.6	9.7				0.87	0.79	0.79
5-01-0162	酪蛋白	91.0	84.4	0.6		2.4	3.6				0.36	0.32	0.32
5-14-0503	明胶	90.0	88.6	0.5		0.6	0.3				0.49		
4-06-0076	牛奶乳糖	96.0	3.5	0.5		82.0	10.0				0.52	0.62	0.62
4-06-0077	乳糖	96.0	0.3			95.7							
4-06-0078	葡萄糖	90.0	0.3			89.7							
4-06-0079	蔗糖	99.0				98.5	0.5				0.04	0.01	0.01

续表

中国饲料号 CFN	饲料名称	干物质 /%	粗蛋白 /%	粗脂肪 /%	粗纤维 /%	无氮浸出物 /%	粗灰分 /%	中性洗涤纤维 /%	酸性洗涤纤维 /%	淀粉 /%	钙 /%	总磷 /%	有效磷 /%
4-02-0889	玉米淀粉	99.0	0.3	0.2		98.5				98.0		0.03	0.01
4-17-0001	牛脂	99.0		98.0		0.5	0.5						
4-17-0002	猪油	99.0		98.0		0.5	0.5						
4-17-0003	家禽脂肪	99.0		98.0		0.5	0.5						
4-17-0004	鱼油	99.0		98.0		0.5	0.5						
4-17-0005	菜籽油	99.0		98.0		0.5	0.5						
4-17-0006	椰子油	99.0		98.0		0.5	0.5						
4-17-0007	玉米油	99.0		98.0		0.5	0.5						
4-17-0008	棉籽油	99.0		98.0		0.5	0.5						
4-17-0009	棕榈油	99.0		98.0		0.5	0.5						
4-17-0010	花生油	99.0		98.0		0.5	0.5						
4-17-0011	芝麻油	99.0		98.0		0.5	0.5						
4-17-0012	大豆油	99.0		98.0		0.5	0.5						
4-17-0013	葵花油	99.0		98.0		0.5	0.5						

附表 2-3　饲料中有效能值

中国饲料号	饲料名称	猪消化能		猪代谢能		猪净能	
		兆卡	兆焦	兆卡	兆焦	兆卡	兆焦
4-07-0278	玉米	3.44	14.39	3.24	13.57	2.67	11.18
4-07-0288	玉米	3.45	14.43	3.25	13.6	2.72	11.37
4-07-0279	玉米	3.41	14.27	3.21	13.43	2.70	11.30
4-07-0280	玉米	3.39	14.18	3.20	13.9	2.68	11.21
4-07-0272	高粱	3.15	13.18	2.97	12.43	2.47	10.34
4-07-0270	小麦	3.39	14.18	3.16	13.22	2.52	10.56
4-07-0274	大麦(裸)	3.24	13.56	3.03	12.68	2.43	10.15
4-07-0277	大麦(皮)	3.02	12.64	2.83	11.84	2.25	9.42
4-07-0281	黑麦	3.31	13.85	3.10	12.97	2.51	10.50
4-07-0273	稻谷	2.69	11.25	2.54	10.63	1.94	8.10
4-07-0276	糙米	3.44	14.39	3.24	13.57	2.57	10.77
4-07-0275	碎米	3.60	15.06	3.38	14.14	2.73	11.41
4-07-0479	粟(谷子)	3.09	12.93	2.91	12.18	2.32	9.71
4-04-0067	木薯干	3.13	13.10	2.97	12.43	2.51	10.50
4-04-0068	甘薯干	2.82	11.80	2.68	11.21	2.26	9.46
4-08-0104	次粉	3.27	13.68	3.04	12.72	2.33	9.76
4-08-0105	次粉	3.21	13.43	2.99	12.51	2.24	9.37
4-08-0069	小麦麸	2.24	9.37	2.08	8.70	1.47	6.15
4-08-0070	小麦麸	2.23	9.33	2.07	8.66	1.47	6.15
4-08-0041	米糠	3.02	12.64	2.82	11.80	2.30	9.63
4-10-0025	米糠饼	2.99	12.51	2.78	11.63	2.16	9.02
4-10-0018	米糠粕	2.76	11.55	2.57	10.75	1.98	8.31
5-09-0127	大豆	3.97	16.61	3.53	14.77	2.67	11.17
5-09-0128	全脂大豆	4.24	17.74	3.77	15.77	2.92	12.20
5-10-0241	大豆饼	3.44	14.39	3.01	12.50	1.95	8.17
5-10-0103	大豆粕	3.60	15.06	3.11	13.01	2.01	8.43
5-10-0102	大豆粕	3.37	14.26	2.97	12.43	1.87	7.81
5-10-0118	棉籽饼	2.37	9.92	2.10	8.79	1.21	5.06
5-10-0119	棉籽粕	2.25	9.41	1.95	8.28	0.97	4.05

续表

中国饲料号	饲料名称	猪消化能		猪代谢能		猪净能	
		兆卡	兆焦	兆卡	兆焦	兆卡	兆焦
5-10-0117	棉籽粕	2.31	9.68	2.01	8.43	1.01	4.22
5-10-0220	棉籽蛋白	2.45	10.25	2.13	8.91	1.35	5.63
5-10-0183	菜籽饼	2.88	12.05	2.56	10.71	1.54	6.47
5-10-0121	菜籽粕	2.53	10.59	2.23	9.33	1.26	5.29
5-10-0116	花生仁饼	3.08	12.89	2.68	11.21	1.77	7.43
5-10-0115	花生仁粕	2.97	12.43	2.56	10.71	1.55	6.41
1-10-0031	向日葵仁饼	1.89	7.91	1.70	7.11	0.79	3.32
5-10-0242	向日葵仁粕	2.78	11.63	2.46	10.29	1.48	6.22
5-10-0243	向日葵仁粕	2.49	10.42	2.22	9.29	1.21	5.04
5-10-0119	亚麻仁饼	2.90	12.13	2.60	10.88	1.65	6.84
5-10-0120	亚麻仁粕	2.37	9.92	2.11	8.83	1.26	5.27
5-10-0246	芝麻饼	3.20	13.39	2.82	11.80	1.92	8.02
5-11-0001	玉米蛋白粉	3.60	15.06	3.00	12.55	2.02	8.46
5-11-0002	玉米蛋白粉	3.73	15.61	3.19	13.35	2.24	9.36
5-11-0008	玉米蛋白粉	3.59	15.02	3.13	13.10	2.13	8.92
5-11-0003	玉米蛋白饲料	2.48	10.38	2.28	9.54	1.68	7.06
4-10-0026	玉米胚芽	3.51	14.69	3.25	13.60	2.46	10.29
4-10-0244	玉米胚芽粕	3.28	13.72	3.01	12.59	2.09	8.76
5-11-0007	DDGS	3.43	14.35	3.10	12.97	2.32	9.74
5-11-0009	蚕豆粉浆蛋白粉	3.23	13.51	2.69	11.25	1.93	8.10
5-11-0004	麦芽根	2.31	9.67	2.09	8.74	1.25	5.22
5-13-0044	鱼粉(CP 67%)	3.22	13.47	2.67	11.16	1.74	7.28
5-13-0046	鱼粉(CP 60.2%)	3.00	12.55	2.52	10.54	1.5	6.61
5-13-0077	鱼粉(CP 53.5%)	3.09	12.93	2.63	11.00	1.80	7.54
5-13-0036	血粉	2.73	11.42	2.16	9.04	1.06	4.44
5-13-0037	羽毛粉	2.77	11.59	2.22	9.29	1.17	7.91
5-13-0038	皮革粉	2.75	11.51	2.23	9.33	1.16	4.88
5-13-0047	肉骨粉	2.83	11.84	2.43	10.17	1.59	6.64
5-13-0048	肉粉	2.70	11.30	2.30	9.62	1.49	6.25

续表

中国饲料号	饲料名称	猪消化能		猪代谢能		猪净能	
		兆卡	兆焦	兆卡	兆焦	兆卡	兆焦
1-05-0074	苜蓿草粉(CP 19%)	1.66	6.95	1.53	6.40	0.79	3.30
1-05-0075	苜蓿草粉(CP 17%)	1.46	6.11	1.35	5.65	0.62	2.61
1-05-0076	苜蓿草粉(CP 14%~15%)	1.49	6.23	1.39	5.82	0.92	3.86
5-11-0005	啤酒糟	2.25	9.41	2.05	8.58	1.24	5.19
7-15-0001	啤酒酵母	3.54	14.81	3.02	12.64	1.95	8.17
4-13-0075	乳清粉	3.44	14.39	3.22	13.47	2.78	11.66
5-01-0162	酪蛋白	4.13	17.27	3.22	13.47	2.55	10.67
5-14-0503	明胶	2.80	11.72	2.19	9.16	2.51	10.54
4-06-0076	牛奶乳糖	3.37	14.10	3.21	13.43	2.33	9.77
4-06-0077	乳糖	3.53	14.77	3.39	14.18	2.47	10.33
4-06-0078	葡萄糖	3.36	14.06	3.22	13.47	2.35	9.83
4-06-0079	蔗糖	3.80	15.90	3.65	15.27	2.66	11.13
4-02-0889	玉米淀粉	4.00	16.74	3.84	16.07	3.28	13.72
4-17-0001	牛脂	8.00	33.47	7.68	32.13	7.19	30.01
4-17-0002	猪油	8.29	34.69	7.96	33.30	7.39	30.94
4-17-0003	家禽脂肪	8.52	35.65	8.18	34.23	7.55	31.62
4-17-0004	鱼油	8.44	35.31	8.10	33.89	7.50	31.38
4-17-0005	菜籽油	8.76	36.65	8.41	35.19	7.72	32.32
4-17-0006	椰子油	8.75	36.61	8.40	35.15	7.71	32.29
4-17-0007	玉米油	8.40	35.11	8.06	33.69	7.47	31.27
4-17-0008	棉籽油	8.60	35.98	8.26	34.43	7.61	31.86
4-17-0009	棕榈油	8.01	33.51	7.69	32.17	7.20	30.30
4-17-0010	花生油	8.73	36.53	8.38	35.06	7.70	32.24
4-17-0011	芝麻油	8.75	36.61	8.40	35.15	7.72	32.30
4-17-0012	大豆油	8.75	36.61	8.40	35	7.72	32.23
4-17-0013	葵花油	8.76	36.65	8.41	35.19	7.73	32.32

附表 2-4　饲料中氨基酸含量

单位：%

中国饲料号 CFN	饲料名称	精氨酸	组氨酸	异亮氨酸	亮氨酸	赖氨酸	蛋氨酸	胱氨酸	苯丙氨酸	酪氨酸	苏氨酸	色氨酸	缬氨酸
4-07-0278	玉米	0.38	0.23	0.26	1.03	0.26	0.19	0.22	0.43	0.34	0.31	0.08	0.40
4-07-0288	玉米	0.50	0.29	0.27	0.74	0.36	0.15	0.18	0.37	0.28	0.30	0.08	0.46
4-07-0279	玉米	0.39	0.21	0.25	0.93	0.24	0.18	0.20	0.41	0.33	0.30	0.07	0.38
4-07-0280	玉米	0.37	0.20	0.24	0.93	0.23	0.15	0.15	0.38	0.31	0.29	0.06	0.35
4-07-0272	高粱	0.33	0.18	0.35	1.08	0.18	0.17	0.12	0.43	0.32	0.26	0.08	0.44
4-07-0270	小麦	0.62	0.30	0.46	0.89	0.35	0.21	0.30	0.61	0.37	0.38	0.15	0.56
4-07-0274	大麦(裸)	0.64	0.16	0.43	0.87	0.44	0.14	0.25	0.68	0.40	0.43	0.16	0.63
4-07-0277	大麦(皮)	0.65	0.24	0.52	0.91	0.42	0.18	0.18	0.59	0.35	0.41	0.12	0.64
4-07-0281	黑麦	0.48	0.22	0.30	0.58	0.35	0.15	0.21	0.42	0.26	0.31	0.10	0.43
4-07-0273	稻谷	0.57	0.15	0.32	0.58	0.29	0.19	0.16	0.40	0.37	0.25	0.10	0.47
4-07-0276	糙米	0.65	0.17	0.30	0.61	0.32	0.20	0.14	0.35	0.31	0.28	0.12	0.49
4-07-0275	碎米	0.78	0.27	0.39	0.74	0.42	0.22	0.17	0.49	0.39	0.38	0.12	0.57
4-07-0479	粟(谷子)	0.30	0.20	0.36	1.15	0.15	0.25	0.20	0.49	0.26	0.35	0.17	0.42
4-04-0067	木薯干	0.40	0.05	0.11	0.15	0.13	0.05	0.04	0.10	0.04	0.10	0.03	0.13
4-04-0068	甘薯干	0.16	0.08	0.17	0.26	0.16	0.06	0.08	0.19	0.13	0.18	0.05	0.27
4-08-0104	次粉	0.86	0.41	0.55	1.06	0.59	0.23	0.37	0.66	0.46	0.50	0.21	0.72
4-08-0105	次粉	0.85	0.33	0.48	0.98	0.52	0.16	0.33	0.63	0.45	0.50	0.18	0.68

续表

中国饲料号 CFN	饲料名称	精氨酸	组氨酸	异亮氨酸	亮氨酸	赖氨酸	蛋氨酸	胱氨酸	苯丙氨酸	酪氨酸	苏氨酸	色氨酸	缬氨酸
4-08-0069	小麦麸	1.00	0.41	0.51	0.96	0.63	0.23	0.32	0.62	0.43	0.50	0.25	0.71
4-08-0070	小麦麸	0.88	0.37	0.46	0.88	0.56	0.22	0.31	0.57	0.34	0.45	0.18	0.65
4-08-0041	米糠	1.06	0.39	0.63	1.00	0.74	0.25	0.19	0.63	0.50	0.48	0.14	0.81
4-10-0025	米糠饼	1.19	0.43	0.72	1.06	0.66	0.26	0.30	0.76	0.51	0.53	0.15	0.99
4-10-0018	米糠粕	1.28	0.46	0.78	1.30	0.72	0.28	0.32	0.82	0.55	0.57	0.17	1.07
5-09-0127	大豆	2.57	0.59	1.28	2.72	2.20	0.56	0.70	1.42	0.64	1.41	0.45	1.50
5-09-0128	全脂大豆	2.62	0.95	1.63	2.64	2.20	0.53	0.57	1.77	1.25	1.43	0.45	1.69
5-10-0241	大豆饼	2.53	1.10	1.57	2.75	2.43	0.60	0.62	1.79	1.53	1.44	0.64	1.70
5-10-0103	大豆粕	3.43	1.22	2.10	3.57	2.99	0.68	0.73	2.33	1.57	1.85	0.65	2.26
5-10-0102	大豆粕	3.38	1.17	1.99	3.35	2.68	0.59	0.65	2.21	1.47	1.71	0.57	2.09
5-10-0118	棉籽饼	3.94	0.90	1.16	2.07	1.40	0.41	0.70	1.88	0.95	1.14	0.39	1.51
5-10-0119	棉籽粕	5.44	1.28	1.41	2.60	2.13	0.65	0.75	2.47	1.46	1.43	0.57	1.98
5-10-0117	棉籽粕	4.65	1.19	1.29	2.47	1.97	0.58	0.68	2.28	1.05	1.25	0.51	1.91
5-10-0220	棉籽蛋白	6.08	1.58	1.72	3.13	2.26	0.86	1.04	2.94	1.42	1.60		2.48
5-10-0183	菜籽饼	1.82	0.83	1.24	2.26	1.33	0.60	0.82	1.35	0.92	1.40	0.42	1.62
5-10-0121	菜籽粕	1.83	0.86	1.29	2.34	1.30	0.63	0.87	1.45	0.97	1.49	0.43	1.74
5-10-0116	花生仁饼	4.60	0.83	1.18	2.36	1.32	0.39	0.38	1.81	1.31	1.05	0.42	1.28

续表

中国饲料号 CFN	饲料名称	精氨酸	组氨酸	异亮氨酸	亮氨酸	赖氨酸	蛋氨酸	胱氨酸	苯丙氨酸	酪氨酸	苏氨酸	色氨酸	缬氨酸
5-10-0115	花生仁粕	4.38	0.88	1.25	2.50	1.40	0.41	0.40	1.92	1.39	1.11	0.45	1.36
1-10-0031	向日葵仁饼	2.44	0.62	1.19	1.76	0.96	0.59	0.43	1.21	0.77	0.98	0.28	1.35
5-10-0242	向日葵仁粕	3.17	0.81	1.51	2.25	1.22	0.72	0.62	1.56	0.99	1.25	0.47	1.72
5-10-0243	向日葵仁粕	2.89	0.74	1.39	2.07	1.13	0.69	0.50	1.43	0.91	1.14	0.37	1.58
5-10-0119	亚麻仁饼	2.35	0.51	1.15	1.62	0.73	0.46	0.48	1.32	0.50	1.00	0.48	1.44
5-10-0120	亚麻仁粕	3.59	0.64	1.33	1.85	1.16	0.55	0.55	1.51	0.93	1.10	0.70	1.51
5-10-0246	芝麻饼	2.38	0.81	1.42	2.52	0.82	0.82	0.75	1.68	1.02	1.29	0.49	1.84
5-11-0001	玉米蛋白	2.01	1.23	2.92	10.50	1.10	1.60	0.99	3.94	3.19	2.11	0.36	2.94
5-11-0002	玉米蛋白粉	1.48	0.89	1.75	7.87	0.92	1.14	0.76	2.83	2.25	1.59	0.31	2.05
5-11-0008	玉米蛋白粉	1.31	0.78	1.63	7.08	0.71	1.04	0.65	2.61	2.03	1.38		1.84
5-11-0003	玉米蛋白饲料	0.77	0.56	0.62	1.82	0.63	0.29	0.33	0.70	0.50	0.68	0.14	0.93
4-10-0026	玉米胚芽	1.16	0.45	0.53	1.25	0.70	0.31	0.47	0.64	0.54	0.64	0.16	0.91
4-10-0244	玉米胚芽粕	1.51	0.62	0.77	1.54	0.75	0.21	0.28	0.93	0.66	0.68	0.18	1.66
5-11-0007	DDGS	1.23	0.75	1.06	3.21	0.87	0.56	0.57	1.40	1.09	1.04	0.22	1.41
5-11-0009	蚕豆粉浆蛋白粉	5.96	1.66	2.90	5.88	4.44	0.60	0.57	3.34	2.21	2.31		3.20
5-11-0004	麦芽根	1.22	0.54	1.08	1.58	1.30	0.37	0.26	0.85	0.67	0.96	0.42	1.44

续表

中国饲料号CFN	饲料名称	精氨酸	组氨酸	异亮氨酸	亮氨酸	赖氨酸	蛋氨酸	胱氨酸	苯丙氨酸	酪氨酸	苏氨酸	色氨酸	缬氨酸
5-13-0044	鱼粉(CP 67%)	3.93	2.01	2.61	4.94	4.97	1.86	0.60	2.61	1.97	2.74	0.77	3.11
5-13-0046	鱼粉(CP 60.2%)	3.57	1.71	2.68	4.80	4.72	1.64	0.52	2.35	1.96	2.57	0.70	3.17
5-13-0077	鱼粉(CP 53.5%)	3.24	1.29	2.30	4.30	3.87	1.39	0.49	2.22	1.70	2.51	0.60	2.77
5-13-0036	血粉	2.99	4.40	0.75	8.38	6.67	0.74	0.98	5.23	2.55	2.86	1.11	6.08
5-13-0037	羽毛粉	5.30	0.58	4.21	6.78	1.65	0.59	2.93	3.57	1.79	3.51	0.40	6.05
5-13-0038	皮革粉	4.45	0.40	1.06	2.53	2.18	0.80	0.16	1.56	0.63	0.71	0.50	1.91
5-13-0047	肉骨粉	3.35	0.96	1.70	3.20	2.60	0.67	0.33	1.70	1.26	1.63	0.26	2.25
5-13-0048	肉粉	3.60	1.14	1.60	3.84	3.07	0.80	0.60	2.17	1.40	1.97	0.35	2.66
1-05-0074	苜蓿草粉(CP 19%)	0.78	0.39	0.68	1.20	0.82	0.21	0.22	0.82	0.58	0.74	0.43	0.91
1-05-0075	苜蓿草粉(CP 17%)	0.74	0.32	0.66	1.10	0.81	0.20	0.16	0.81	0.54	0.69	0.37	0.85
1-05-0076	苜蓿草粉(CP 14%～15%)	0.61	0.19	0.58	1.00	0.60	0.18	0.15	0.59	0.38	0.45	0.24	0.58
5-11-0005	啤酒糟	0.98	0.51	1.18	1.08	0.72	0.52	0.35	2.35	1.17	0.81	0.28	1.66
7-15-0001	啤酒酵母	2.67	1.11	2.85	4.76	3.38	0.83	0.50	4.07	0.12	2.33	0.21	3.40
4-13-0075	乳清粉	0.40	0.20	0.90	1.20	1.10	0.20	0.30	0.40	0.21	0.80	0.20	0.70
5-01-0162	酪蛋白	3.10	2.68	4.43	8.36	6.99	2.57	0.39	4.56	4.54	3.79	1.08	5.80
5-14-0503	明胶	6.60	0.66	1.42	2.91	3.62	0.76	0.12	1.74	0.43	1.82	0.05	2.26
4-06-0076	牛奶乳糖	0.25	0.09	0.09	0.16	0.14	0.03	0.04	0.09	0.02	0.09	0.09	0.09

附表 2-5　矿物质含量

中国饲料号 CFN	饲料名称	钠 /%	氯 /(毫克/千克)	镁 /(毫克/千克)	钾 /%	铁 /(毫克/千克)	铜 /(毫克/千克)	锰 /(毫克/千克)	锌 /(毫克/千克)	硒 /(毫克/千克)
4-07-0278	玉米	0.01	0.04	0.11	0.29	36	3.4	5.8	21.1	0.04
4-07-0272	高粱	0.03	0.09	0.15	0.34	87	7.6	17.1	20.1	0.05
4-07-0270	小麦	0.06	0.07	0.11	0.50	88	7.9	45.6	29.7	0.05
4-07-0274	大麦(裸)	0.04		0.11	0.60	100	7.0	18.0	30.0	0.14
4-07-0277	大麦(皮)	0.02	0.15	0.15	0.56	87	5.6	17.5	23.6	0.06
4-07-0281	黑麦	0.02	0.04	0.12	0.42	117	7.0	53.0	35.0	0.40
4-07-0273	稻谷	0.04	0.07	0.07	0.34	40	3.5	20.0	8.0	0.04
4-07-0276	糙米	0.04	0.06	0.14	0.34	78	3.3	21.0	10.0	0.07
4-07-0275	碎米	0.07	0.08	0.11	0.13	62	8.8	47.5	36.4	0.06
4-07-0479	粟(谷子)	0.04	0.14	0.1	0.43	270	24.5	22.5	15.9	0.08
4-04-0067	木薯干	0.03		0.11	0.78	150	4.2	6.0	14.0	0.04
4-04-0068	甘薯干	0.06		0.18	0.36	107	6.1	10.0	9.0	0.07
4-08-0104	次粉	0.60	0.04	0.41	0.60	140	11.6	94.2	73.0	0.07
4-08-0105	次粉	0.60	0.04	0.41	0.60	140	11.6	94.2	73.0	0.07
4-08-0069	小麦麸	0.07	0.07	0.52	1.19	170	13.8	104.3	96.5	0.07

续表

中国饲料号CFN	饲料名称	钠/%	氯/(毫克/千克)	镁/(毫克/千克)	钾/%	铁/(毫克/千克)	铜/(毫克/千克)	锰/(毫克/千克)	锌/(毫克/千克)	硒/(毫克/千克)
4-08-0070	小麦麸	0.07	0.07	0.47	1.19	137	16.5	80.6	104.7	0.05
4-08-0041	米糠	0.07	0.07	0.9	1.73	304	7.1	175.9	50.3	0.09
4-10-0025	米糠饼	0.08		1.26	1.8	400	8.7	211.6	56.4	0.09
4-10-0018	米糠粕	0.09	0.1		1.8	432	9.4	228.4	60.9	0.1
5-09-0127	大豆	0.02	0.03	0.28	1.7	111	18.1	21.5	40.7	0.06
5-09-0128	全脂大豆	0.02	0.03	0.28	1.7	111	18.1	21.5	40.7	0.06
5-10-0241	大豆饼	0.02	0.02	0.25	1.77	187	19.8	32	43.4	0.04
5-10-0103	大豆粕	0.03	0.05	0.28	2.05	185	24	38.2	46.4	0.1
5-10-0102	大豆粕	0.03	0.05	0.28	1.72	185	24	28	46.4	0.06
5-10-0118	棉籽饼	0.04	0.14	0.52	1.2	266	11.6	17.8	44.9	0.11
5-10-0119	棉籽粕	0.04	0.04	0.4	1.16	263	14	18.7	55.5	0.15
5-10-0117	棉籽粕	0.04	0.04	0.4	1.16	263	14	18.7	55.5	0.15
5-10-0183	菜籽饼	0.02			1.34	687	7.2	78.1	59.2	0.29
5-10-0121	菜籽粕	0.09	0.11	0.51	1.4	653	7.1	82.2	67.5	0.16
5-10-0116	花生仁饼	0.04	0.03	0.33	1.14	347	23.7	36.7	52.5	0.06
5-10-0115	花生仁粕	0.07	0.03	0.31	1.23	368	25.1	38.9	55.7	0.06

续表

中国饲料号 CFN	饲料名称	钠 /%	氯 /(毫克/千克)	镁 /(毫克/千克)	钾 /%	铁 /(毫克/千克)	铜 /(毫克/千克)	锰 /(毫克/千克)	锌 /(毫克/千克)	硒 /(毫克/千克)
1-10-0031	向日葵仁饼	0.02	0.01	0.75	1.17	424	45.6	41.5	62.1	0.09
5-10-0242	向日葵仁粕	0.20	0.01	0.75	1.00	226	32.8	34.5	82.7	0.06
5-10-0243	向日葵仁粕	0.20	0.10	0.68	1.23	310	35.0	35.0	80.0	0.08
5-10-0119	亚麻仁饼	0.09	0.04	0.58	1.25	204	27	40.3	36	0.18
5-10-0120	亚麻仁粕	0.14	0.05	0.56	1.38	219	25.5	43.3	38.7	0.18
5-10-0246	芝麻饼	0.04	0.05	0.5	1.39	1780	50.4	32	2.4	0.21
5-11-0001	玉米蛋白粉	0.01	0.05	0.08	0.3	230	1.9	5.9	19.2	0.02
5-11-0002	玉米蛋白粉	0.02			0.35	332	10	78	49	
5-11-0008	玉米蛋白粉	0.02	0.08	0.05	0.4	400	28	7		1
5-11-0003	玉米蛋白饲料	0.12	0.22	0.42	1.3	282	10.7	77.1	59.2	0.23
4-10-0026	玉米胚芽饼	0.01	0.12	0.1	0.3	99	12.8	19	108.1	
4-10-0244	玉米胚芽粕	0.01		0.16	0.69	214	7.7	23.3	123.6	0.33
5-11-0007	DDGS	0.24	0.17	0.91	0.28	98	5.4	15.2	5203	
5-11-0009	蚕豆粉浆蛋白粉	0.01			0.06		22	16		
5-11-0004	麦芽根	0.06	0.59	0.16	2.18	198	5.3	67.8	42.4	0.6
5-13-0044	鱼粉(CP 67%)	1.04	0.71	0.23	0.74	337	8.4	11	102	2.7

续表

中国饲料号 CFN	饲料名称	钠/%	氯/(毫克/千克)	镁/(毫克/千克)	钾/%	铁/(毫克/千克)	铜/(毫克/千克)	锰/(毫克/千克)	锌/(毫克/千克)	硒/(毫克/千克)
5-13-0046	鱼粉(CP 60.2%)	0.97	0.61	0.16	1.1	80	8	10	80	1.5
5-13-0077	鱼粉(CP 53.5%)	1.15	0.61	0.16	0.94	292	8	9.7	88	1.94
5-13-0036	血粉	0.31	0.27	0.16	0.9	2100	8	2.3	14	0.7
5-13-0037	羽毛粉	0.31	0.26	0.2	0.18	73	6.8	8.8	89.8	0.8
5-13-0038	皮革粉					131	11.1	25.2	90	
5-13-0047	肉骨粉	0.73	0.75	1.13	1.4	500	1.5	10	94	0.25
5-13-0048	肉粉	0.8	0.97	0.35	0.57	440	10	30.7	17.1	0.37
1-05-0074	苜蓿草粉(CP 19%)	0.09	0.38	0.3	2.08	372	9.1	30.7	21	0.46
1-05-0075	苜蓿草粉(CP 17%)	0.17	0.46	0.36	2.4	361	9.7	33.2	22.6	0.46
1-05-0076	苜蓿草粉(CP 14%～15%)	0.11	0.46	0.36	2.22	437	9.1	35.6	104	0.48
5-11-0005	啤酒糟	0.25	0.12	0.19	0.08	274	20.1	22.3	86.7	0.41
7-15-0001	啤酒酵母	0.1	0.12	0.23	1.7	248	61	4.6	3	1
4-13-0075	乳清粉	2.11	0.14	0.13	1.81	160	43.1	3.6	27	0.06
5-01-0162	酪蛋白	0.01	0.04	0.01	0.01	13	3.6			0.15
5-14-0503	明胶			0.05						
4-06-0076	牛奶乳糖			0.15	2.4					

附表 2-6 维生素含量

中国饲料号	饲料名称	胡萝卜素/(毫克/千克)	维生素E/(毫克/千克)	维生素B_1/(毫克/千克)	维生素B_2/(毫克/千克)	泛酸/(毫克/千克)	烟酸/(毫克/千克)	生物素/(毫克/千克)	叶酸/(毫克/千克)	胆碱/(毫克/千克)	维生素B_6/(毫克/千克)	维生素B_{11}/(毫克/千克)	亚油酸/%
4-07-0278	玉米	2	22	3.5	1.1	5	24	0.06	0.15	620	10		2.2
4-07-0272	高粱		7	3	1.3	12.4	41	0.26	0.2	668	5.2		1.13
4-07-0270	小麦	0.4	13	4.6	1.3	11.9	51	0.11	0.36	1040	3.7		0.59
4-07-0274	大麦(裸)		48	4.1	1.4		87				19.3		
4-07-0277	大麦(皮)	4.1	20	4.5	1.8	8	55	0.15	0.07	990	4		0.83
4-07-0281	黑麦		15	3.6	1.5	8	16	0.06	0.6	440	2.6		0.76
4-07-0273	稻谷		16	3.1	1.2	3.7	34	0.08	0.45	900	28		0.28
4-07-0276	糙米		13.5	2.8	1.1	11	30	0.08	0.4	1014	0.04		
4-07-0275	碎米		14	1.4	0.7	8	30	0.08	0.2	800	28		
4-07-0479	粟(谷子)	1.2	36.3	6.6	1.6	7.4	53		15	790			0.84
4-04-0067	木薯干			1.7	0.8	1	3				1		0.1
4-08-0104	次粉	3	20	16.5	1.8	15.6	72	0.33	0.76	1187	9		1.74
4-08-0105	次粉	3	20	16.5	1.8	15.6	72	0.33	0.76	1187	9		1.74
4-08-0069	小麦麸	1	14	8	4.6	31		0.6	0.63	980	7		1.7
4-08-0070	小麦麸	1	14	8	4.6	31	186	0.36	0.63	980	7		1.7

续表

中国饲料号	饲料名称	胡萝卜素/(毫克/千克)	维生素E/(毫克/千克)	维生素B_1/(毫克/千克)	维生素B_2/(毫克/千克)	泛酸/(毫克/千克)	烟酸/(毫克/千克)	生物素/(毫克/千克)	叶酸/(毫克/千克)	胆碱/(毫克/千克)	维生素B_6/(毫克/千克)	维生素B_{11}/(毫克/千克)	亚油酸/%
4-08-0041	米糠		60	22.5	2.5	23	293	0.42	2.2	1135	14		3.57
4-10-0025	米糠饼		11	24	2.9	94.9	689	0.7	0.88	1700	54	40	
4-10-0018	米糠粕												
5-09-0127	大豆		40	12.3	2.9	17.4	24	0.42	2	3200	12	0	8
5-09-0128	全脂大豆		40	12.3	2.9	17.4	24	0.42	2	3200	12	0	8
5-10-0241	大豆饼		6.6	1.7	4.4	13.8	37	0.32	0.45	2673	10	0	
5-10-0103	大豆粕	0.2	3.1	4.6	3	16.4	30.7	0.33	0.81	2858	6.1	0	0.51
5-10-0102	大豆粕	0.2	3.1	4.6	3	16.4	30.7	0.33	0.81	2858	6.1	0	0.51
5-10-0118	棉籽饼	0.2	16	6.4	5.1	10	38	0.53	1.65	2753	5.3	0	2.47
5-10-0119	棉籽粕	0.2	15	7	5.5	12	40	0.3	2.51	2933	5.1	0	1.51
5-10-0117	棉籽粕	0.2	15	7	5.5	12	40	0.3	2.51	2933	5.1	0	1.51
5-10-0183	菜籽饼												
5-10-0121	菜籽粕		54	5.2	3.7	9.5	160	0.98	0.95	6700	7.2	0	0.42
5-10-0116	花生仁饼		3	7.1	5.2	47	166	0.33	0.4	1655	10	0	1.43
5-10-0115	花生仁粕		3	5.7	11	53	173	0.39	0.39	1854	10	0	0.24

续表

中国饲料号	饲料名称	胡萝卜素/(毫克/千克)	维生素E/(毫克/千克)	维生素B_1/(毫克/千克)	维生素B_2/(毫克/千克)	泛酸/(毫克/千克)	烟酸/(毫克/千克)	生物素/(毫克/千克)	叶酸/(毫克/千克)	胆碱/(毫克/千克)	维生素B_6/(毫克/千克)	维生素B_{11}/(毫克/千克)	亚油酸/%
1-10-0031	向日葵仁饼		0.9		18	4	86	1.4	0.4	800			
5-10-0242	向日葵仁粕		0.7	4.6	2.3	39	22	1.7	1.6	3260	17.2		
5-10-0243	向日葵仁粕			3	3	29.9	14	1.4	1.14	3100	11.1		0.98
5-10-0119	亚麻仁饼		7.7	2.6	4.1	16.5	37.4	0.36	2.9	1672	6.1		1.07
5-10-0120	亚麻仁粕	0.2	5.8	7.5	3.2	14.7	33	0.41	0.34	1512	6	200	0.36
5-10-0246	芝麻饼	0.2	0.3	2.8	3.6	6	30	2.4	—	1536	12.5	0	1.9
5-11-0001	玉米蛋白粉	44	25.5	0.3	2.2	3	55	0.15	0.2	330	6.9	20	1.17
5-11-0002	玉米蛋白粉												
5-11-0008	玉米蛋白粉	16	19.9	0.2	1.5	9.6	54.5	0.15	0.22	330			
5-11-0003	玉米蛋白饲料	8	14.8	2	2.4	17.8	75.5	0.22	0.28	1700	13	250	1.43
4-10-0026	玉米胚芽饼	2	87		3.7	3.3	42			1936			1.47
4-10-0244	玉米胚芽粕	2	80.8	1.1	4	4.4	37.7	0.22	0.2	2000			1.47
5-11-0007	DDGS	3.5		3.5	8.6	11	75	0.3	0.88	2637	2.28	10	2.15
5-11-0009	蚕豆粉浆蛋白粉		40										
5-11-0004	麦芽根		4.2	0.7	1.5	8.6	43.3		0.2	1548			0.46

续表

中国饲料号	饲料名称	胡萝卜素/(毫克/千克)	维生素E/(毫克/千克)	维生素B_1/(毫克/千克)	维生素B_2/(毫克/千克)	泛酸/(毫克/千克)	烟酸/(毫克/千克)	生物素/(毫克/千克)	叶酸/(毫克/千克)	胆碱/(毫克/千克)	维生素B_6/(毫克/千克)	维生素B_{11}/(毫克/千克)	亚油酸/%
5-13-0044	鱼粉(CP 67%)		5	2.8	5.8	9.3	82	1.3	0.9	5600	2.3	210	0.2
5-13-0046	鱼粉(CP 60.2%)		7	0.5	4.9	9	55	0.2	0.3	3056	4	104	0.12
5-13-0077	鱼粉(CP 53.5%)		5.6	0.4	8.8	8.8	65			3000		143	
5-13-0036	血粉		1	0.4	1.6	1.2	23	0.09	0.11	800	4.4	50	0.1
5-13-0037	羽毛粉		7.3	0.1	2	10	27	0.04	0.2	880	3	71	0.83
5-13-0047	肉骨粉		0.8	0.2	5.2	4.4	59.4	0.14	0.6	2000	4.6	100	0.72
5-13-0048	肉粉		1.2	0.6	4.7	5	57	0.08	0.5	2077	2.4	80	0.8
1-05-0074	苜蓿草粉(CP 19%)	94.69	144	5.8	15.5	34	40	0.35	4.36	1419	8		044
1-05-0075	苜蓿草粉(CP 17%)	94.6	125	3.4	13.6	29	38	0.3	4.2	1401	6.5		0.35
1-05-0076	苜蓿草粉(CP 14%～15%)	63	98	3	10.6	20.8	418	0.25	1.54	1548			
5-11-0005	啤酒糟	0.2	27	0.6	1.5	8.6	43	0.24	0.24	1723	0.7		2.94
7-15-0001	啤酒酵母		2.2	91.8	37	109	448	0.63	9.9	3984	42.8	999.9	0.04
4-13-0075	乳清粉		0.3	3.9	29.9	47	10	0.34	0.66	1500	4	20	0.01
5-01-0162	酪蛋白			0.4	1.5	2.7	1	0.04	0.51	205	0.4		

注：以上表中，“—”表现未测值；空格的数据代表为“0”。所有数值，无特别说明者，均表示为饲喂状态的含量数值。

三、猪饲养允许使用的药物及使用规定

附表 3-1 猪饲养允许使用的抗寄生虫和抗菌药物及使用规定

名称	制剂	用法与用量	休药期/天
抗寄生虫药			
阿苯达唑	片剂	内服,1次量,5～10毫克	
双甲脒	溶液	药浴、喷洒、涂搽,配成0.25%～0.05%溶液	
硫双二氯酚	片剂	内服,1次量,75～100毫克/千克体重	
非班太尔	片剂	内服,1次量,5毫克/千克体重	14
芬苯达唑	粉剂、片剂	内服,1次量,5～7.5毫克/千克体重	
氰戊菊酯	溶液	喷雾,加水以1:(1000～2000)倍稀释	
氟苯咪唑	预混剂	混饲,每1000千克饲料330克,连用5～10天	14
伊维菌素	注射液	皮下注射,1次量,0.3毫克/千克体重	18
	预混剂	混饲,每1000千克饲料,330克,连用7天	5
盐酸左旋咪唑	片剂	内服,1次量,7.5毫克/千克体重	3
	注射液	皮下、肌内注射,1次量,7.5毫克/千克体重	28
奥芬达唑	片剂	内服,1次量,4毫克/千克体重	
氧苯咪唑	片剂	内服,1次量,10毫克/千克体重	14
枸橼酸哌嗪	片剂	内服,1次量,0.25～0.38克/千克体重	21
磷酸哌嗪	片剂	内服,1次量,0.2～0.25克/千克体重	21
吡喹酮	片剂	内服,1次量,10～35毫克/千克体重	
盐酸噻咪唑	片剂	内服,1次量,10～15毫克/千克体重	3
抗菌药			
氨苄西林钠	注射用粉针	肌内、静脉注射,1次量10～20毫克/千克体重,2～3次/天,连用2～3天	
	注射液	皮下或肌内注射,1次量,5～7毫克/千克体重	15

续表

名称	制剂	用法与用量	休药期/天
抗菌药			
硫酸安普(阿普拉霉素)	预混剂	混饲,每1000千克饲料,80～100克,连用7天	21
	可溶性粉剂	混饮,每升水12.5毫克/千克体重,连用7天	21
阿美拉霉素	预混剂	混饲,每1000千克饲料,0～4月龄,20～40克;4～6月龄,10～20克	0
杆菌肽锌	预混剂	混饲,每1000千克饲料,4月龄以下,4～40克	0
杆菌肽锌、硫酸黏杆菌素	预混剂	混饲,每1000千克饲料,4月龄以下,2～20克,2月龄以下,2～40克	7
苄星青霉素	注射用粉针	肌内注射,1次量,3万～4万单位/千克体重	
青霉素钠(钾)	注射	肌内注射,1次量,2万～3万单位/千克体重	
硫酸小檗碱	注射液	肌内注射,1次量,50～100毫克	
头孢噻吩钠	注射用粉针	肌内注射,1次量,3～5毫克/千克体重,每日1次,连用3天	
硫酸黏杆菌素	预混剂	混饲,每1000千克饲料,仔猪2～20克	7
	可溶性粉剂	混饮,每升水40～200毫克	7
甲磺酸达氟沙星	注射液	肌内注射,1次量,1.25～2.5毫克/千克体重,1天1次,连用3天	25
越霉素A	预混剂	混饲,每1000千克饲料,5～10克	15
盐酸二氟沙星	注射液	肌内注射,1次量,5毫克/千克体重,1天2次,连用3天	45
盐酸多西环素	片剂	内服,1次量,3～5毫克,1天1次,连用3～5天	
恩诺沙星	注射液	肌内注射,1次量,2.5毫克/千克体重,1天1～2次,连用2～3天	10

续表

名称	制剂	用法与用量	休药期/天
抗菌药			
恩拉霉素	预混剂	混饲,每1000千克饲料,2.5～10克	
乳糖酸红霉素	注射用粉针	静脉注射,1次量,3～5毫克,1天2次,连用2～3天	
黄霉素	预混剂	混饲,每1000千克饲料,生长、育肥猪5克,仔猪10～25克	0
氟苯尼考	注射液	肌内注射,1次量,20毫克/千克体重,每隔48小时1次,连用2次	30
	粉剂	内服,20～30毫克/千克体重,1天2次,连用3～5天	30
氟甲喹	可溶性粉剂	内服,1次量,5～10毫克/千克体重,首次量加倍,1天2次,连用3～4天	
硫酸庆大霉素	注射液	肌内注射,1次量,2～4毫克/千克体重	40
硫酸庆大-小诺霉素	注射液	肌内注射,1次量,1～2毫克/千克体重,1天2次	
潮霉素B	预混剂	混饲,每1000千克饲料,10～13克,连用8周	15
硫酸卡那霉素	注射用粉针	肌内注射,1次量,10～15毫克,1天2次,连用2～3天	
北里霉素	片剂	内服,1次量,20～30毫克/千克体重,1天1～2次	
	预混剂	混饲,每1000千克饲料,防治:80～330克,促生长:5～55克	7
酒石酸北里霉素	可溶性粉剂	混饮,每升水100～200毫克,连用1～5天	7
盐酸林可霉素	片剂	内服,1次量,10～15毫克/千克体重,1天1～2次,连用3～5天	1
	注射液	肌内注射,1次量,10毫克/千克体重,1天2次,连用3～5天	2
	预混剂	混饲,每1000千克饲料,44～77克,连用7～21天	5

续表

名称	制剂	用法与用量	休药期/天
抗菌药			
盐酸林可霉素、硫酸壮观霉素	可溶性粉剂	混饮，每升水10毫克	5
	预混剂	混饲，每1000千克饲料，44克，连用7～21天	5
博落回	注射液	肌内注射，1次量，体重10千克以下，10～25毫克；体重10～50千克，25～50毫克，1天2～3次	
乙酰甲喹	片剂	内服，1次量，5～10毫克/千克体重	
硫酸新霉素	预混剂	混饲，每1000千克饲料，77～154克，连用3～5天	3
硫酸新霉素、甲溴东莨菪碱	溶液剂	内服，1次量，体重7千克以下，1毫升；体重7～10千克，2毫升	3
呋喃妥因	片剂	内服，1天量，12～15毫克/千克体重，分2～3次	
喹乙醇	预混剂	混饲，每1000千克饲料，1000～2000克，体重超过35千克的禁用	35
牛至油	溶液剂	内服，预防，2～3日龄，每头50毫克，8小时后重复给药1次。治疗，10千克以下每头50毫克；10千克以上，每头100毫克，用药后7～8小时腹泻仍未停止时，重复给药1次	
	预混剂	混饲，1000千克饲料，预防，1.25～1.75克；治疗，2.5～3.25克	
苯唑西林钠	注射用粉针	肌内注射，1次量，10～15毫克/千克体重每日2～3次，连用2～3天	
土霉素	片剂	口服，1次量，10～25毫克/千克体重，每日2～3次，连用3～5天	5
	注射液(长效)	肌内注射，1次量，10～20毫克/千克体重	
盐酸土霉素	注射用粉针	静脉注射，1次量，5～10毫克/千克体重，1天2次，连用2～3天	

续表

名称	制剂	用法与用量	休药期/天
抗菌药			
普鲁卡因青霉素	注射用粉针	肌内注射,1次量,2万~3万单位,1天1次,连用2~3天	6
	注射液	肌内注射,1次量,2万~3万单位,1天1次,连用2~3天	6
盐霉素钠	预混剂	混饲,每1000千克饲料,25~75克	5
盐酸沙拉沙星	注射液	肌内注射,1次量,2.5毫克/千克体重,1天2次,连用3~5天	
赛地卡霉素	预混剂	混饲,每1000千克饲料,75克,连用15天	
硫酸链霉素	注射用粉针	肌内注射,1次量,10~15毫克/千克体重,1天2次,连用2~3天	1
磺胺二甲嘧啶钠	注射液	静脉注射,1次量,50~100毫克/千克体重,1天1~2次,连用2~3天	
复方磺胺甲噁唑片	片剂	内服,1次量,首次量20~25毫克/千克体重(以磺胺甲噁唑计),1天2次,连用3~5天	
磺胺对甲氧嘧啶	片剂	内服,1次量,首次量50~100毫克,维持量25~50毫克,1天1~2次,连用3~5天	
磺胺对甲氧嘧啶、二甲氧苄胺嘧啶片	片剂	内服,1次量,20~50毫克/千克体重(以磺胺对甲氧嘧啶计),每12小时1次	
复方磺胺对甲氧嘧啶片	片剂	内服,1次量,20~25毫克(以磺胺对甲氧嘧啶计),1天1~2次,连用3~5天	
复方磺胺对甲氧嘧啶钠注射液	注射液	肌内注射,1次量,15~20毫克/千克体重(以磺胺对甲氧嘧啶钠计),1天1~2次,连用2~3天	
磺胺间甲氧嘧啶	片剂	内服,1次量,首次量50~100毫克,维持量25~50毫克,1天1~2次,连用3~5天	

续表

名称	制剂	用法与用量	休药期/天
抗菌药			
磺胺间甲氧嘧啶钠	注射液	静脉注射,1次量,50毫克/千克体重,1天1～2次,连用2～3天	
磺胺脒	片剂	内服,1次量,0.1～0.2克/千克体重,1天2次,连用3～5天	
磺胺嘧啶	片剂	内服,1次量,首次量0.1～0.28克/千克体重;维持量0.07～0.1克/千克体重,1天2次,连用3～5天	
	注射液	静脉注射,1次量,0.05～0.1克/千克体重,1天1～2次,连用2～3天	
复方磺胺嘧啶钠注射液	注射液	肌内注射,1次量,20～30毫克/千克体重(以磺胺嘧啶钠计),1天1～2次,连用2～3天	
复方磺胺嘧啶预混剂	预混剂	混饲,1次量,15～30毫克/千克体重,连用5天	5
磺胺噻唑	片剂	内服,1次量,首次量0.14～0.2克/千克体重,维持量0.07～0.18克/千克体重,1天2～3次,连用3～5天	
磺胺噻唑钠	注射液	静脉注射,1次量,0.05～0.1克/千克体重,1天2次,连用2～3天	
复方磺胺氯哒嗪钠粉	粉剂	内服,1次量,20毫克/千克体重(以磺胺氯哒嗪钠计),连用5～10天	3
盐酸四环素	注射用粉针	静脉注射,1次量,5～10毫克/千克体重,1天2次,连用2～3天	
甲砜霉素	片　剂	内服,1次量,5～10毫克/千克体重,1天2次,连用2～3天	
延胡索酸泰妙菌素	可溶性粉剂	混饮,每升水,45～60毫克,连用5天	7
	预混剂	混饲,每1000千克饲料,40～100克,连用5～10天	5
磷酸替米考星	预混剂	混饲,每1000千克饲料,400克,连用15天	14

续表

名称	制剂	用法与用量	休药期/天
抗菌药			
泰乐菌素	注射液	肌内注射,1次量,5～13毫克/千克体重,1天2次,连用7天	14
磷酸泰乐菌素	预混剂	混饲,每1000千克饲料,10～100克,连用5～7天	5
磷酸泰乐菌素、磺胺二甲嘧啶预混剂	预混剂	混饲,每1000千克饲料,200克(100克泰乐菌素+100克磺胺二甲嘧啶),连用5～7天	15
维吉尼亚霉素	预混剂	混饲,每1000千克饲料10～25克	1

附表3-2　猪常用注射药物和内服药物的休药期

药名	休药期/天	药名	休药期/天
常用注射药物		盐酸金霉素	5～10
硫酸双氢链霉素	30	潮霉素B	15
盐酸林可霉素水合物	2	磺胺噻唑钠	10
普鲁卡因青霉素G	14	酒石酸噻嘧啶	1
泰乐菌素(埋植)	14	泰乐菌素	4
氨苄青霉素三水合物	15	羟氨苄青霉素三水合物	15
红霉素碱	14	氨苄青霉素三水合物	1
苄鲁卡卤青霉素G	30	杆菌肽	0
氮哌酮	0	双氢链霉素	30
庆大霉素	40	红霉素	7
常用内服药物		二盐酸壮观霉素五水合物	21
对氨基苯胂酸或钠盐	5	金霉素、普鲁卡因青霉素和磺胺噻唑	7
盐酸左咪唑	3	庆大霉素	14
盐酸四环素	4	硫酸阿普拉霉素	28

续表

药名	休药期/天	药名	休药期/天
常用内服药物		林可霉素	6
磺胺二甲基嘧啶	15	土霉素	26
弗吉尼亚霉素	0	羟间硝苯胂酸	5
噻苯唑	30	链霉素、磺胺噻唑和酞磺胺噻唑	10
磺胺氯哒嗪钠	4	硫黏菌素	3
磷酸泰乐菌素和磺胺二甲基嘧啶	15	金霉素、磺胺二甲基啶嘧和青霉素	15
氯羟吡啶	5	磺胺喹噁啉	10
敌敌畏	0	喹乙醇	35

四、允许作治疗使用，但不得在动物性食品中检出残留的兽药

附表 4-1　允许作治疗使用，但不得在动物性食品中检出残留的兽药

药物及其他化合物名称	标志残留物	动物种类	靶组织
氯丙嗪	氯丙嗪	所有食品动物	所有可食组织
地西泮(安定)	地西泮	所有食品动物	所有可食组织
地美硝唑	地美硝唑	所有食品动物	所有可食组织
苯甲酸雌二醇	雌二醇	所有食品动物	所有可食组织
雌二醇	雌二醇	猪/鸡	可食组织(鸡蛋)
甲硝唑	甲硝唑	所有食品动物	所有可食组织
苯丙酸诺龙	诺龙	所有食品动物	所有可食组织

续表

药物及其他化合物名称	标志残留物	动物种类	靶组织
丙酸睾酮	丙酸睾酮	所有食品动物	所有可食组织
塞拉嗪	塞拉嗪	产奶动物	奶

五、禁止使用，并在动物性食品中不得检出残留的兽药

附表 5-1 禁止使用，并在动物性食品中不得检出残留的兽药

药物及其他化合物名称	禁用动物	靶组织
氯霉素及其盐、酯及制剂	所有食品动物	所有可食组织
兴奋剂类：克伦特罗、沙丁胺醇、西马特罗及其盐、酯	所有食品动物	所有可食组织
性激素类：己烯雌酚及其盐、酯及制剂	所有食品动物	所有可食组织
氨苯砜	所有食品动物	所有可食组织
硝基呋喃类：呋喃唑酮、呋喃它酮、呋喃苯烯酸钠及制剂	所有食品动物	所有可食组织
催眠镇静类：安眠酮及制剂	所有食品动物	所有可食组织
具有雌激素样作用的物质：玉米赤霉醇、去甲雄三烯醇酮、醋酸甲孕酮及制剂	所有食品动物	所有可食组织
硝基化合物：硝基酚钠、硝呋烯腙	所有食品动物	所有可食组织
林丹	水生食品动物	所有可食组织
毒杀芬(氯化烯)	所有食品动物	所有可食组织
呋喃丹(克百威)	所有食品动物	所有可食组织
杀虫脒(克死螨)	所有食品动物	所有可食组织
双甲脒	所有食品动物	所有可食组织
酒石酸锑钾	所有食品动物	所有可食组织
孔雀石绿	所有食品动物	所有可食组织

续表

药物及其他化合物名称	禁用动物	靶组织
锥虫砷胺	所有食品动物	所有可食组织
五氯酚酸钠	所有食品动物	所有可食组织
各种汞制剂:氯化亚汞(甘汞)、硝酸亚汞、醋酸汞、吡啶基醋酸汞	所有食品动物	所有可食组织
雌激素类:甲基睾丸酮、苯甲酸雌二醇及其盐、酯及制剂	所有食品动物	所有可食组织
洛硝达唑	所有食品动物	所有可食组织
群勃龙	所有食品动物	所有可食组织

注：食品动物是指各种供人食用或其产品供人食用的动物。

参 考 文 献

[1] 邓国华等．新编养猪实用技术．北京：中国农业出版社，2006.

[2] 魏刚才等．养殖场消毒指南．北京：化学工业出版社，2011.

[3] 王连纯．养猪与猪病防治．北京；中国农业大学出版社，2001.

[4] 段诚忠．规模化养猪技术．北京：中国农业出版社，2000.

[5] 梁永红主编．实用养猪大全．郑州：河南科学技术出版社，2008.

[6] 蔡少阁等编著．正说养猪．北京：中国农业出版社，2011.

[7] 潘琦主编．科学养猪大全（第2版）．合肥：安徽科学技术出版社，2009.

[8] 李培庆等．实用猪病诊断与防治技术．北京：中国农业科学技术出版社．2007.

[9] 颜培实，李如治主编．家畜环境卫生学（第4版）．北京：中国教育出版社，2011.